《深圳市中心区城市设计与建筑设计1996–2002》系列丛书

Urban Planning and Architectural Design for Shenzhen Central District 1996-2002

深圳会议展览中心

Shenzhen Convention and Exhibition Center

丛书主编单位：深圳市规划与国土资源局

Editing Group: Shenzhen Planning and Land Resource Bureau

中国建筑工业出版社

China Architecture & Building Press

《深圳市中心区城市设计与建筑设计 1996—2002》系列丛书 编委会

本册主编单位：深圳会议展览中心

Editor Board of
Urban Planning and Architectural Design for Shenzhen Central District 1996-2002

《深圳会议展览中心》是一个几经周折于2002年最终落户中心区的大型项目。关于这个项目如何与城市功能布局、开发策略、交通设施相衔接的比较研究是大型建设项目选址、同时也是城市设计研究范畴的一个典型实例。这些研究资料和过程的忠实展示，也是试图向公众解释这样一个几近戏剧性变化的客观事实：则是这个项目为什么从位于华侨城镇海区海默特·扬中标的精彩方案（该次国际招标详见《深圳会议展览中心建筑设计国际竞标方案集》，中国建筑工业出版社，1999年）变为中心区中轴线南端的由德国GMP设计公司中标的精彩方案？也说明了一个片区的城市规划随着城市经济发展不断调整并实施的过程。

This volume tells the story of a single large project now in the Central District. In terms of site selection and urban design study for big projects, this is a model for comparative study on how a project is linked with urban functional layout, development strategy and traffic facilities. The story reveals the process behind the changing of sites from a parcel on reclaimed land by Shenzhen Bay in Shenzhen'sOverseas Chinese Town to a site on the south of the Central District axis. As a result, Helmut Jahn's winning design(International Competitive Design Collection for Shenzhen Convention and Exhibition Centr, published by Chinese Building Industry Publications, 1999) had to be scrapped and GMP of Germany won the subsequent competition for the new site.

1996年之前的中心区规划研究
Planning before 1996

- 1986年确定中心区选址范围 Central District Site Selection: 1986
- 1989年四个概念方案 Four Concept Schemes: 1989
- 1991年综合规划方案 Integration Planning Scheme: 1991
- 1992年《控制性详细规划》《交通规划》 Control Planning: 1992
- 1994年《中心区城市设计》 Urban Design: 1994

1996年核心段城市设计国际咨询
1996: International Urban Design Consultation for the Central District Core Area

- 美国李名仪／廷丘勒建筑师事务所 John M.Y.Lee & Michael Timchula Architect,USA
- 法国建筑与城市规划设计国际公司 S.C.A.U. International, France
- 香港华艺设计顾问有限公司 Huayi Design Consultant, Hong Kong
- 新加坡雅科本建筑规划咨询顾问公司 Archurban Design & Management Services, Sg

优选 winner

1997年中轴线公共空间系统规划
1997: Urban Design of the Public Space System along the Central Axis (PSSCA)

- 日本黑川纪章设计事务所 Kisho Kurokawa architect, Japan
- 交通规划研究 地铁选线研究 Research on Transportation and the Subway
- 市民中心及广场设计 Design of City hall and Square
- 购物公园设计 Design of the Commercial Park
- 市政设计调整 Infrastructure Modification
- 文化设施设计 Design of Four Cultural Facilities

1998年22、23-1街坊城市设计
1998: Urban Design Guidelines for Blocks 22 and 23-1

- 美国SOM设计公司 Skidmore Owings & Merrill, USA
- 编制法定图则 Draft Statutory Plan SP
- 行道树规划设计招标 Planning for Street Trees
- 岗厦村改造策略前期研究 Gangsha Village Renovation Study

1999年城市设计、交通、地下空间综合规划国际咨询
1999: International Consultation for Urban Design Traffic and Underground Spaces

- 德国欧博迈亚工程咨询公司 Obermeyer Planen +Beraten,Germany
- 美国SOM设计公司 Skidmore Owings & Merrill LLP,USA
- 日本 日本设计公司 Nihon Sekkei, Inc.Japan
- 岗厦改造规划 Gangsha Village Renovation Plan

优选 winner

2000年深圳会议展览中心重新选址研究
2000: Shenzhen Conference and Exhibition Center Site Selection Research (SCEC)

- 会展中心在南中轴尽端选址并设计招标 SCEC Relocated to S End of Central Axis and Designed
- 南中轴两侧水系可行性研究 Feasibility Study of the Central Axis Sunken Water System
- 福华路地下街研究与设计 Fuhua Underground Street Study and Design
- 城市电脑仿真系统的应用 Urban Computer Simulations
- 建筑单体设计 Design of Individul Buildings

2001年深化完善中心区城市设计
2001: Urban Design Refinements

- 中心广场及南中轴项目研究 Centre Square and Southern PSSCA Primary Study
- 二层步行系统完善研究 Pedestrian Overpass System Modifications
- 街区城市设计深化 Urban Design Guidelines for Various Blocks
- 城市雕塑规划 Public Sculpture Program Planning
- 莲花山生态资源调查评估 Lianhua Hill Eco Surveys

2002年深化和实施
2002: Further Refinements and Implemention of Projects

- 中心广场及南中轴项目设计 Centrel and Square Southern PSSCA Design
- 法定图则修编详细蓝图研究 The SP Update and Detailed Blueprints Study
- 街道环境景观设计 Street Furniture and Landscape Design
- 莲花山规划国际咨询及设计 Consultation for Plan of Lianhua Park

本册内容在深圳市中心区城市规划设计体系及历程中的示意
System and Evolution of the ShenZhen Central District Planning

目 录

CONTENTS

一、背景：深圳会议展览中心选址历程

(一)1996年在中心区的选址

会议展览是当今国际性城市不可缺少的重要功能，会展经济越来越被人们所重视，会展建筑日益成为城市的重要标志。会展业的发展对社会繁荣、经济发展、科技进步、对外交流以及提高城市和地区的国际知名度都起着重要的作用。特别在我国，会展业对促进外向型经济向开放型经济转变，参与国际竞争，开拓国际市场，扩大出口，优化产业结构和投资环境，发展旅游业和服务业起着不可替代的重要作用。深圳市极其重视会展业的发展，决定斥巨资兴建大型会议展览中心。

会展中心1996年初步选址是根据1996年之前的深圳市中心区规划，定位于深圳市新中心区北片中轴线上，北靠莲花山公园，南临深圳市民中心，占地面积约20万m^2，可建设用地约12万m^2（现为深圳文化中心、少年宫用地和市民中心北中轴绿地）。在1997年4月召开的项目可行性评估论证过程中，有专家提出希望在特区内提供更多的选址方案进行全面比较，以使选址更为科学、合理，有利会展未来的发展。

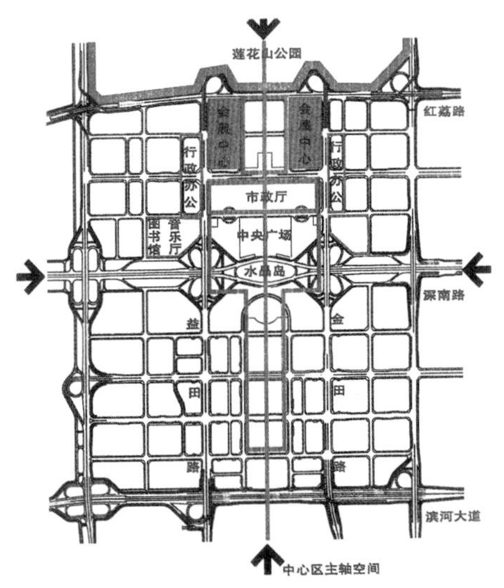

中心区场址环境关系图(1996–1997年)

(二)1997年的选址比较研究

为此，深圳市城市规划设计院于1997年提出了深圳市中心区、深圳湾华侨城填海区、香蜜湖度假村、南山商业文化中心区以及东角头西部通道口岸等五处七块待选用地，进行了比选研究工作。

根据初选意见，并经市领导和有关部门现场踏勘，最后对深圳市中心区北片、香蜜湖度假村和深圳湾填海区东区等三块待选用地作进一步的选址比较分析。

根据深圳市政府有关会议精神，结合专家的意见，会展中心选址应满足以下七项原则：

1、有利于与香港会议展览业互补合作。

2、公用服务配套设施齐全，能满足大型会展活动的需要。

3、交通便利，人员、货物进出方便。

4、环境协调。

5、建设投资节省。

6、有利于会展中心早日建成，投入使用。

7、发展潜力大，有利于今后经营。

深圳会议览展中心建设规模为总建筑面积20万m^2，可举办4000个国际标准展位的展览，2500人的大型国际会议。设室外展场3～5万m^2，会展建筑层数控制在2～3层。同时，用地内另设500～800间客房的附属酒店1座，以方便部分参展参会人员就近入住。

按此建设规模，根据对国内外会展建筑用地指标的分析比较，深圳会展中心首期建设用地不宜少于20万m^2。

待选用地基本情况如下：

1、深圳市中心区

该选址在深圳市中心区北片区，总用地面积20.7万m^2，用地红线面积11.2万m^2，中央保留9.5万m^2的规划控制绿地。

2、香蜜湖度假村

香蜜湖度假村位于深圳市中心区以西约1.5km，待选用地在香蜜湖度假村东北区，面积为25.6万m^2。

3、深圳湾华侨城填海区东区

深圳湾华侨城填海区位于华侨城三大景区以南，总用地面积288.5万m^2。待选用地在填海区东区，面积19.6万m^2。相邻地块为市政府控制的发展备用地，可以预

会展中心项目选址比较一览表(1997年)

1	区　位	深圳市中心区北区	香蜜湖度假村东北区	深圳湾华侨城填海区东区
2	用地面积	20.7万m^2，含中心绿地9万m^2	25.6万m^2	18.5万m^2，可调整到20万m^2以上
3	用地现状 市政配套	1.三通一平已完 2.市政配套完善	1.用地平整 2.市政配套基本齐备	1.用地尚未填造 2.道路、市政配套设施尚在施工中
4	环境条件 经营条件	中心区内，环境好，配套齐，有利经营	香蜜湖度假区内，靠近中心区，环境较好，有利经营	华侨城旅游度假区内，自然保护区旁，滨海岸线上，环境优越。与华侨城旅游项目相得益彰，互补互助，有利经营
5	交通条件	1.地块周边有城市道路环绕，区域道路系统完善 2.区内公交线路密集 3.有地铁线通过并设站点 4.满展时高峰流量，可能对区域内交通和其他活动产生负面影响	1.地块有城市道路环绕 2.周边区域交通产生量低，交通布点合理 3.公交需依托深南大道并组织专线 4.距深南路地铁站800m	1.与城市快速干道(滨海路、北环路)联系密切，参展车辆进出疏散方便 2.公交可依托滨海大道和深南大道固定线路 3.靠近地铁站，距离300m 4.设有港口，独具航运条件 5.侨城东路与深南大道不互通，需作调整
6	配套设施	1.30分钟车程，可利用全市80%以上酒店设施 2.步行参展条件优越	1.30分钟车程，可利用全市80%以上酒店设施 2.步行参展条件较好	1.30分钟车程，可利用全市80%以上酒店设施 2.步行参展条件较好
7	深港联系 发展潜力	1.距主要口岸均在20分钟车程内，客商参展方便 2.可设较大室外展场 3.用地拓展受限	1.距主要口岸均在20分钟车程内，客商参展方便 2.可设大型室外展场 3.未来发展有余地	1.距主要口岸均在20分钟车程内，客商参展方便 2.可设大型室外展场，发展余地大 3.有港口、港商参展更为便捷，可增设水上展示内容
8	建设投资 和工期	即可动工、投资省、工期快	地块所属权调整后，即可动工，工期快，投资省	工期略长、投资略高
9	综合比较	较好	较好	好

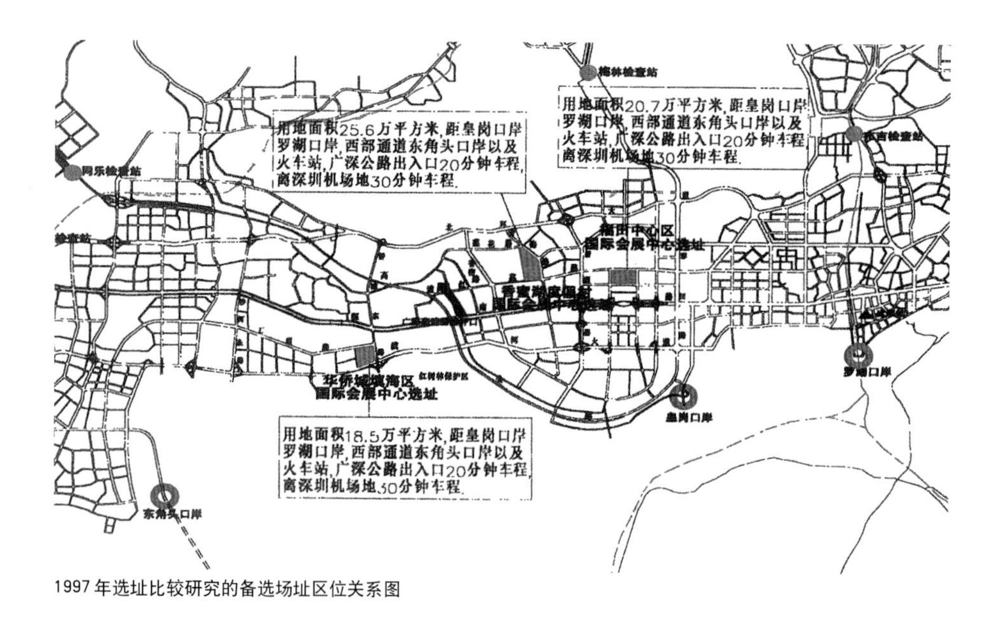

1997年选址比较研究的备选场址区位关系图

留作为扩建和配套项目用地。

待选用地比较分析如前页表。

综合表中分析，三处待选用地，条件各有优劣，但基本都能满足会展中心选址要求，适宜深圳市会议展览中心建设。

若考虑会展中心尽快建成使用，可安排在市中心区或香蜜湖度假村；若立足长远，综合考虑交通条件、发展潜力、环境效应和经营便利，则深圳湾填海区更为理想。

会展中心改址于深圳湾填海区东区是市政府根据以上的分析研究决定的。深圳湾填海区会展中心用地19.6万m^2，配套项目用地9.3万m^2，发展备用地11万m^2，于1999年初进行了建筑设计方案国际竞标，中标单位为美国墨菲／扬公司联合中国建筑东北设计研究院。

会展中心迁出深圳市中心区后，将深圳市文化中心和少年宫规划于原会展中心用地，中心区北区基本形成完整的政治与文化中心及居住区。而中心区南区作为商务办公中心的建设相对滞后，急需合适的项目加以带动。

(三)1999年的重新选址研究

深圳市国民经济和社会发展"十五"计划及2015年规划大纲提出"把深圳建设成为有中国特色社会主义和率先基本实现现代化示范市"。"中心区作为深圳市21世纪的CBD地区，是深圳未来城市的重要标志。中心区建设的启动对深圳的二次创业、对全市城市功能的提高具有至关重要的作用"。深圳市政府也明确提出用5年时间初步建成中心区。为配合这一发展目标，市规划主管部门经慎重研究，认为有必要将会展中心重新选址于中心区南片，并于1999年底提出了不同用地方案的比较论证。

论证认为：

1.会展中心深圳湾选址所存在的问题

（1）会展中心位于旅游和居住为主的填海区，与城市功能布局脱节。不能很好地与城市中心的商务办公区配合。

（2）填海区选址需要专门增加商业、旅馆、办公等配套设施投资，使资源配置不当。

（3）交通设施接驳不利，停车用地不足。

2.中心区（南区）商务办公区发展面临的问题

（1）分散和过量的商业办公区削弱了中心区的吸引力和凝聚力。深圳已经和正在形成以国贸为中心的传统商业办公区、以地王为中心的金融办公区、不断聚集膨胀的赛格－华强电子商业办公区、正在开发且具有地价、交通、景观等优势的高新技术产业办公区。面对如此分散和过量的商业办公区，中心区的商务办公区如何形成，成了深圳城市建设决策者们面前的难题。

（2）中心区南片商业办公区缺乏重大龙头项目。

商务办公项目均无实质性进展，很多写字楼项目至2000年尚未真正启动。因此具有足够规模和带动力的重大商业龙头项目，对启动中心区南片的开发建设尤为关键。

（3）中心区规划概念需要强化充实并有实际项目予以支撑。中心区生态－信息轴线的规划概念也需要大型公共信息项目予以支持。

3.会展中心重新选址到中心区的可能及比较

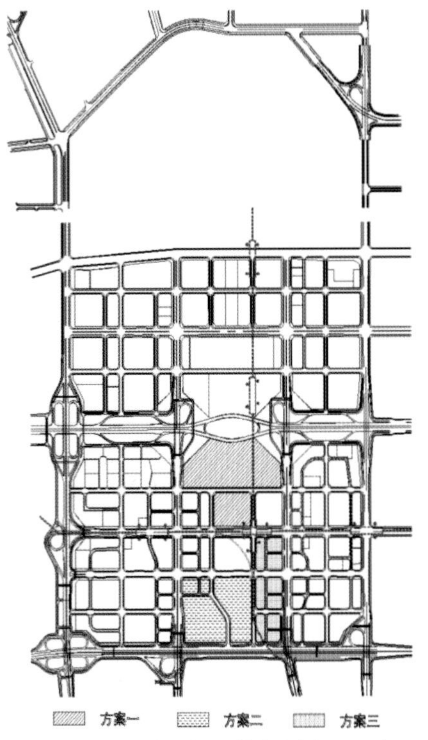

会展中心在中心区的三个可能的选址方案（1999年）

会展中心选址方案初步比较表（1999年）

	原填海区选址方案	中心区选址方案一	中心区选址方案二	中心区选址方案三
用地（hm^2）	19.6（会展）+11.4(配套)	20（会展）+商务办公区配套	13.8（会展）+商务办公区配套	8.3（会展）+商务办公区配套
	相对评分：4	相对评分：4	相对评分：3	相对评分：2
建筑面积（万m^2）	20（会展）+30（配套）	20（会展）+400（配套）	20（会展）+400（配套）	20（会展）+400（配套）
	相对评分：3	相对评分：4	相对评分：3	相对评分：2
用地特点	平整方正	平整方正	方正，地形起伏	长条，分散
	相对评分：4	相对评分：3	相对评分：3	相对评分：2
与规划衔接	位于旅游居住区，脱离商业办公区	与商务办公区紧密配合；充实强化南广场及南中轴的复合利用和信息功能	与商务办公区紧密配合；改变生态公园的用地性质	与商务办公区紧密配合；收回两块已出让土地
	相对评分：1	相对评分：3	相对评分：1	相对评分：4
与环境衔接	独立于旅游和居住建筑之中	增加广场人工地形的起伏，改善观景条件；通过设计能保持和市民中心的协调及中轴线的通透	终结中轴线，可能会改变现状起伏地形，与原设计构思差距较大	改变中心区商务办公沿中轴对称的格局
	相对评分：4	相对评分：3	相对评分：1	相对评分：4
地铁线站	相距约500m	水晶岛站、益田站、金田换乘站	益田站、金田换乘站	金田换乘站
	相对评分：2	相对评分：4	相对评分：3	相对评分：2
城市干道	滨海大道、侨城东路两条城市干道；区域通行能力有限	深南大道、金田路、益田路、福华路四条城市干道；区域高峰通行能力达2.5万辆车	金田路、益田路、滨河路三条城市干道；区域高峰通行能力达2.5万辆车	金田路、福华路、滨河路三条城市干道；区域高峰通行能力达2.5万辆车
	相对评分：2	相对评分：4	相对评分：3	相对评分：3
公交枢纽	无	有	接近	接近
	相对评分：1	相对评分：4	相对评分：3	相对评分：3
公共停车场	无	南北轴线地下车库有3100辆泊车位，可为会展中心服务	南轴线地下车库有2000辆泊车位，可为会展中心服务	南轴线地下车库有2000辆泊车位，可为会展中心服务
	相对评分：1	相对评分：4	相对评分：3	相对评分：2
总分	22	33	23	24
初步结论	一般	好	一般	较好

（1）会展中心与中心区各自面临问题的互补性带来了重新选址的可能。分析发现会展中心所需要的大量商务办公及旅馆配套设施和优越的交通条件恰是中心区的最大优势；中心区商务办公区的开发建设所需要的重量级龙头支撑项目也非会展中心莫属。这种互补互利将带来新的机会和不可估量的效益。如果把会展中心和中心区南片商务办公区（CBD）一起开发建设，必然会两全其美，相得益彰，共同繁荣。

（2）会展中心重新选址在中心区，有多种用地方案的选择。方案一是中心区南广场及南中轴线上部分地块；方案二是中轴线南端及商务办公区部分地块；方案三是中轴线东侧大中华广场以南的商务办公地块。

4. 会展中心重新改址到中心区的意义

（1）完善城市功能布局。

（2）有效利用城市交通设施。

（3）集约利用城市土地资源。

（4）发挥重大项目的投资拉动效应，促进中心区的建设发展。

基于以上分析，深圳市规划国土局极其慎重地组织了两轮研究和论证，并在第二轮中特意分别邀请会展中心原中标机构美国墨菲／扬公司和中心区城市设计国际咨询优选方案设计机构德国欧博迈亚公司参加论证。同时多次向国内权威专家咨询，最后由市政府于2000年5月做出决定，会展中心重新改址到深圳市中心区，同时决定将会展中心的规模加大到总建筑面积25万m^2，各类展厅面积12万m^2，用地加大到22万m^2，并要求在2004年竣工。

新址会展中心建筑设计方案在2000年11月～2001年2月举行，中标单位为德国GMP公司。

二、会展中心重新选址研究

(一)政府部门研究报告

针对深圳市中心区的发展状况，中心区开发建设办公室于1999年底提出会展中心重新选址以促进中心区发展的对策，研究报告如下：

中心区开发项目大致分三类：市政府重点行政和文化工程，住宅，办公及商业。前两类都有资金和市场保证，进展顺利。然而，商务办公的需求市场就深圳目前经济发展水平来说相对已经基本饱和，除购物公园外，位于中心区南片的商务办公项目均无实质性进展，尽管土地出让意向有16宗，但至1999年底尚无一项签订土地使用合同。因此，中心区商务办公区的开发面临着严峻的挑战：中心区的商务办公区靠什么来形成？必须通过周密的开发策略研究解决这一问题。

1.深圳办公楼发展现状

办公楼总需求量与城市经济发展水平直接相关，且有一定规律。各个国家（城市）根据它的经济发展水平、土地多少、人口密度、社会制度、文化习俗等不同，人均拥有办公楼面积有很大的不同。据1989年的统计资料，美国有四座城市（纽约、洛杉矶、华盛顿、芝加哥）的办公楼总面积在2000万m^2以上；有三座城市（休斯敦、波士顿、达拉斯）的办公楼总面积在1000万m^2以上；有五座城市（亚特兰大、费城、丹佛、底特律、旧金山）的办公楼总面积在500万m^2以上。这些城市的人均办公楼面积在3m^2或更多。到了20世纪90年代，全美国很少有新建的办公楼。对深圳市建设更有参考意义的可能是香港和上海。1993年香港600万人口拥有办公楼面积约600万m^2，人均办公楼面积指标为1m^2。至1998年底，上海市户籍人口1310万人，办公楼总面积1120万m^2，人均办公楼面积0.85m^2，据称目前上海市办公楼平均空房率50%。

根据专家研究数据，区域性金融贸易中心城市的人均GDP达到4万元人民币时，其人均办公楼面积的推荐值为0.5m^2。当人均GDP达到16万元人民币时，其人均办公楼面积的推荐值为1m^2。1998年深圳市人均GDP达4700美元，约等于4万元人民币，按照400万人口(包括暂住人口)计算，深圳市现阶段需要办公楼面积的总量为200万m^2。据初步统计，截止到1998年底，我市办公楼总面积约400万m^2，人均办公面积已经达到1m^2，超过了上海的平均数。

2.建议调整中心区以外办公楼布局

深圳市经过了20年的建设基本形成了以国贸为中心的传统商业办公区；以地王为中心的金融办公区；不断聚集膨胀的赛格－华强电子商业办公区和正在开发且具有地价、交通、景观等优势的高新技术产业办公区。目前深圳分散和过量的办公区削弱了中心区的凝聚力。因此不但要避免在中心区以外再形成新的办公区，而且建议在不影响建筑外观和保证配套的前提下，逐渐将深南路两侧的办公楼改成住宅，同时也允许其他地段的办公楼改建成住宅。通过调控引导有组织地把特区内办公楼的投资和建设有效地集中到中心区的开发建设中去。

3.建议深圳会展中心重新选址

自1984年起，在深圳特区总体规划中，深圳会展中心位置一直在中心区北片区。1997年3月长期关怀和参与深圳中心区规划与咨询的三位院士提议"把深圳会展中心作为中心区的启动工程，可考虑放在靠近南片商务区的地方，或者利用水晶岛及南广场。"可是在1997年9月却决定将会展中心换址到深圳湾填海区。以下研究就是建议重新考虑会展中心在中心区的选址。

(1) 会展中心深圳湾选址方案存在的主要交通问题

区域路网密度不高，路网功能不完善。

地铁站距会展中心约800m，需要通过公交换乘接驳；用地周围无公交枢纽站；需通过换乘方式利用深南大道公交走廊。

仅提供1700个停车泊位，为满足特大型会展的偶发性需求的3000个停车泊位尚无法解决；3000个泊位需要继续填海造地

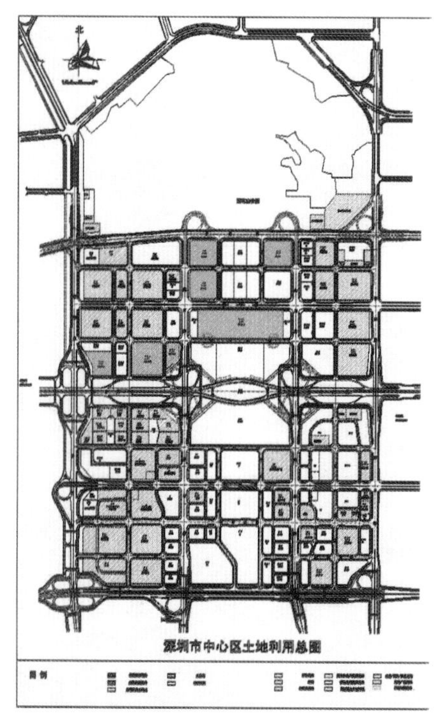

深圳市中心区土地出让示意图

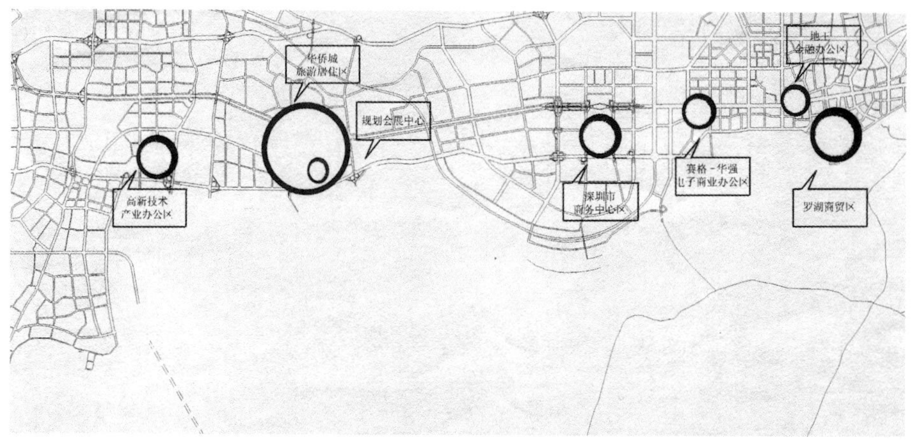

会展中心填海区选址与城市功能布局关系图及深圳市商务办公区发展关系图

10万m^2，即使能配置如此多的泊位，也势必造成土地闲置浪费。

深圳湾会展中心位于华侨旅游居住区，在相当长的时间内难以形成城市配套环境。会展中心要求宾馆、办公、公寓和商业等配套设施的总建筑面积30万m^2，这恰恰是中心区CBD的主要功能（现中心区规划中的宾馆建筑面积36万m^2，商务办公280万m^2，商业80万m^2）。如果把会展中心和中心区南片商务办公区一起开发建设，则可以优势互补，共同发展，相得益彰。会展中心与中心区分开布局，造成城市总体资源配置不当、重复建设，作为间歇性很强的会展中心，其主体建筑和配套设施都会出现间歇性的空置。

(2)会展中心选址在中心区的有利条件

①交通条件有利

中心区的区域路网密度很高，可直接利用深南路、滨河快速路、福华路等主要干道进行交通集散，路网功能十分完善。

有直接为之服务的公交汽车、地铁等大运量公共交通系统。地铁一号线、四号线的金田站、水晶岛站直接提供服务；与大型公交枢纽直接换乘接驳；可直接利用深南大道公交走廊。

有与之配套的一套交通设施（包括大规模的停车设施、行人设施等）。中心区交通规划有50 000个停车位（其中配建停车位43 000个，公共停车位7 000个），可满足特大型会展的偶发性停车位需求。

②城市设计的协调

1996年国际咨询优选方案中，美国建筑师李名仪就提出水晶岛作为会议展览中心和商业用途。1997年中轴线深化设计中，日本著名建筑师黑川纪章将中心区中轴线规划为生态－信息主题、空间复合利用的立体轴线，规划总建筑面积为30多万m^2的生态、信息中心，设想项目为企业新产品推介展示中心、新技术孵化中心、商业娱乐、文化演艺类活动及公共停车库。而会展中心项目的到来，将是对信息轴线主题的最为理想和合适的充实，使深圳市中心区的轴线真正成为人流聚集、信息交流和展览陈示的中心。1999年，在中心区城市设计与地下空间综合规划国际咨询中，德国欧博迈亚公司的优选方案中，提议在水晶岛南广场增加文化中心、购物展示等活动内容，以丰富中央广场的内容和空间形式，同样是试图利用好广场的空间。会展中心的功能与中轴线规划内容一致；通过深入的设计研究，完全可以与中心区城市

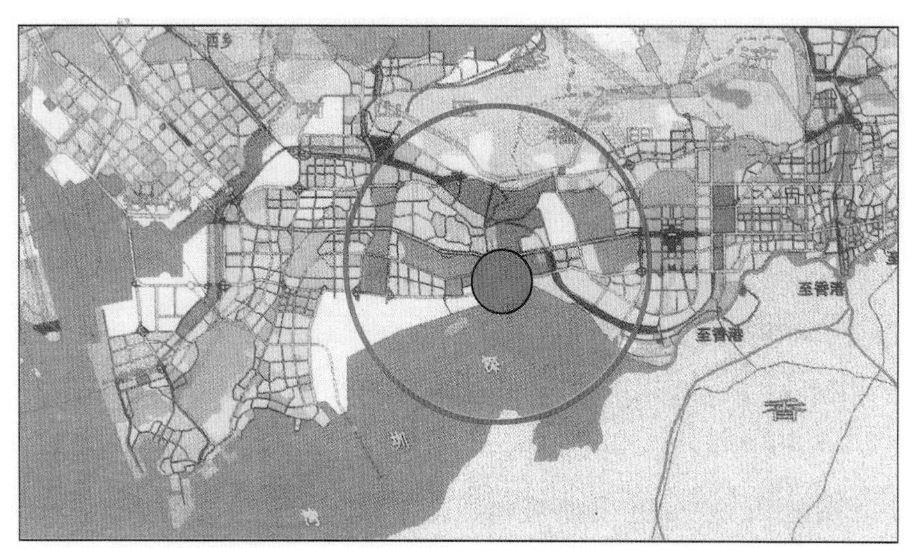

处于居住、旅游片区的会展中心深圳湾选址与深圳城市商务办公区的发展脱节

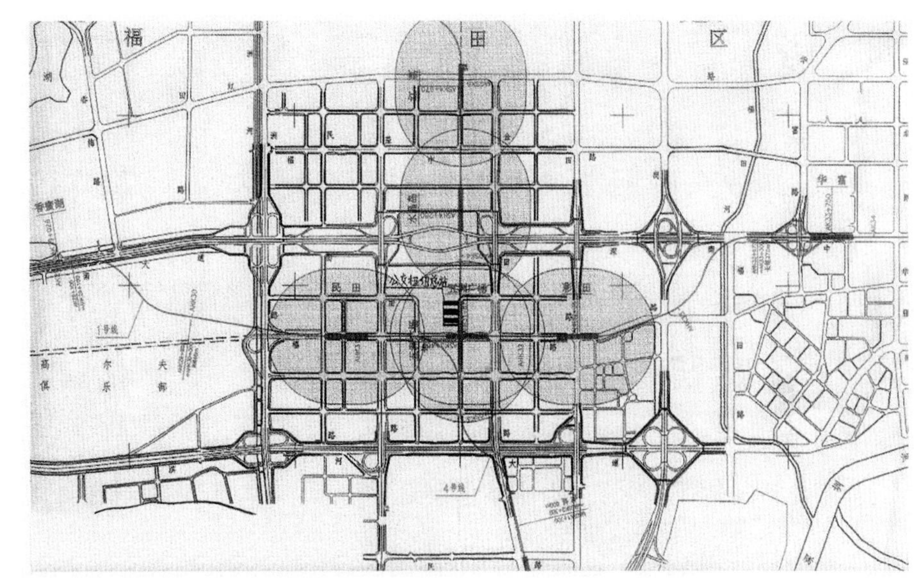

中心区南片是深圳地铁、路网及公交线路最密集的地区

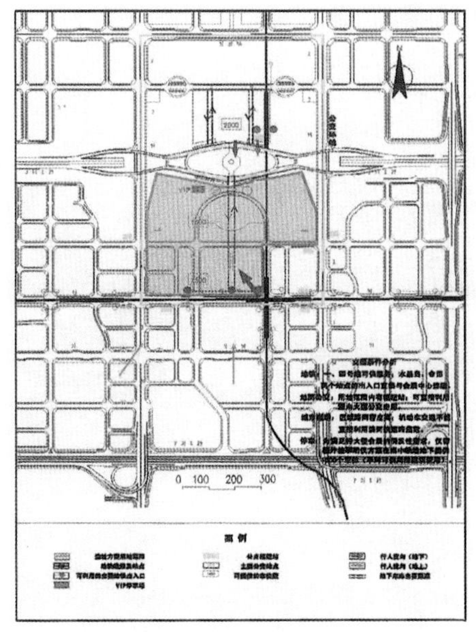

会展中心选址方案一交通条件分析图

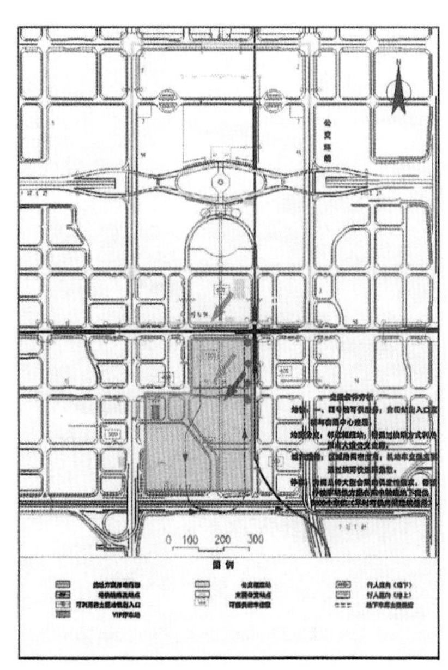

会展中心选址方案二交通条件分析图

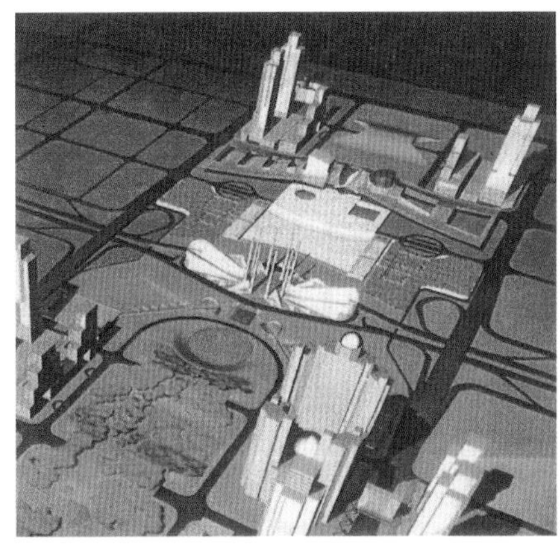

1996年李名仪在城市设计优选方案中建议将位于中心区中心的水晶岛作为会议展览及商业用途

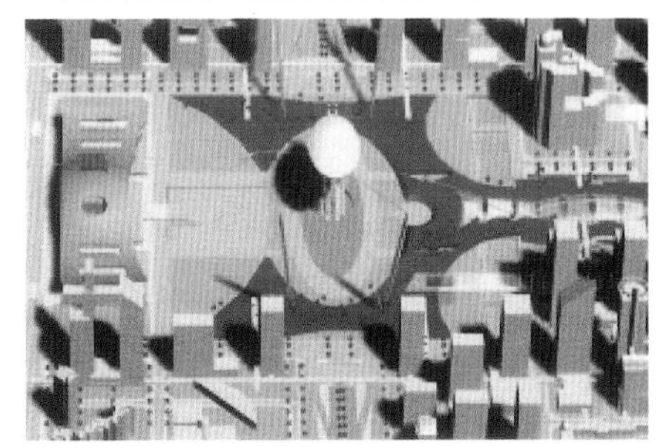

1999年德国欧博迈亚公司在优选方案中同样提出在水晶岛南广场增加文化中心／博物／展示等活动内容

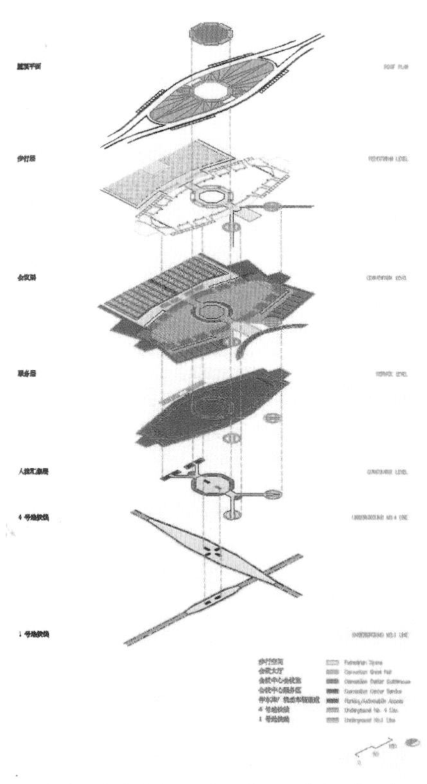

1996年水晶岛作为会议展览及商业用途的具体设想

1997年黑川纪章建议中心区中轴线为生态－信息共生的立体复合轴线

位于中环CBD的香港会展中心

位于多伦多电视塔下并建在半地下的多伦多会展中心

旧金山会展中心位于城市CBD，建在主干道两侧并在地下相互连接

同样位于城市轴线上并与大地完美结合的堪培拉国会大厦

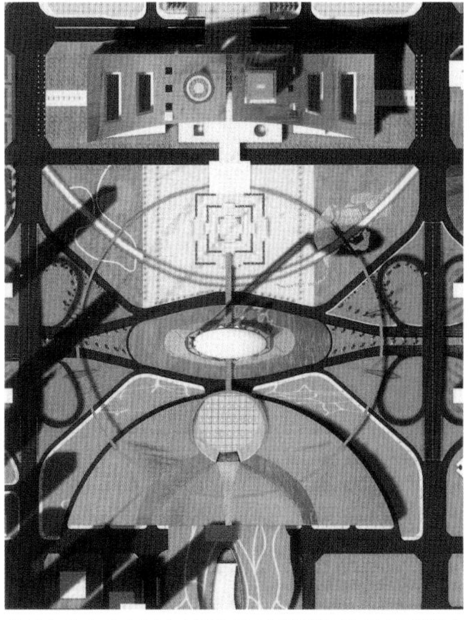

会展中心在中心区水晶岛及南广场选址设想方案总图

设计相协调。

在实例中，我们同样能找到会展中心位于城市中心的例子，如位于中环CBD的香港会展中心；位于多伦多电视塔下并建在半地下的多伦多会展中心；位于旧金山中心半地下的旧金山会展中心。另外，堪培拉国会大厦也是值得注意的同样位于城市轴线上并与大地完美结合的例子。

（3）会展中心与中轴线的结合开发是互补互利的，两全其美的发展策略

从城市总体规划的角度看，会展中心作为一个城市商务活动的核心项目，与商务办公区规划安排在一个片区，这是许多国际性金融贸易中心城市的惯例做法。从会展中心选址方案的比较分析来看，深圳会展中心与中心区结合开发，使城市土地资源得到更有效利用，交通便捷，停车位充足，并与中心区城市设计协调一致。所以，深圳会展中心的选址重新回到中心区，是两者相互依托、两全其美的开发策略。

会展期间，会展与中心区都是参观者必去之处，分散设置，将会增加整个城市的交通压力，而非会展期间，会展中心及配套设施将会有很大的闲置。因此，将会展中心与中心区结合开发，将是土地、资金、城市各种配套设施的优化组合。

(4) 中心区会展中心设想方案

①中心区选址之一：水晶岛及南广场选址的设想方案

·用会展内容来充实600多米见方、尺度超大的中心广场，使水晶岛成为会展的一部分。

·通过从地面升起的特别形态设计来解决会展与广场和中轴线的衔接，为超尺度广场带来地形和视觉景观的变化。中心广场划分成不同层次和尺度的广场系列：最外层由周围高层建筑围合界面；中间通过一圆形环路将广场缩小，圆形环路利用了深南大道已建成的下穿通道，使南北广场形成整体，并再现了市民中心采用的"天圆地方"主题：圆形广场内沿中轴线自北向南为方形的市政府广场、水晶岛平台、圆形的会展入口广场。中心广场的内容和空间尺度通过会展中心的整合设计得以改善。

·展览空间集中在地面一层及地下一层。这些空间与中轴线南北的地上地下空间联通，保持人流自地上地下穿越会展中心的可能，并最大限度利用了中轴线南北的大型车库、地铁、公交枢纽和中心区的各条交通干道，使交通聚散以大范围、多层面、多方向的方式实现，高效迅速。

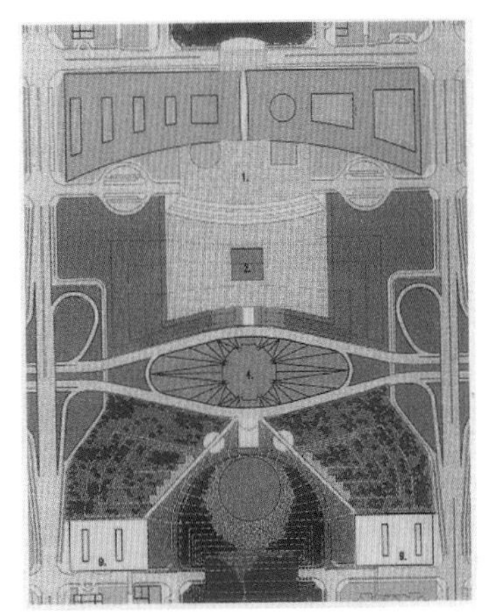
1996年李名仪广场方案

1998年黑川纪章广场方案

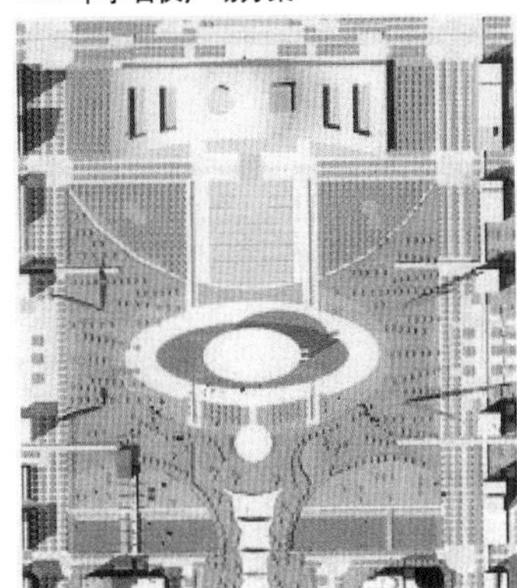
1999年欧博迈亚广场方案

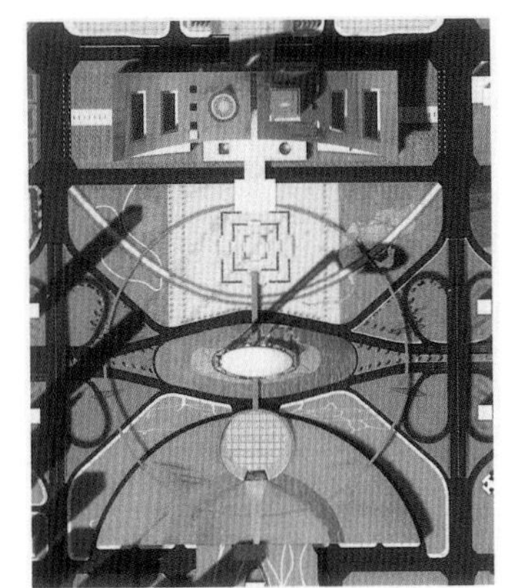
将会展中心整合进去的广场方案

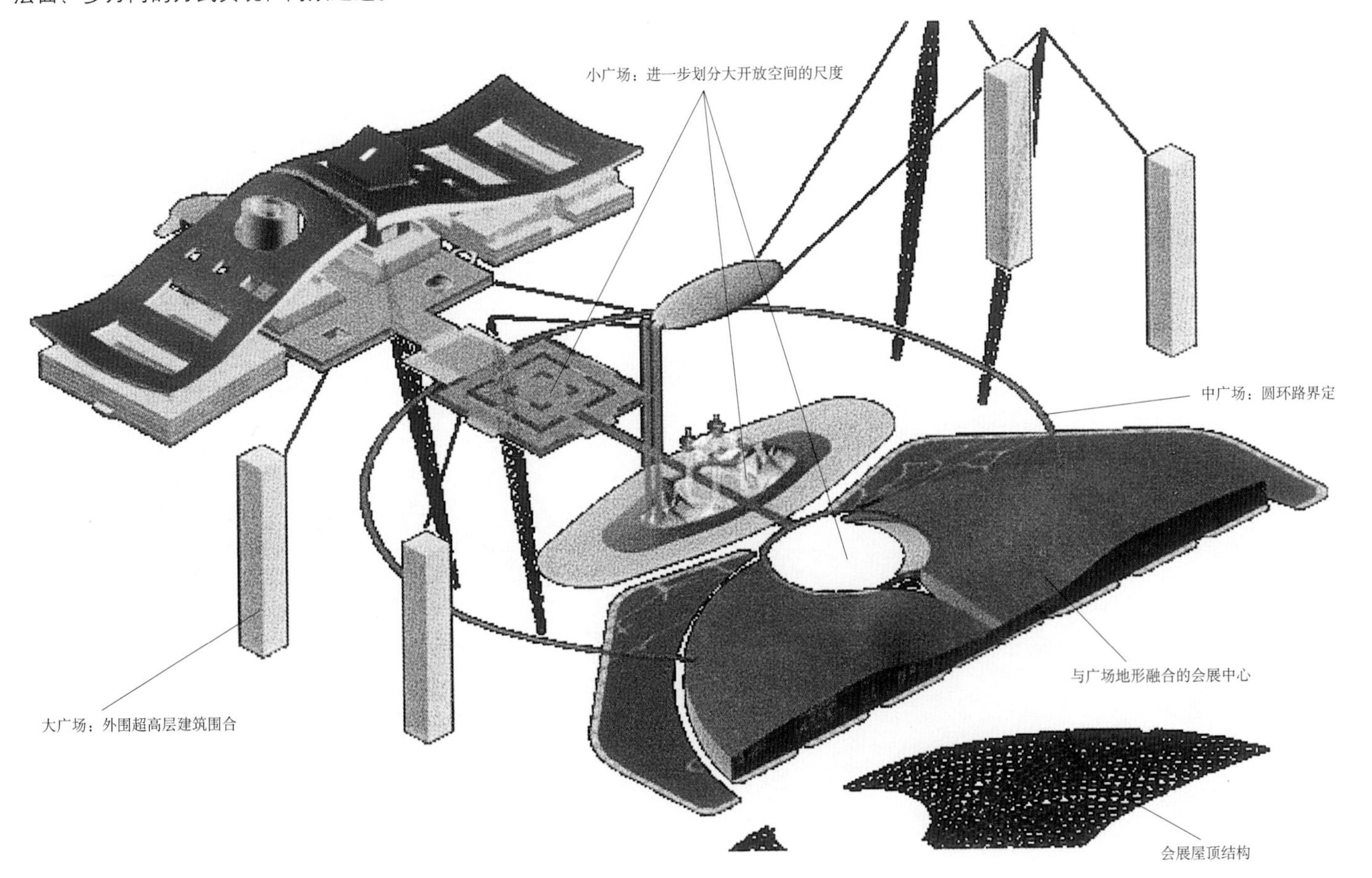

中心广场与会展中心整合结构示意

与中心广场和信息－生态轴线完全融合的会展中心

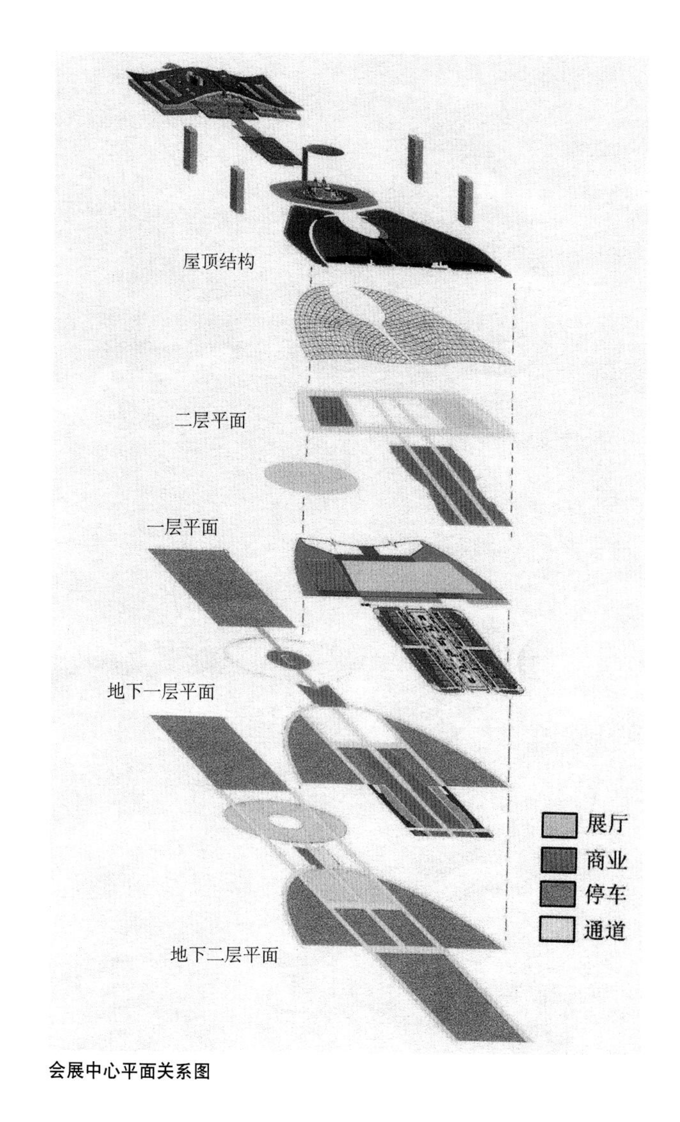

会展中心平面关系图

由南面看会展中心和市民中心

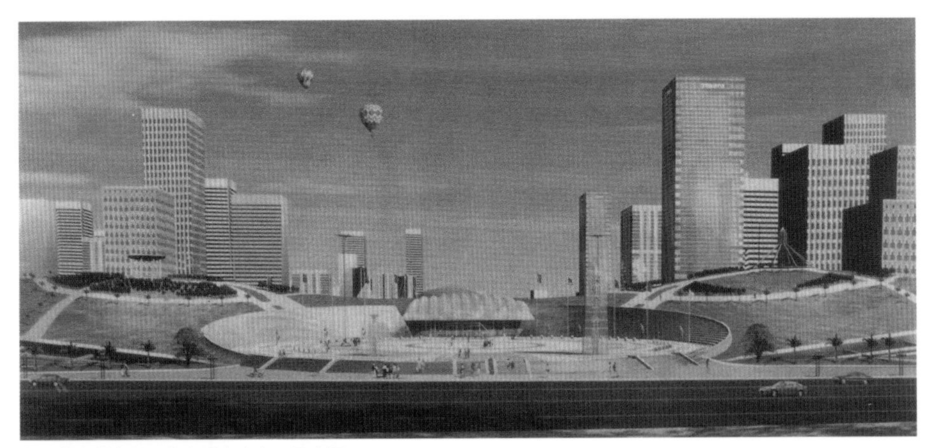

在深南大道上展开的会展中心入口及广场

会展中心由中间的门厅和通道向北可以看到水晶岛和市民中心

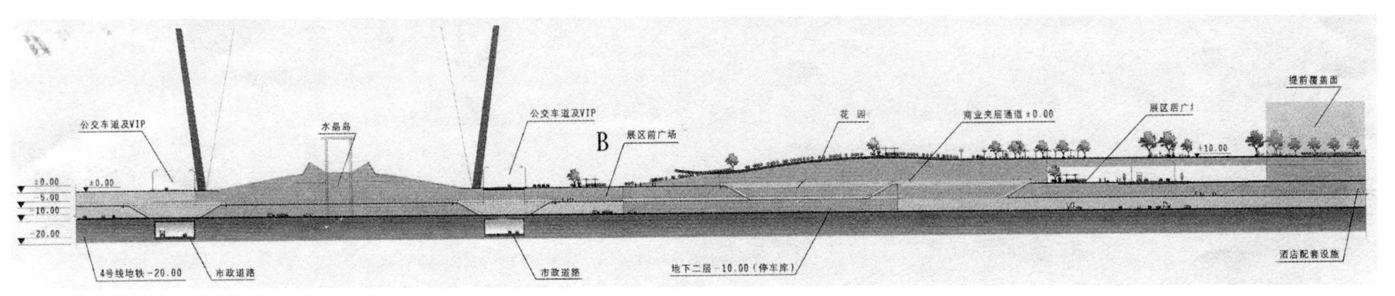

南北向剖面示意

②中心区选址之二：中轴线南端选址的设想方案

· 本设想试图通过特别的形态设计以保持中轴线屋顶人工绿地的延续，同时与南端计划做生态公园的小山相结合。

· 设计保持和充分利用了现有路网，展览空间在地下及二层连为一体。

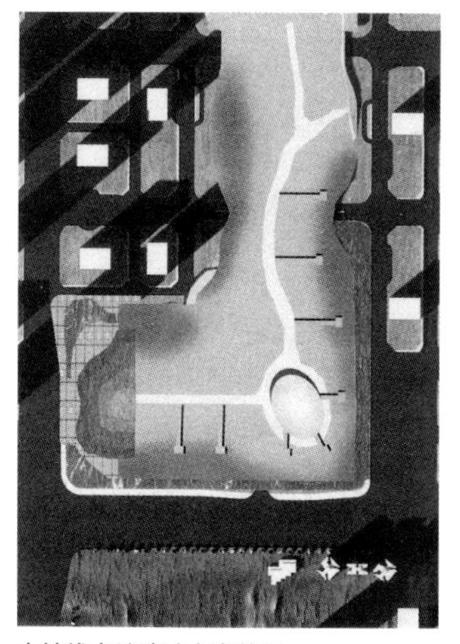
中轴线南端选址方案总图

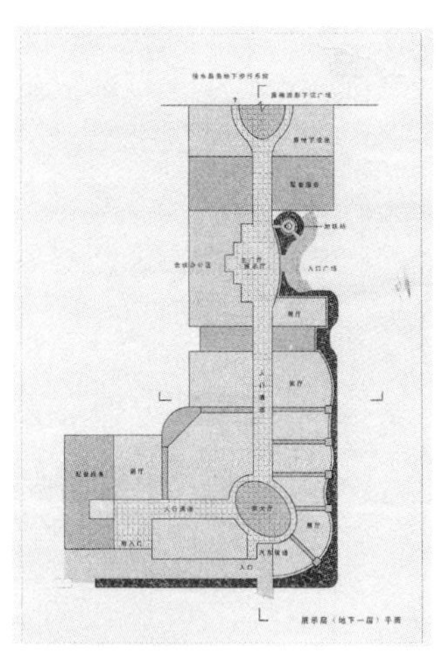
地下一层平面图

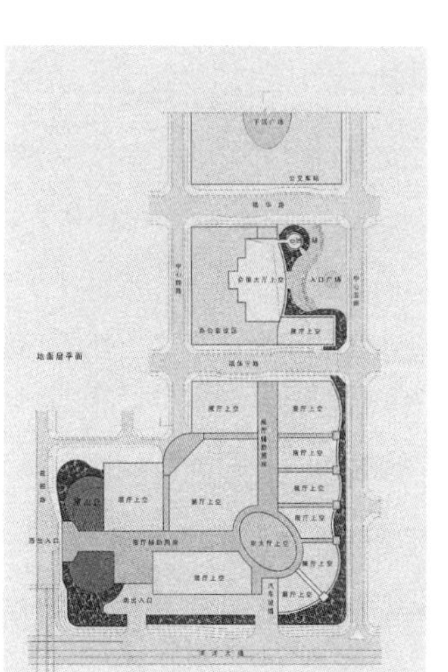
一层平面图

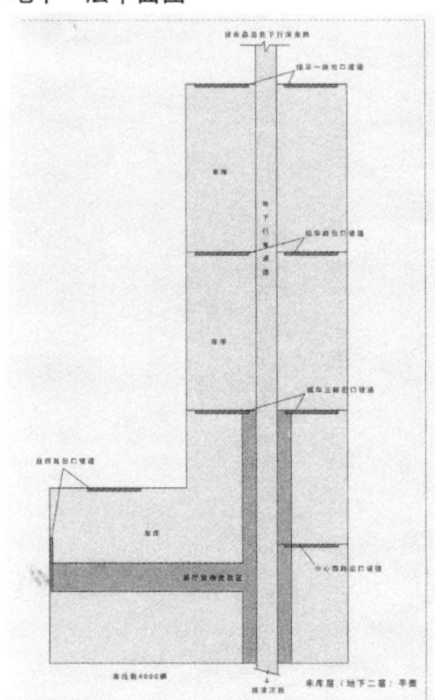
二层平面图

东西向剖切示意

会展中心南中轴选址方案设想

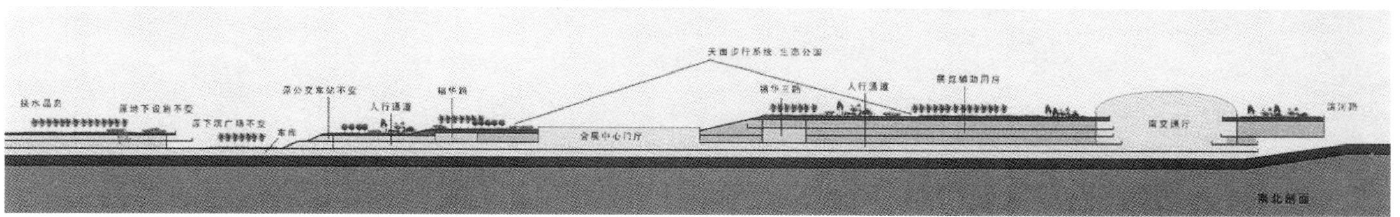

中轴线南北向剖切示意

(二)特邀机构研究报告

在第一轮由深圳市规划与国土资源局向市政府提出的研究报告的基础上，第二轮研究特别邀请三家国外设计公司采用国际咨询方式进行用地方案和规划设计比较，作为中心区会展中心项目前期方案研究。之后，又委托深圳市规划设计研究院做了补充研究。

1.美国都市设计公司方案

第一部分　背景与概念

1.1　背景

深圳会展中心在1984年深圳中心区规划选址之始就被列为主要项目。1997年3月，吴良镛、周干峙等学者就提议将会展中心项目作为中心区的启动项目。1997年9月，市有关部门才决定将会展中心选址换至现址华侨城。1999年3月举办大型国际建筑设计竞赛，确定由美国MURPHY／JOHN事务所中标方案为中标方案。

然而华侨城存在与城市商务功能区发展脱节；与地铁公交接驳不利；停车不足；路网不全等问题。另外在深圳市多中心发展的现状下，会展中心另外独立发展近30万m^2的商业旅馆配套和停车设施，会造成其经营运转的巨大困难，同时与开发中的市中心区相互牵制。

市中心区的开发已经启动，它既为深圳的市场带来巨大潜力，同时也需发挥带动建设项目的作用。会展中心这样的项目在中心区有着巨大的效益和优势。

1.2　深圳中心区规划与城市设计探讨

会展中心是一种十分强大的城市功能体，它对周围城市环境和功能的影响都是巨大的。所以我们在进行会展中心的选址研究之始把它作为一项城市设计的题目着手进行工作，同时对现有的城市设计的问题进行一些探讨，并期望通过这一项目的契机使中心区的城市设计更加完善。

a.建设一个好的城市中心

在为设计师们精彩的纸上构想拍手叫好之前，决策者需要的是对让市民舒适生存的城市空间的真正了解和深刻体验。好的城市中心首先是为人设计，被所有人享用，高度适应性，多层次且充满活力的。这并没有一个统一的模式，它可以是纪念性的如华盛顿DC，商业性的如纽约，艺术性的如巴黎，娱乐性的如拉斯维加斯。深圳这个年轻的城市是由来自全国乃至世界的移民构成，充满活力与文化包容性，也应致力于寻找反映自身特征的城市中心。

b.中心区规划与城市设计的历史

中心区的城市设计从李名仪的规划方案起就充分强调中轴线绿化带的构思，形成从莲花山—市民中心—大广场—水晶岛—中央绿化走廊这一格局。黑川纪章的设计发展和完善了这一概念，提出生态信息轴线的概念，并提出保留南端小山丘，多层空间绿化走廊等想法。德国欧博迈亚公司的最新的带有立体城市色彩的设计，进一步丰富和深入了这一构思。

c.中心区城市设计中的问题

我们认为新的城市设计方案仍然存在一些问题。本节仅就广泛意义上的几个问题进行讨论，详细的讨论在方案介绍部分另有涉及。

·应形成多层次的广场系统

我们认为在深圳城市中心区，代表城市形象的广场应避免过分庄重，减少其政治象征性。过分讲究雄伟、对称、刻板，并不能很好地代表追求活力、高效的深圳精神。要寻找既代表深圳精神、又宜于市民使用的城市广场，而不是单纯讲究规划的图面美。

城市广场应以其所依托的背景建筑物为基础，形成各自独特的风格，在市民中心前形成政治性和庆典色彩的广场，会展中心则将带来商业信息广场。广场的设施、小品应根据其不同的性质来定。

好的广场要有宜人的尺度，要有一定的围合感。由于现有的中心区主体建筑都是孤立的，其门前广场空旷，不易使人停留，往往变成主建筑物用的疏散的交通广场。如何在设计上既保持比较大方的整体感，又有微观层次上的围合、细划分，是一个很有挑战性的课题。

·绿地是一种资源

根据深圳气候条件，绿地应形成荫蔽，植以高大树冠的乔木，要用绿化的活力来软化现有规划中构图的刻板。

在中心区形成初期，应尽可能不去发展绿地的地下空间，保持其自然本色，为今后的发展留下余地。

绿地应有安逸的气氛，要减少交通的干扰，因而不宜有公共汽车总站，沿商务办公区两侧应形成林荫道，要减少车流量。

将深南路降到地下，其目的是要保持一个比较完整的绿地形象。

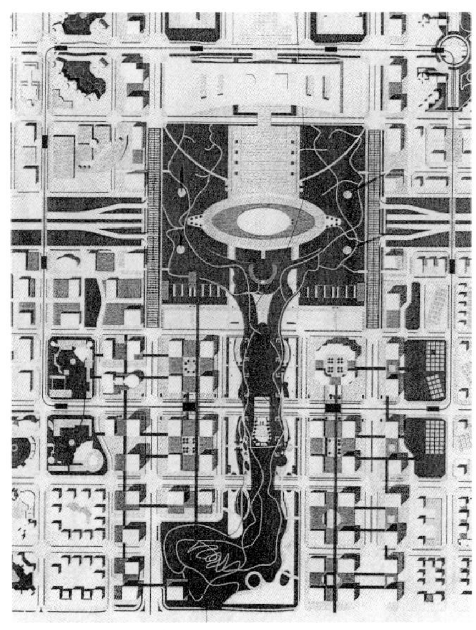

欧博迈亚城市设计方案

欧博迈亚公司的中心广场鸟瞰

· 避免主题公园式的设计倾向

创造人文的、有生机的城市，就要以设计的手段，来刺激城市中各种活动的发生。在会展中心区的广场或附近地块上的形成一个物资、信息的交易区。

要反对主题式公园的设计趋向，把城市变成做作的游乐场，把大量的资金投入在空洞的表现。任何怪异的表现，虽然会激起一时的激情，但无法形成衡久的价值。

伟大的城市往往都拥有具备永恒价值的建筑物，这些建筑物的气质也都能与其所处的城市精神相配。试想，如果巴黎的铁塔（在当时是相当怪的设计）发生在一个中、小型的法国城市，必然有不伦不类之感，飞碟在中心区也有同样的问题（暂不论其设计）。深圳并不是一个像巴黎那样拥有深厚历史、包罗万象、不怕有任何稀奇古怪的城市，要容纳这一类的设计，需要有一定时间的准备。只有在多元化、多层次的城市（建设）形象之后，只有在深厚的文化心理成熟时，那些大胆的、创造性的设计才能被容纳，才能变得得体，才能成为城市的象征。因此，我们所评价的并不是某一具体的设计，而是指出一个发展策略：在城市形成的早期，不应把资金投放在做表面文章的项目上，而应大力开拓基础设施，形成一个丰厚的城市骨架，创造一个可持续发展的城市。

· 公共汽车总站的设置问题

公共汽车总站用地面积多，噪声、排污量大，卫生环境差，不宜放置在较显眼的位置，总站放在现规划位置有诸多不利因素：

将多路公共汽车集中在一个总站，会造成交通及人流的拥挤。

如果空间露天、开放，会给绿化区景观带来负面影响。如果空间封闭，会造成室内空气质量低劣。环境指标会随着社会经济技术发展而不断提高，今天的达标并不意味着在未来会及格。

原交通规划中的公交总站的位置是合理的。

将汽车站的设计作为土地开发的推动力应以增加车辆班次、频率、增设停靠站点来解决公交问题。汽车站应靠近它所服务的人群，现有总站位置虽然是商务办公区的几何中心，但实际上距离商务与写字楼的距离很远。

· 利用汽车站刺激车站邻近的商业网点发展

车站位置应成为刺激土地开发的因素之一。中心区开发的一个问题是纵深发展不够，如果车站位置远离中心绿化带，既缩短了与写字楼的间距，又利于中心区在东西方向的纵深发展，同时减轻了沿绿化带的交通量。因此应将总站分化、转移到这些位置，在东西两侧各形成一、两个小总站。其周边地块可以用来发展大型超级市场、日用百货。这也将带动周边住宅和为中小型公司设计的写字楼的开发。

· 车库问题

经济的发展使人人拥有车辆成为可能，但经济杠杆又会从另一角度来制约城市居民对车辆的拥有，以控制城市的交通量。如果把现有中心区的地下全变成停车场，也未必能够解决车辆的停靠问题。车位投放量过大，会造成车位过剩，资金回收率低，甚至入不敷出。

地下车库有许多技术性问题，例如换气、通风、防水等等，使之维护费用很高。

地下车库进深过大，容易给使用者带来恐惧心理，也滋生了潜在犯罪的场所。另外，可识别性差，找车难。

如果规划中的绿化面积地下层完全变成车库，除了给车库自身带来一定的技术性问题外，给绿地也造成了一定难度。例如，地表土壤层浅，不宜于一定种类树木的生长；地下水难以保持；如果车库漏水，会不断翻修地表，使绿地维持费过高。

· 利用市场机制和交通管理手段来发展停车场

如何计算车位数，是一个复杂的经济问题，不应只单纯地从规范中寻找指标、指数。应充分利用短缺经济学原理，把短缺变成经济杠杆，来控制车位数量，提高公共交通的使用率。同时，促进交通管理在软件上的提高，而不是单纯追求车位的硬指标。

地下车库应尽可能少侵蚀绿地，为今后绿地的发展留有余地。应在办公商业区发展停车楼，停车楼的数量应由市场行情决定，而不应只由规划部门来确定，要充分利用市场机制来动态地调节城市设施在质量和数量上的分配，在中心区未发展起来时，应充分利用闲置土地作地面停车或简易停车楼。

2.1　中心区选址的合理性和必要性

本节问题在深圳市国土规划局市中心区开发建设办公室所做的《深圳市中心区开发策略研究》中有详细论证。现概括

欧博迈亚公司提出的空中瞭望台与埃菲尔铁塔的尺度比较

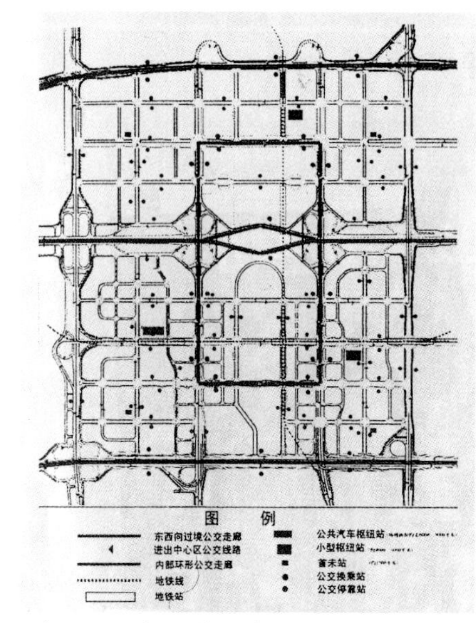

原中心区公交站场及线路网规划图

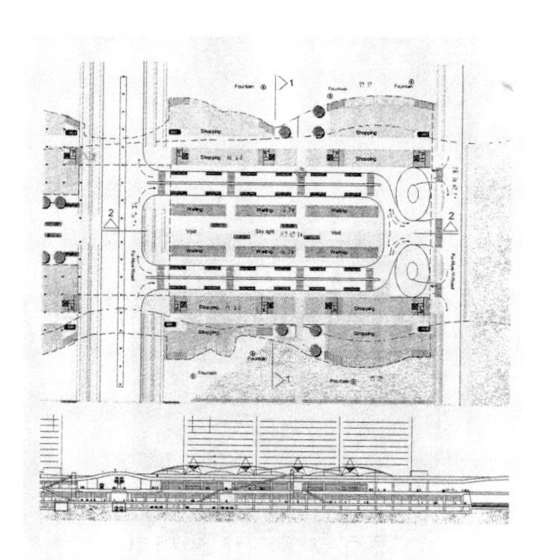

欧博迈亚城市设计中的巴士总站

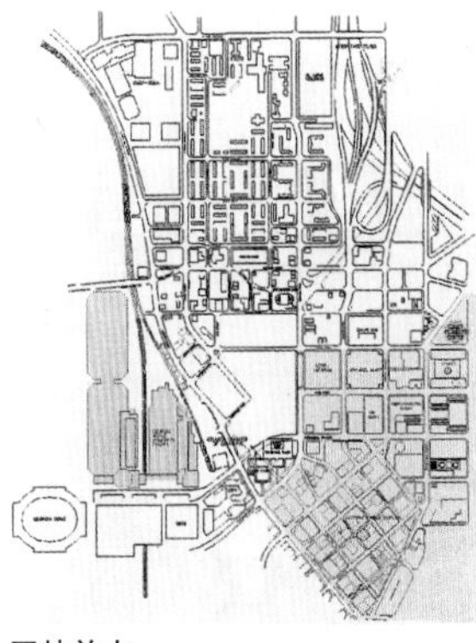
亚特兰大

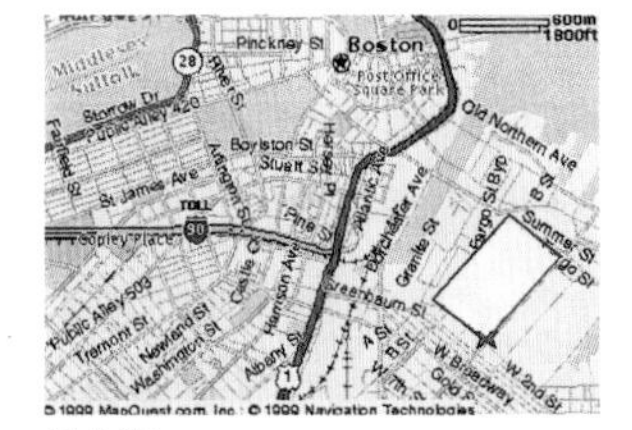
波士顿

纽约

匹兹堡

匹兹堡

美国的大会展中心与城市的关系

地段一　　地段二　　第三种可能的地段

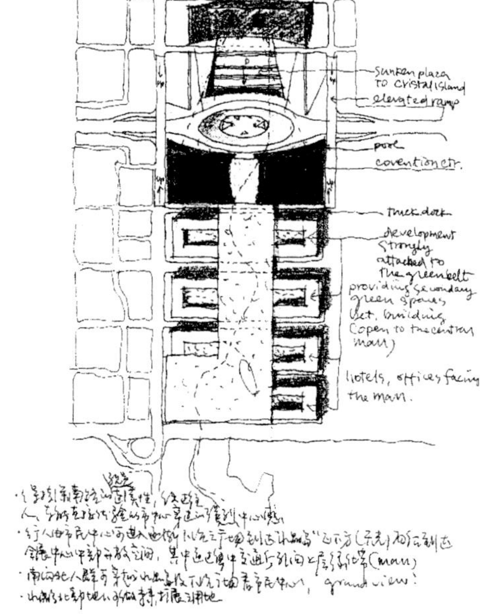

多种可行性的设计草图

如下：

中心区选址有优越的交通条件。

与中心区城市设计协调一致，有利于生态信息中心的形成。

可以带动中心区的建设，其配套建筑可以消化在中心区，避免重复建设并提高中心区的活力。

从国外会展类建筑的建设经验上看，近年来美国各大中城市纷纷兴建和扩建会展中心，把它作为激发城市活力的一项重要举措。而选址是非常相似的，大多都位于城市中心的边缘，选择交通便利的位置，许多更是与市中心保持步行距离。便利的条件是会展中心承办会议和大型展览最大的竞争力。

所以我们的目标也是把会展中心当作启动中心区建设开发全面展开的最佳机遇，使其成为中心区活力的发生器。

2.2　会展中心在中心区可能的选址

a.地段一

选址在市民中心南部方形开敞绿地内，深南大道南侧。地位重要，公共交通便利。可以成为北侧公共建筑区和南侧商业办公区的连接转换枢纽。因占用原规划绿地，须考虑绿地在视觉上的完整性，并组织好车流。

b.地段二

选址在中轴线南端。南临滨河大道高速路，货运十分方便，和市民中心形成呼应之势，交通较易于组织。但地段将占用南侧的小丘，此举会大大削弱生态信息中轴线的意义。

c.地段三

该选址考虑将会展中心置于中轴绿带下使它真正可以和城市组织融为一体，一部分小空间面积可以与两侧的办公楼裙房结合起来，使得各个城市元素都能相互影响渗透和有机共存，真正达到生态和信息这样一个主题。

我们选择了地段一和地段二进行进一步的分析和研究。

2.3　会展中心所产生的意义和效益

a.促进中心区功能多样化

会展中心将给中心区带来大量的外地甚至外国的流动人口。流动人口在总人口比例中的增大，会促进中心区功能的多样化。

固定的坐班制人口在正常上班时间内，并不会使用城市的商业、文化设施，因而以这部分人口为基数，很难刺激中心区的多元开发。

中心区的大型文化设施，如美术馆、音乐厅所能吸引的人口也相当有限，而且距离商务办公区远，也难以形成促进中心区多元开发的推动力。

会展中心所吸引来的人口在时间上有相当的灵活性。在参展之余，他们可以在附近购物、参观、消闲。这将使中心区多元开发（以商务为主体，兼有旅馆业、商业、娱乐业、餐饮业等等）成为可能，要抓住这个契机，需要有一整套设计规划策略，其中最重要的是不能使这部分人流来去匆匆。换言之，如果交通系统把人流快捷地带进会场中心，又能使他们迅速地疏散出中心区，并不一定是成功的设计。因为这部分人口并不对中心区其他地方产生影响，他们只是徒增了城市的交通量。

要通过精心的交通规划，让这部分人口穿过商务区的服务业设施，疏散至公交系统上。这样既减轻了集中疏散的交通压力，又给周边地块的服务网点带来了相当规模的消费人口。

b.带动附近地块的开发

会展中心将会带动30万m^2的配套办公、酒店及商业服务等设施。这无疑将是周围地块立项开发最强的催化剂。会展中心所带来的无穷商机将会吸引众多的投资进入中心区。商业办公的发达也必然会促进周围住宅区的吸引力，从而对中心区的发展起到积极的作用。

c.在将来中心区城市管理中起主导作用

中心区的绿地面积广大，其维护费用将十分可观，单靠政府投入，只能维护到一般水平，要提高绿地水平，需要许多额外的投入。

世界许多城市对大面积的公共绿地管理经验证明，在绿地附近应吸引较有实力的机构进驻，使其对将来的管理承担较多的义务。例如纽约市麦迪逊公园（Madison Park），其东侧完全是大都会保险公司（Metlife）的楼盘，大都会保险公司作为一个大财团，发起了公园保护委员会，除了每年有相当的捐助外，还经常举办各种集资活动，使公园的发展不单纯依赖政府拨款，从而成为世界上较成功的城市公园。

会展中心所提供的展示设施，也会对其他大公司就近办公产生吸引力，所以中心区的运营一定要有大财团的介入。

3.1　设计概念

a.一体化的城市与建筑

20世纪的建筑活动一直围绕着城市概念发展，广义地说城市概念反映了个体与群体之间一种广泛的社会关系，在这一层次上，城市与建筑不可分割，两者之间的合与分暗示了个体与群体之间开发性、流动性与私密性、个性化不断变化的复杂关系。人体自身的需要以及人群对城市的需要造成了现代建筑面临的两极，而通过合与分的空间运作为人们所理解的城市空间提供适合的空间界面，进而对日渐割断的城市网络所锁定的城市结构中固有的内在联系有所修补是我们所关注的要点。

我们注意到了我们所面对的城市的多义性和日趋复杂的内在逻辑关系，它的意义变得越来越难以界定。当今城市在一种后现代的语境下运转着，现代观念中清晰的边界和单一的特性（identity）正在消融，多样性（difference）无处不在，并正在成为当今城市生活的主流和公认的文化现象。后现代城市超出了传统单一的“个性”概念，边界变得模糊不定，异地感（otherness）正成为我们对周围物质环境的主要感受之一。

b.为城市的建筑

建筑的问题首先是城市问题，中心区地块的复杂性和独特性由于多种不同元素共存而使它对周围现存的城市网络有着非常的潜力，这表现在社会和经济等方面。我们的思考应该冲出常规，打破目前地段使用的孤立状态，嫁接新的公共空间领域，激发新的城市生活体验和找回那些被忽视的城市空间。会展中心的完整性应首先是城市肌理的完整性，城市概念不可能在各自孤立的发展中建立起来，我们所期待的是将城市的基础设施及会展中心周围的城市网络与会展中心的功能和运营方式紧密交织在一起，使之作为21世纪的城市的元素，以激发和充实生活和工作在其中的人们的想像力和创造精神。

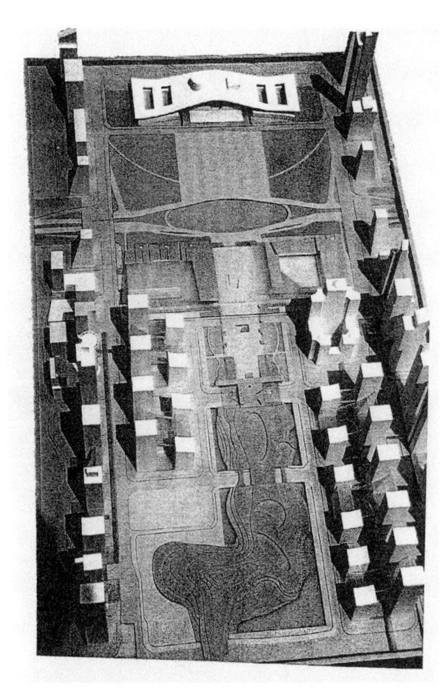

地段一方案总体关系模型

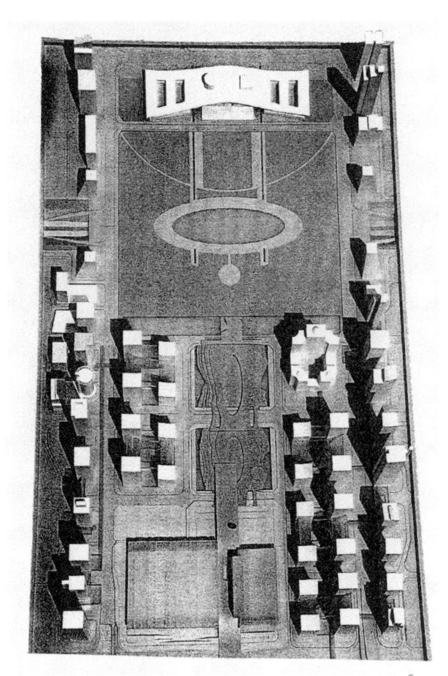

地段二方案总体关系模型

c.媒体、网络与自然

当今的城市是物质和信息流动的网络节点，城市发展越来越依赖于基础设施，交通，流通和文化资讯的流动。日趋紧密相连的世界正在制造出新的全球化城市，它既是当地的又是全球网络的节点。信息和媒体的迅猛发展使建筑的表层日趋超出原有的立面形式语言，多层次的充满活力的交叠和不同功能之间的交互作用正在改变传统的建筑形象。在工业化进程中，生活观念正在被新技术的发展所改变，我们需要通过强调模糊原有分类的界限来激起一种广泛的交流和互换。

在当今文化现实中，计算机技术使我们重新关注“自然”而离开工业时代异化的与自然对立的状态。环境意识和生态意识的觉醒使我们重新建设城市绿洲。计算机运算的单一模式所创造的不可预见性和复杂性可能正在为我们创造一种新的城市观念和城市肌理。

3.2 会展中心需解决的三个主要矛盾

我们认为会展中心应当致力于解决以下主要矛盾：

(1)交通

人流：绿化步行系统，保持在中轴线上的通畅，并可以便捷地渗透到周边功能区内。

车流：社会车辆、的士、巴士、地铁方便接驳，与服务车流卸货车道不造成交叉。

(2)视觉形象与功能

地段一：保持中心花园完整性的措施

地段二：中轴线视觉走廊的通畅

(3)扩建用地

保持合理的扩建用地是会展中心必不可少的。如果对未来的发展估计不足，自然会有隐患，但如果不正确估计未来的发展，盲目预留大片扩展用地，那也是一种资源的浪费。

深圳的新会展中心的规模与名列美国第一的亚特兰大市的乔治亚世界会议中心几乎相当，而且远远超过了名列第二的圣路易斯的美国中心，可以说在很长一段时间内这个规模的优势是可以保持的。作为世界上最大展览面积的会展中心之一，深圳会展中心在相当一段时间内是可以满足需要的。况且还有高交会展览中心的几万平米可以作为扩建选择，深圳中心区的会展中心的扩建压力并不是大的问题。

3.3 选址比较／方案说明：地段一

当前地块及周边区域城市设计的潜力

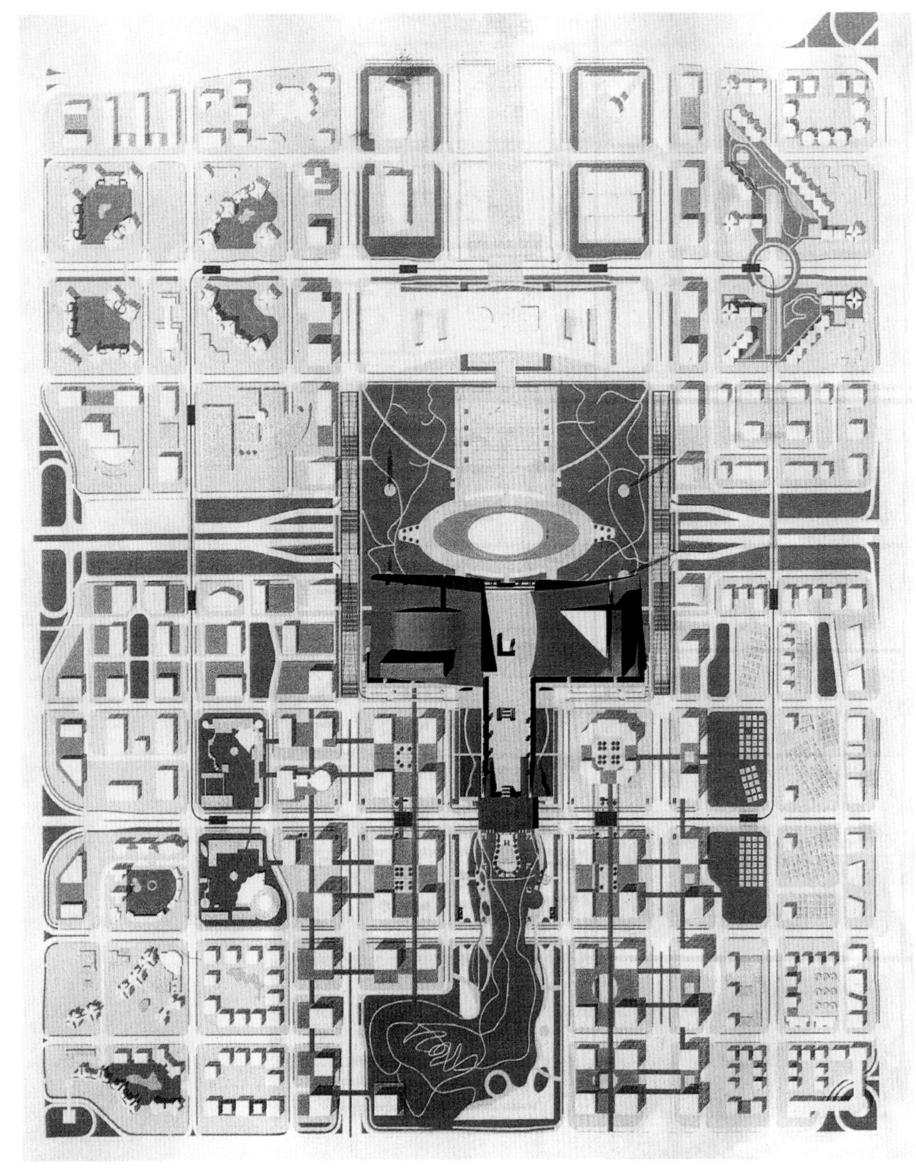

地段一方案总平面图

地段一方案与中轴线的结合

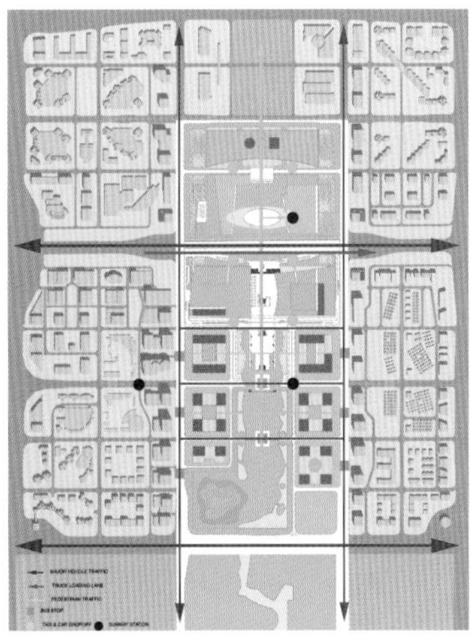

地段一充分利用中心区干道和地铁站点

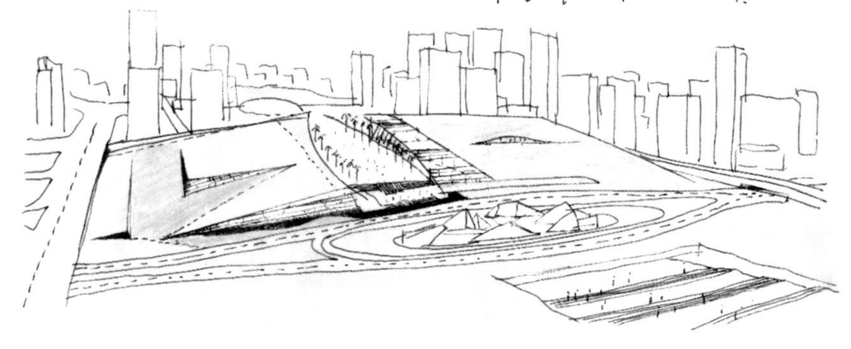

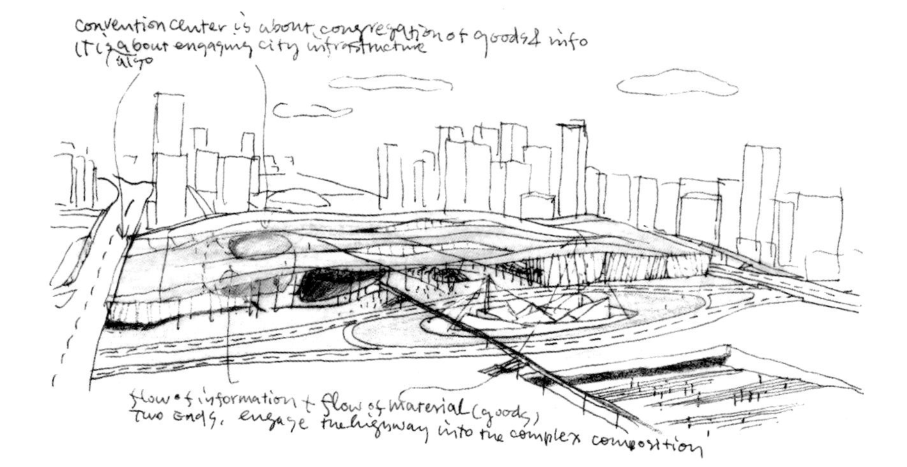

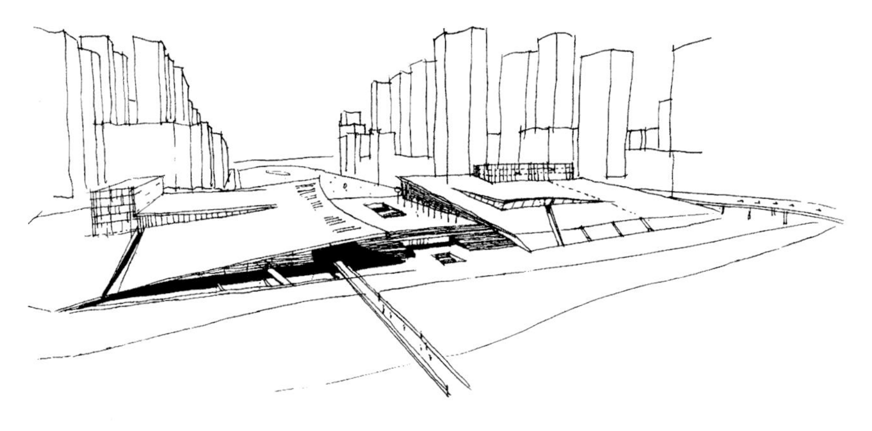

与问题

(1)地块北临深南路，但与北部市民中心的联系被城市快速路切断。由于整个深圳中心区的选址跨于宽阔的深南路两侧，其南北步行系统的连续性便会成为中心区能否有活力的关键。于是当会展中心可能选址在这一地块时，我们首先把它看作是重新思考和调整这一区域城市基础设施和空间结构的有利机遇，许多国内外优秀的城市中心设计实例（例如美国纽约、华盛顿）都能做到将纪念性、政治性与市民的日常生活通过交通组织、空间布局以及机构、功能分区的合理性融合成一个整体，成为不仅可观、可游而且可居的多样性、多层次的人居环境。

(2)目前深圳中心区中心广场600多米见方，十分空旷，东西两侧又有可能被大型立体交叉枢纽所分割（李名仪、黑川纪章方案）。中心水晶岛孤立于深南路两条快行路之间，于是南北两侧的人行交通便必须依靠大型人行天桥或地下通道来解决。事实上中心广场两侧被机动车道完全割断。而在欧博迈亚方案中，深南路被全部置入地下，市民中心与地段一形成连续完整绿化广场，但深南路没有慢车道通入广场中心，广场上公交和计程车交通也难以进入。当会展中心选址地段一后，其北侧完全不能担负集散人流的功能，同时沿深南路进入中心区域的大批车辆完全看不到市民中心和会展中心，使中心区的视觉和象征意义上的中心感大为削弱。

(3)会展中心是城市的超大型基础设施，由于超大的尺度和复杂的功能，它作为一种建筑类型已经超越了一般单体建筑的概念而成为城市的综合服务中心和信息、物资中心，它通常带来大量的人员、货物集散，对城市的交通结构布局和市民生活本身有着至关重要的影响。在选址上目前国内外大型会展中心仍大多位于城市中心区的边缘，例如纽约、洛杉矶、芝加哥等大型会展中心等，那里由于临近高速公路，货物和人流的进入都比较方便，又有大型地上、地下停车面积，使这类会展中心的性质更接近于大客运流量机场或大型购物中心，成为城市中心区的附属设施。这类会展中心的人流集散性质和对城市生活的影响及作用接近于剧场和体育场，它们在城市生活中心必不可少，但服务时间性强，大多数时间难以利用，功能的相对单一性使它们与城市生生不息的日常生活相脱节，

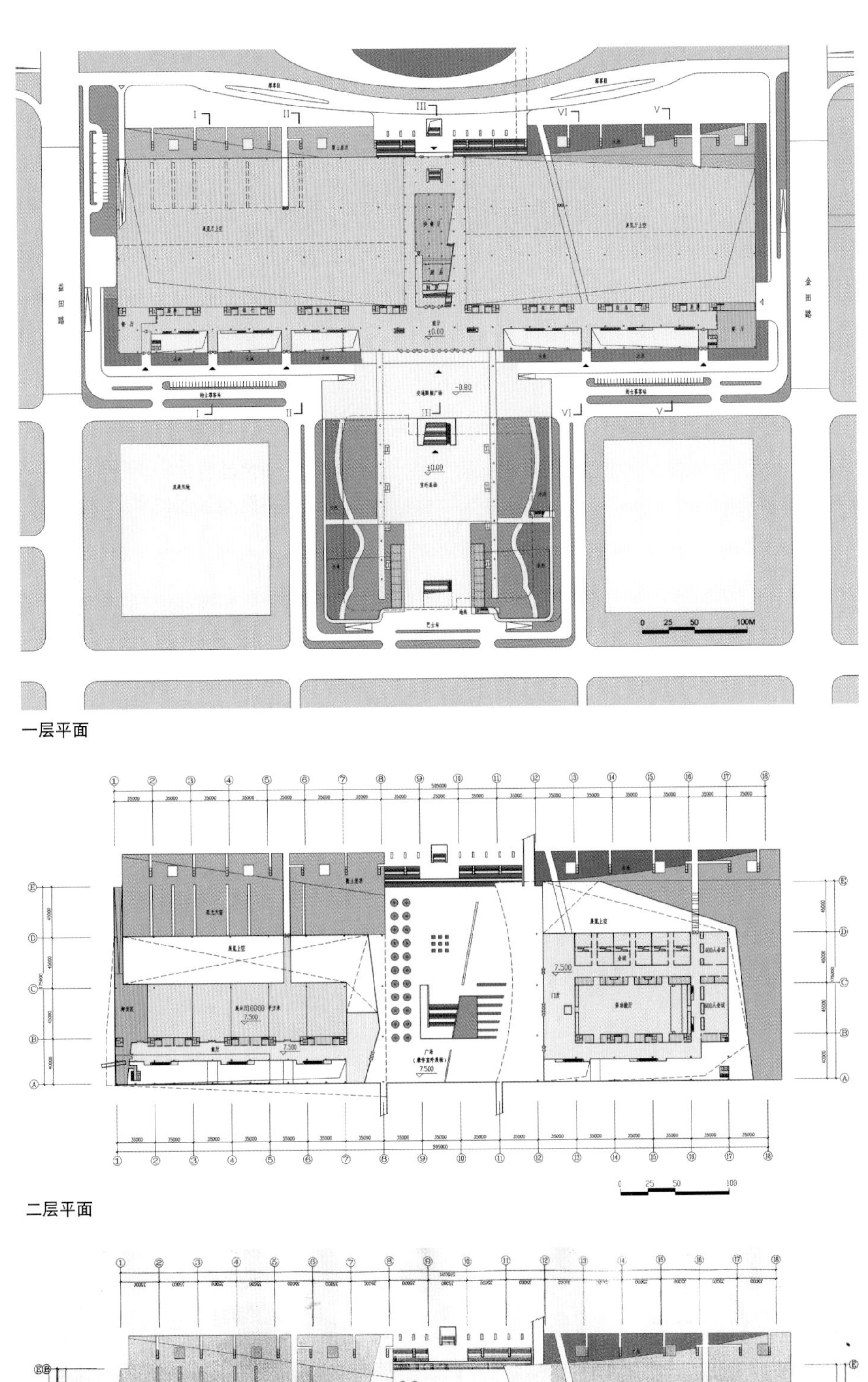
一层平面

二层平面

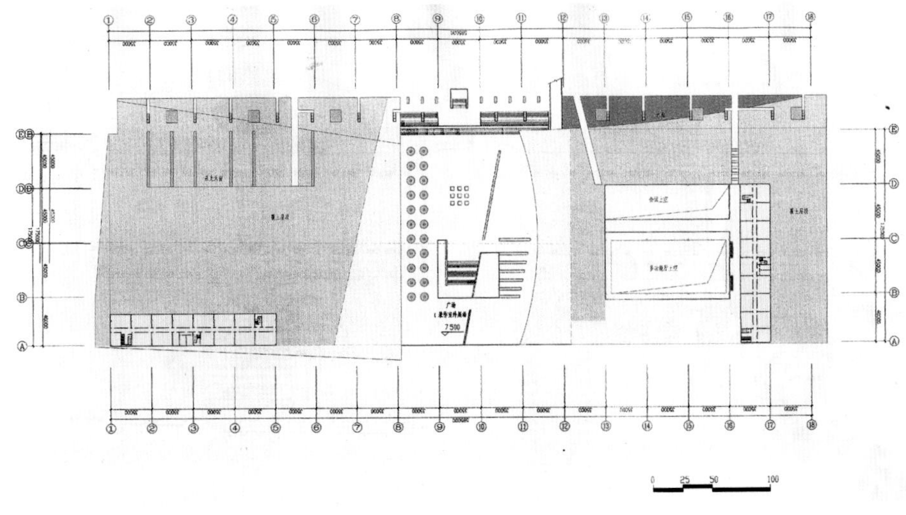
三层平面

如果规划不善会形成城市中心的空白区域，甚至会成为无人光顾的城市沙漠。

(4)城市中心区最有效的发展模式是通过详尽的功能、用地及政策的分析和规划让每一座建筑物都构成城市特有的生活方式中不可缺少的一部分，建造城市就是在塑造某种特有的城市生活方式，没有真实的城市生活作为内容的城市中心会成为富于纪念性或鲜明视觉效果但空洞乏味的舞台背景，巴西利亚和昌迪加尔城市中心的创造应是利用建筑的手段为尽可能广泛多层次的人群服务，而不是简单地创造美丽或娱乐性。城市中心应是城市生活的中心，而不应是迪斯尼式的主题公园。

因此在中心区的中心地段一建造会展中心的城市策略既有巨大的危险性，同时又在存在巨大的潜力。这是一个问题的两个方面，按作为传统建筑类型的眼光看来这块地并不适合建造会展中心，它可能造成交通用地紧张，地面停车不足，如果屋顶完全覆草、上人以保持中心绿地的连续性也会使建筑结构断面加大、造价上涨等问题。但同时如果把它当作一个非常规的发展项目，如果规划设计得体，它能够成为深圳中心区的未来城市发展的新的枢纽，通过配套设施的调整尤其是交通规划和功能布局，使这里真正成为服务于社区的多功能中心，同时通过空间围合形成中心绿化公园在三维上延伸并与北侧市民中心相呼应，形成南侧办公商务中心区的空间边界和过渡区城，使城市空间更加完整。

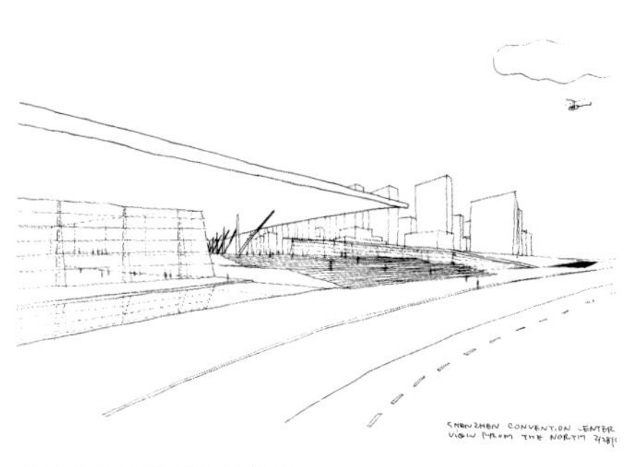
从深南路看会展入口台阶

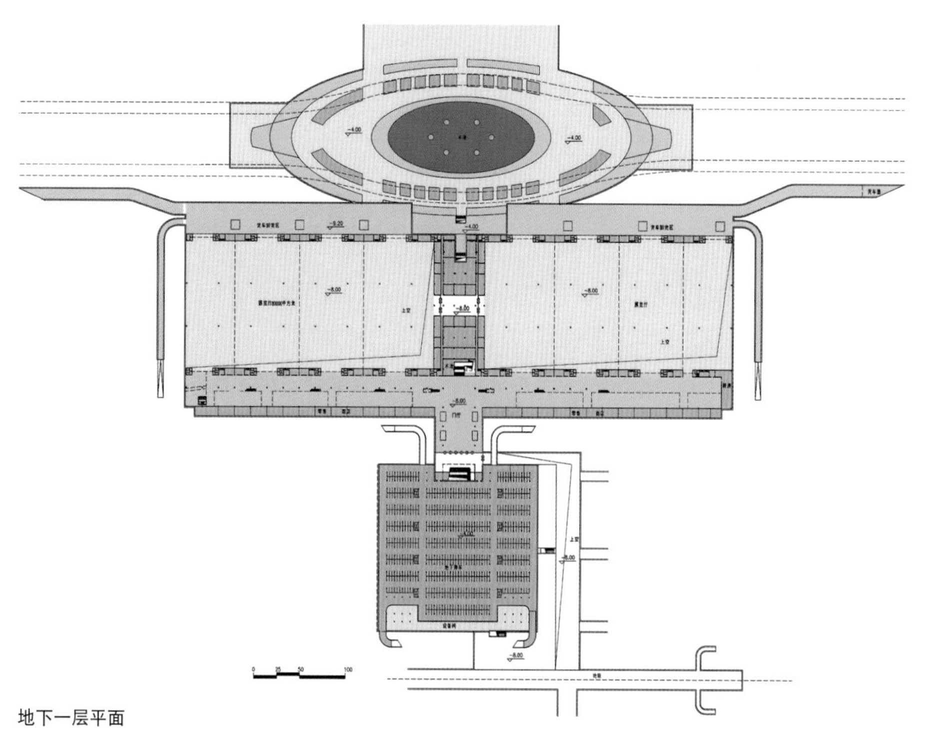

地下一层平面

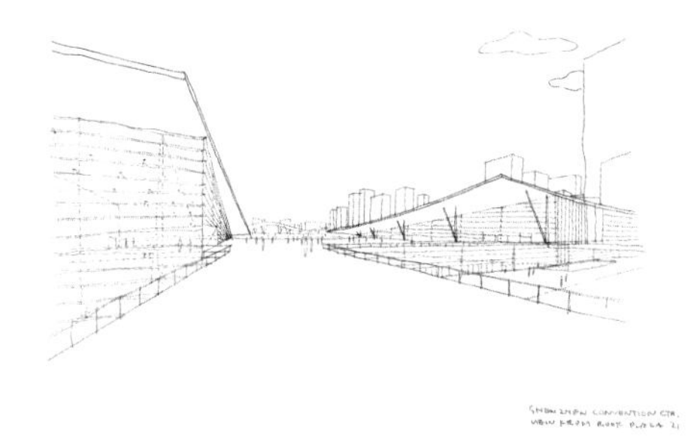

从南中轴看会展入口平台

北立面

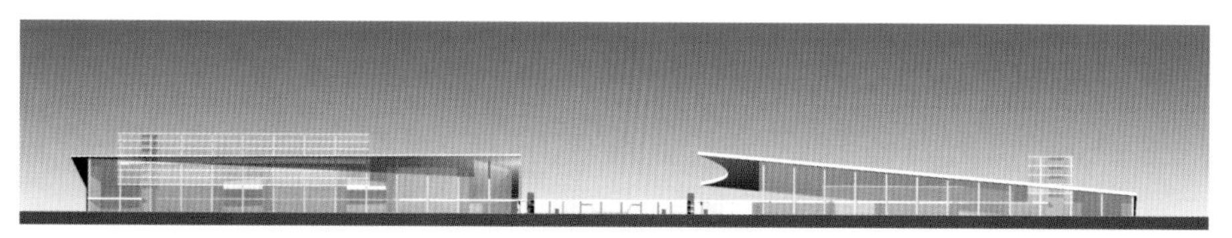

南立面

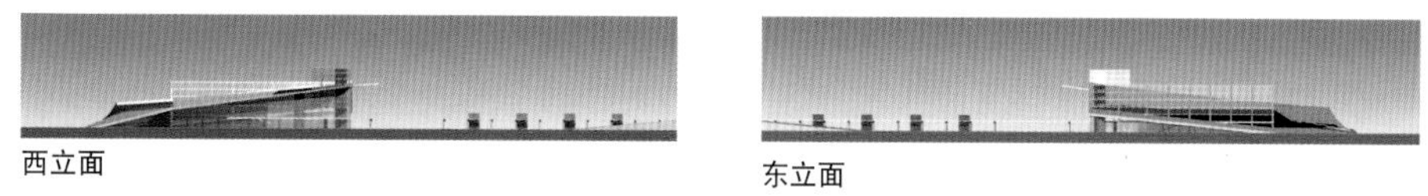

西立面

东立面

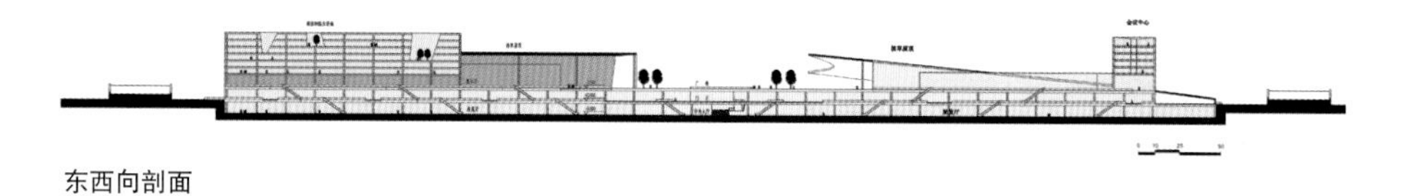

东西向剖面

南北向剖面

(5)会展中心将带来大量集中的人、车流量，为此我们提出两套交通方案供讨论。

a.保持深南路现状，但沿南侧开辟单行辅路，设出租车和大客车停靠点。水晶岛的设计展示了一个高科技构造的城市梦想，但它的现有位置处在本应快速高效的城市主干道中央。将规划中的水晶岛由北移至未来市民中心与会展中心之间的地理中心点，这样使水晶岛完全位于中心广场的人行范围内，与市民中心关系紧密，同时跨越深南路的地下步行系统更加简短有效。会展中心北侧入口处的广场空间也将更加开阔。

b.沿深南路开辟(在地平层)公交车及出租车慢行线和停靠点，这样从市民中心到会展中心的人流可容易地在水平地面层过马路而无须增设过街天桥或地下通道，整个中心绿化广场的完整性得以保留的同时又方便人们候车、游览时上下车，此外沿深南路南侧开辟一条会展中心大型运输货车专用道并直接伸入地下会展中心主层(−8.0m)的装卸平台区。地段一南侧福华一路设出租车停靠站点及小型车临时停车场，部分公交旅游车辆也可停在此侧，同时在福华路至福华一路之间原公共总站处设开放步行广场，并可作为室外展场使用。公交总站是城市辅助大型交通设施，会带来大量噪声及污染，应在规划中置于中心边缘地带，以避免使用黄金地块，更重要的是在这里提供频繁的公交车营运服务及方便的停靠站点，而不是总站这样的辅助设施，我们建议在广场南侧设置大型公交停靠站并结合两条地铁线出入口设计下沉式广场，周围布置适量商业及娱乐设施，同时大量人流可以从公交及地铁站直接由此

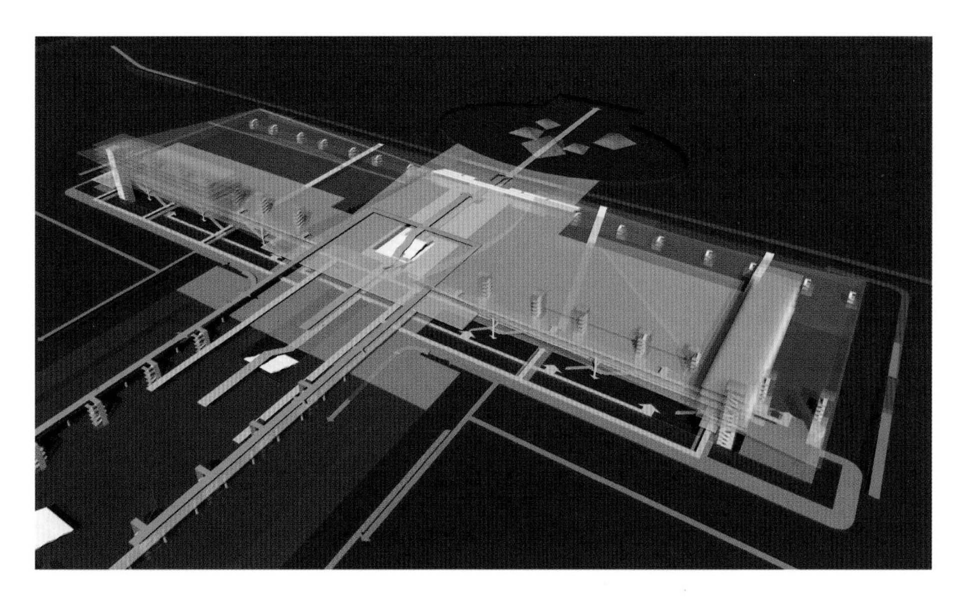

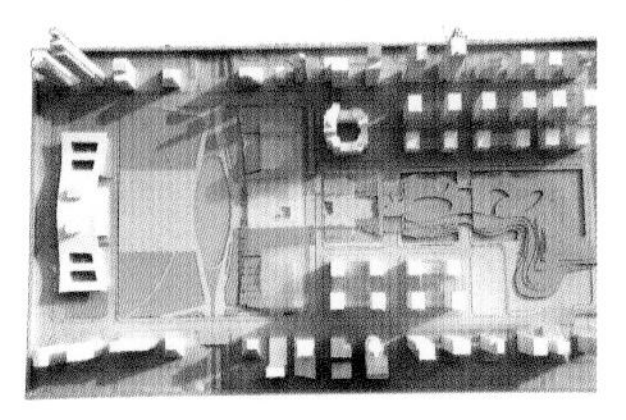

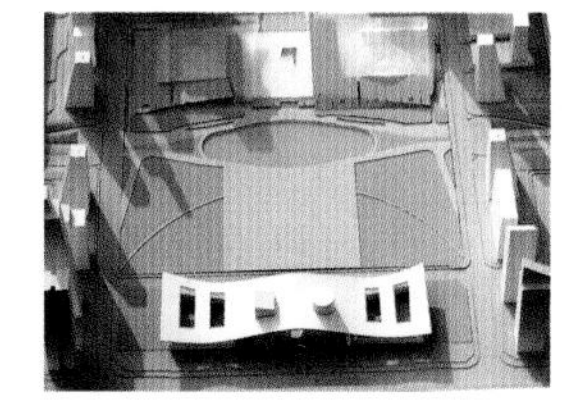

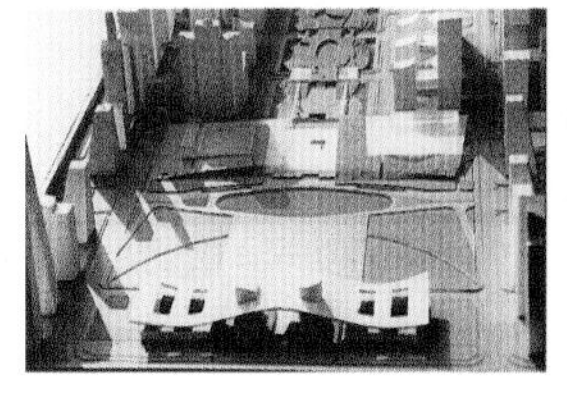

地段一方案各角度效果示意

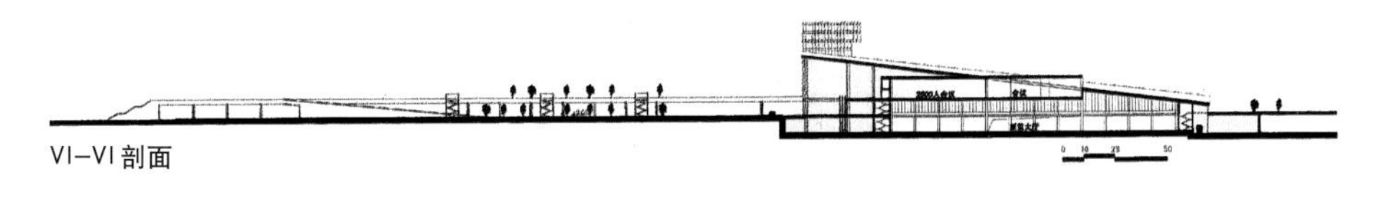

VI–VI 剖面

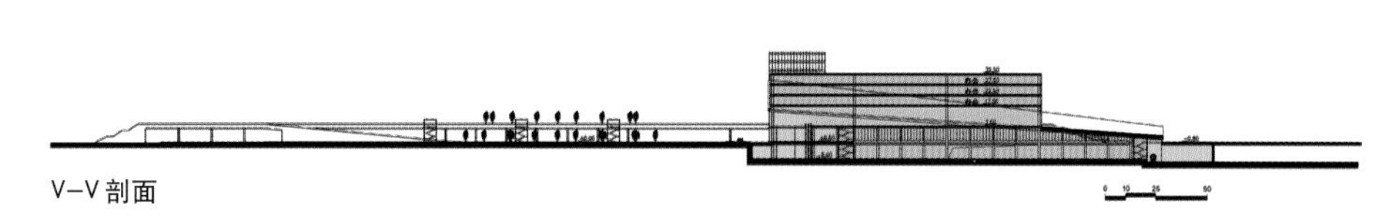

V–V 剖面

进入会展中心地下(–8.0m)主展厅的门厅，也可通过自动扶梯到达首层餐饮部分及二层会议、办公用房，沿会展中心周边设消防通道并作为用地内环辅道，沿线设有地下车库进出口及货物车辆进出口。

(6)会展中心为半地下式建筑，大型钢桁架屋顶局部覆草坪，接近地面部分可作开放式立体公园以保持中心绿地的完整。整个建筑由东西两翼构成，地面层连通二层中间为南北向广场(+7.5m)作为大型演出集会及室外展览场地。西侧草坪屋顶由北向南折起，东侧则由东北向西南折起并在广场上方悬挂，两翼非对称又具强烈中心性围合，增加了市民中心前绿化广场的空间层次，并改进了城市空间的尺度。由深南路一侧望去，是折起的草坡屋顶飘浮在空透的玻璃幕墙之上，再加以倒影水池和大台阶的结合，使这侧形成大型园林的环境气氛，与北侧的市民中心相呼应而非与之相抗衡。而南侧沿福华一路又是不同的城市空间形态，这里拔地而起30m的透明幕墙映在反射池中，其尺度和形态与南侧的办公、旅馆设施相呼应，形成严整的城市街道立面。沿街道层人们可直接进入长近600m宽40m的主夹层空间，这里可由自动扶梯直接进入–8.0m的主展览厅层，也可向上到达7.5m标高的会议、办公空间。在这一夹层沿街设有各种综合服务设施、餐饮、商店等，力图保持连续、丰富的城市街道生活环境并为社区服务，这样避免了大型展览建筑单调、荒漠式的城市环境印象，平日里这一系列设施和这一大型交通空间也都可对公众开放成为真正的城市生活中心的基础设施。此外通过这一夹层也可直达标高7.5m的室外中心展场，增强街道(福华一路)、南部带形生态信息公园与会展中心的北部市民中心的直接联系，福华路与福华一路之间的绿岛成为会展中心的前庭广场和主要交通枢纽，隆起的绿地与两条过街天桥相连直达中心广场，地面临时停车置于东、西两侧，并通过水池绿化与中心步行广场、绿岛相隔，其下设置二层小汽车停车库。

地段一方案主要技术经济指标

一、会议展览中心	167 950m^2
二、配套办公区面积	38 000m^2
三、室外展场	30 000m^2
四、停车数	980 辆
地面停车	100 辆
地下停车	880 辆
五、建筑层数	
会展中心：二层带夹层	
办公配套：六、七层	
六、装卸区及货柜箱储藏库	18 500m^2
七、巴士总站	2 000m^2

地下一层(−8.00m)

展览区	80 000m^2
装卸区、卡车/板条箱存放处	17 500m^2
入口大厅	3 200m^2
零售、商店	5 000m^2
前厅、连廊	15 000m^2
工作间、仓库	2 000m^2
楼梯/电梯	3 000m^2
问讯处、衣帽间、卫生间	500m^2
设备用房（发电机房、冷冻机房、水泵房、水池、配变电间等）	4 000m^2
机械/电气设备间	350m^2

首层(±0.00m)

前厅、连廊	5 000m^2
中餐厅	2 000m^2
西餐厅、快餐厅	2 000m^2
咖啡、休息	2 000m^2
厨房、加工、库房	1 000m^2
工作间、机械/电气设备间	900m^2

二层(7.50m)

展示厅	10 000m^2
辅助	5 000m^2
会议中心	12 000m^2
辅助	10 000m^2

三层以上办公

东侧办公	18 000m^2
西侧办公	20 000m^2

地下停车(−4.00m)　30 000m^2

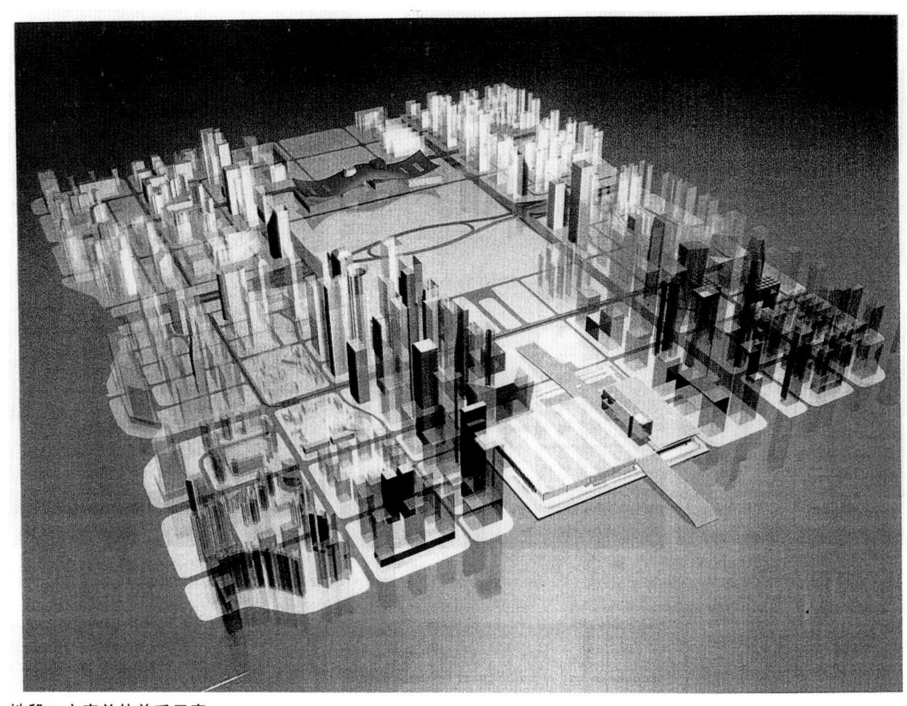

地段二方案总体关系示意

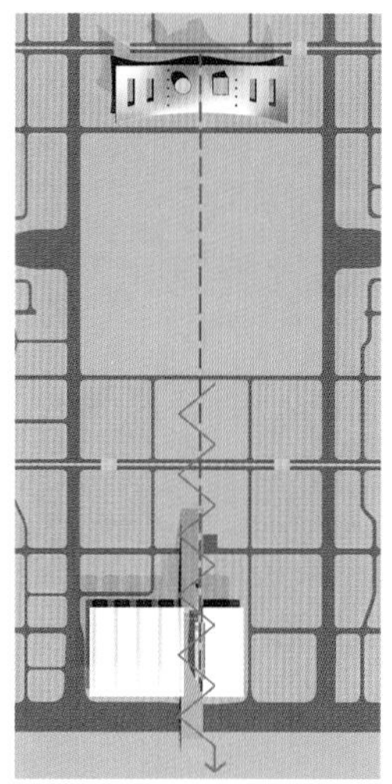

轴线

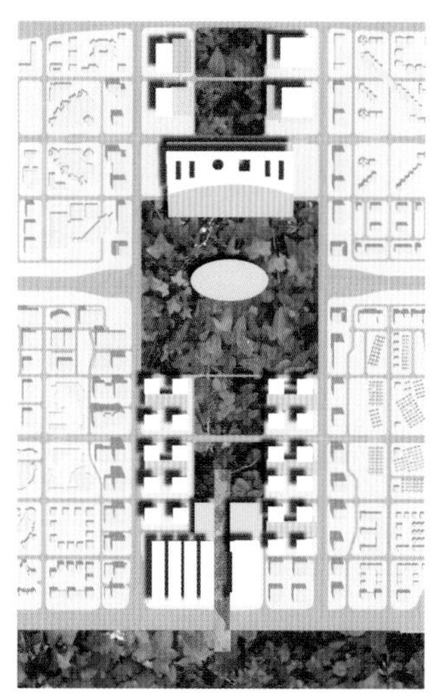

广场

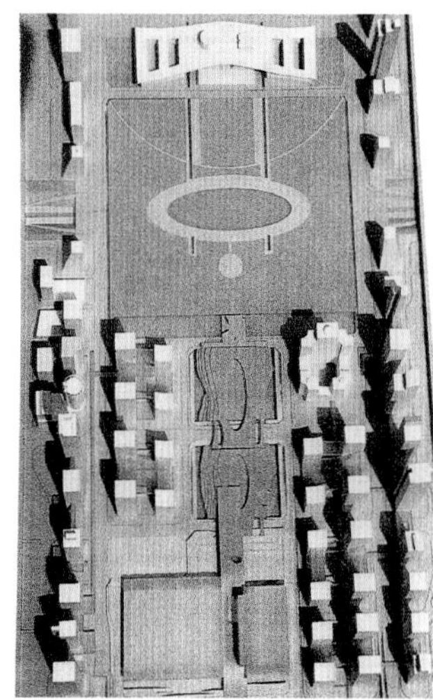

体量

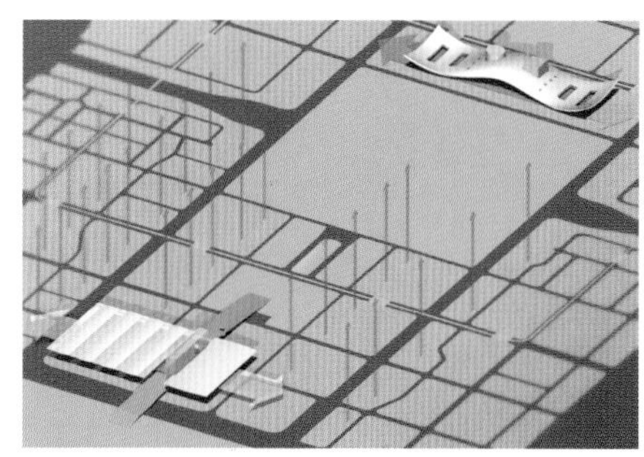

构图

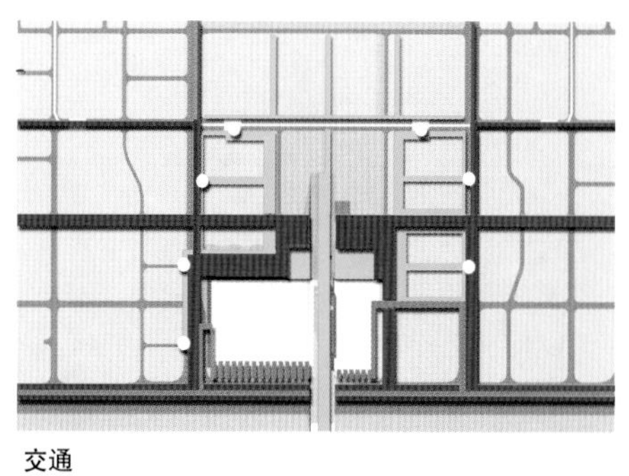

交通

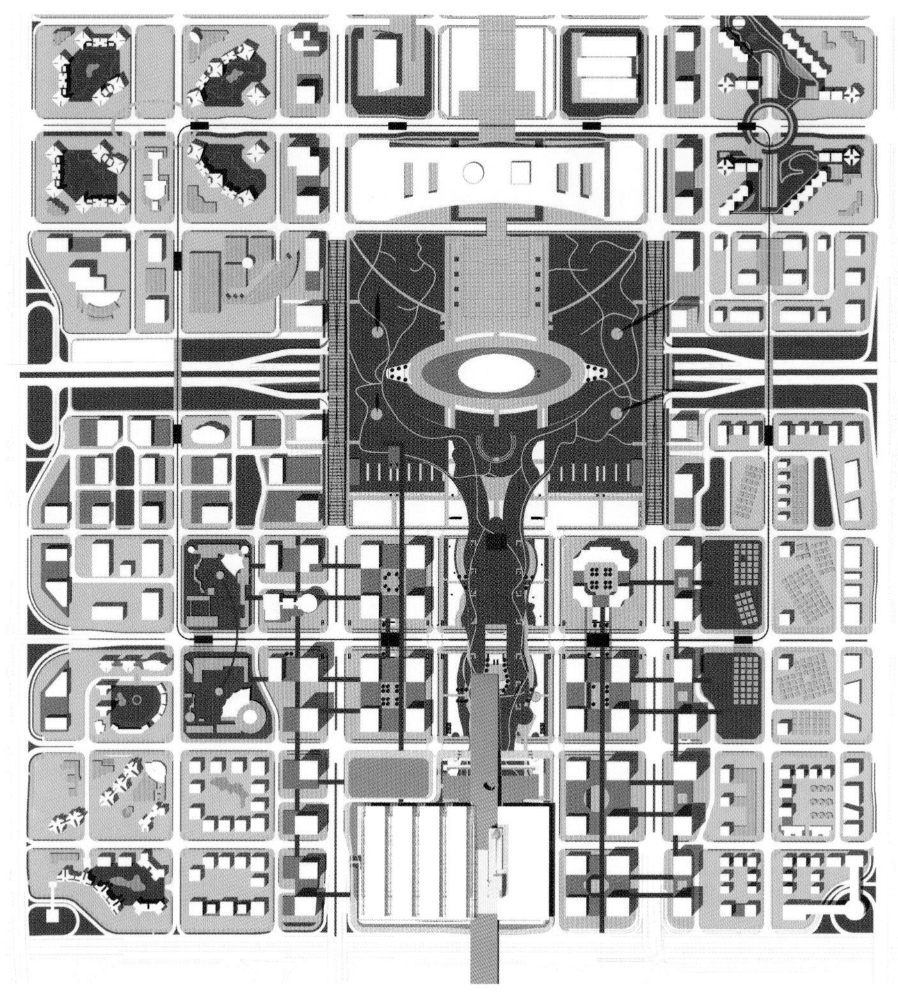

地段二方案总平面图

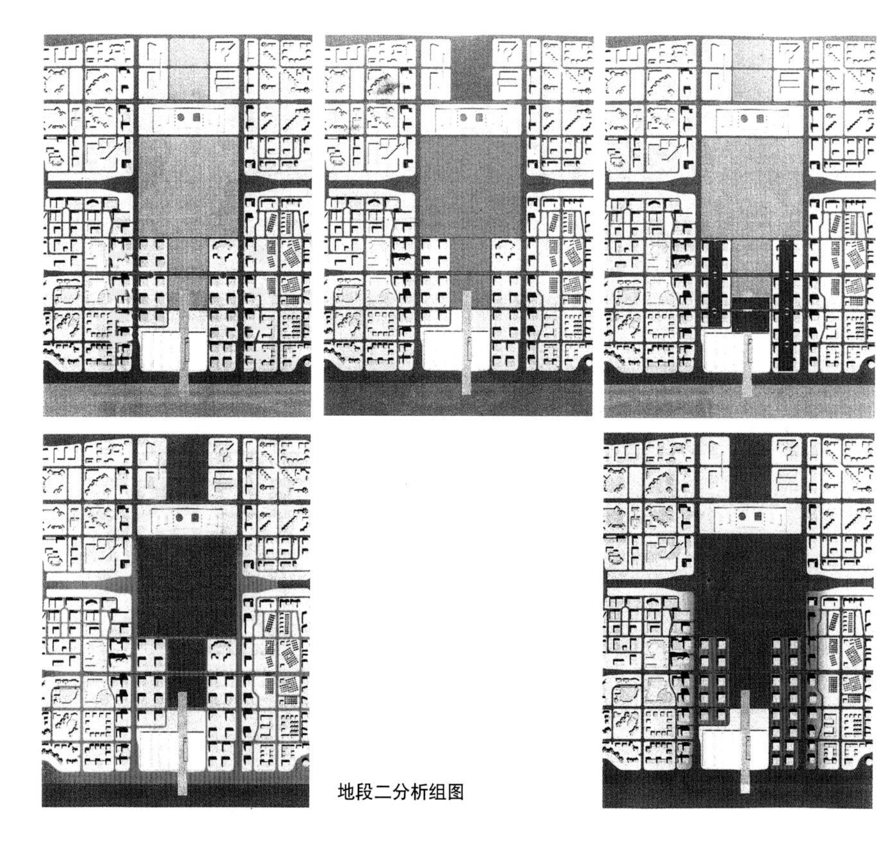

地段二分析组图

3.4　选址比较／方案说明：地段二

(1)选址：势能

同样的物质，在不同的位置，具有不同的能量，这就是“势能”的概念。会展中心介入到中心区，无疑带来了大量的活力，但如果处理不当，反而会造成对中心区交通和环境的消极负荷，所以全面斟酌地考虑设计问题是非常重要的。

a.构图

会展中心与市民中心南北相应，形成两条水平展开的界面，界定了中心区的范围，与在垂直方向上发展的高层建筑形成对比与均衡。

由于地段和功能的限制，会展中心虽然不在主轴线上，但通过空中植物园和空中花园，形成了不对称的对称，延续了中心区的主轴线。

b.交通

地段二周围路网密集，既可以充分利用滨河路，又可以利用周边的主路和辅路(益田路和中兴路、福华三路)。现有的道路完全能满足会展中心的需要，不必在市政上有更多的投入。

会展中心的介入必然会加大这一地区的交通负荷，这个问题不必通过拓宽道路来解决，而应采取科学的交通管制手段，对商务办公区交通再规划(包括是否采用单行线制)。

c.对环境影响

辅助设施、机房、装卸区面向滨河路，减少了对中心区的污染，空中植物园的概念，联系了中心绿地与红树林，并保障了视觉走廊的畅通。

d.促进商业繁荣

会展中心给商务办公区带来了大量的流动人口，要充分利用这种资源。人流的集散不应集中在会场中心前广场，要利用主要公交站点的巧妙设计，吸引这部分人流来使用商务区的商业、餐饮、娱乐设施，将会场中心带来的交通负荷变成推动商务区发展的积极力量。

e.发展用地(见左图)

左上：巴士站点

红点表示公共站点，应远离中心绿地，形成向东西端开发的动力(黄箭头)。

上：绿地保持

选址二能够保持较大面积的绿地。

右上：地下停车

蓝色块表现地下或地上车库较理想的位置，在商务中心区，车库应在楼与楼之

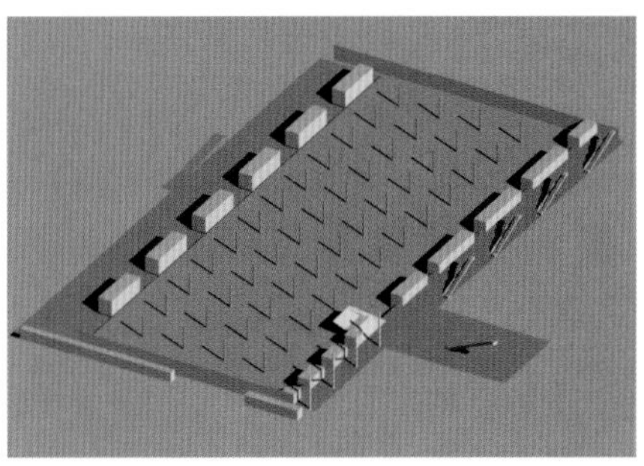
一层平面(0.00/-4.00m)

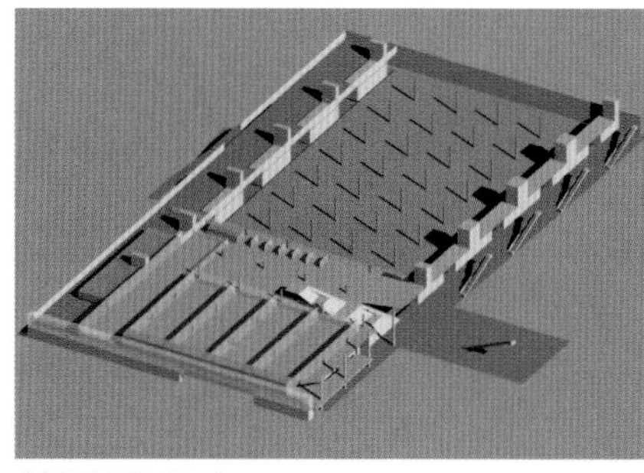
夹层平面(6.00m)

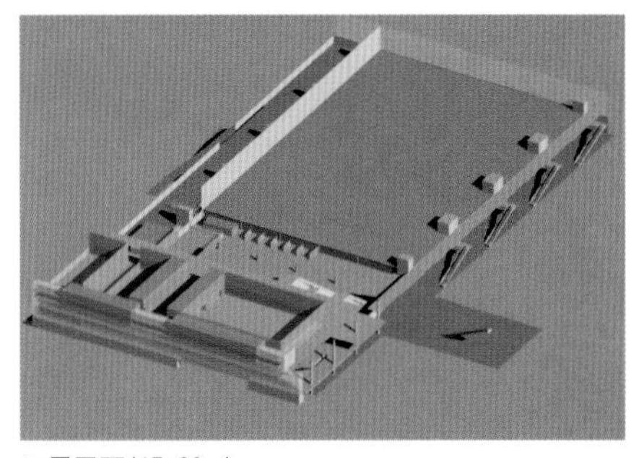
二层平面(15.00m)

屋顶平面

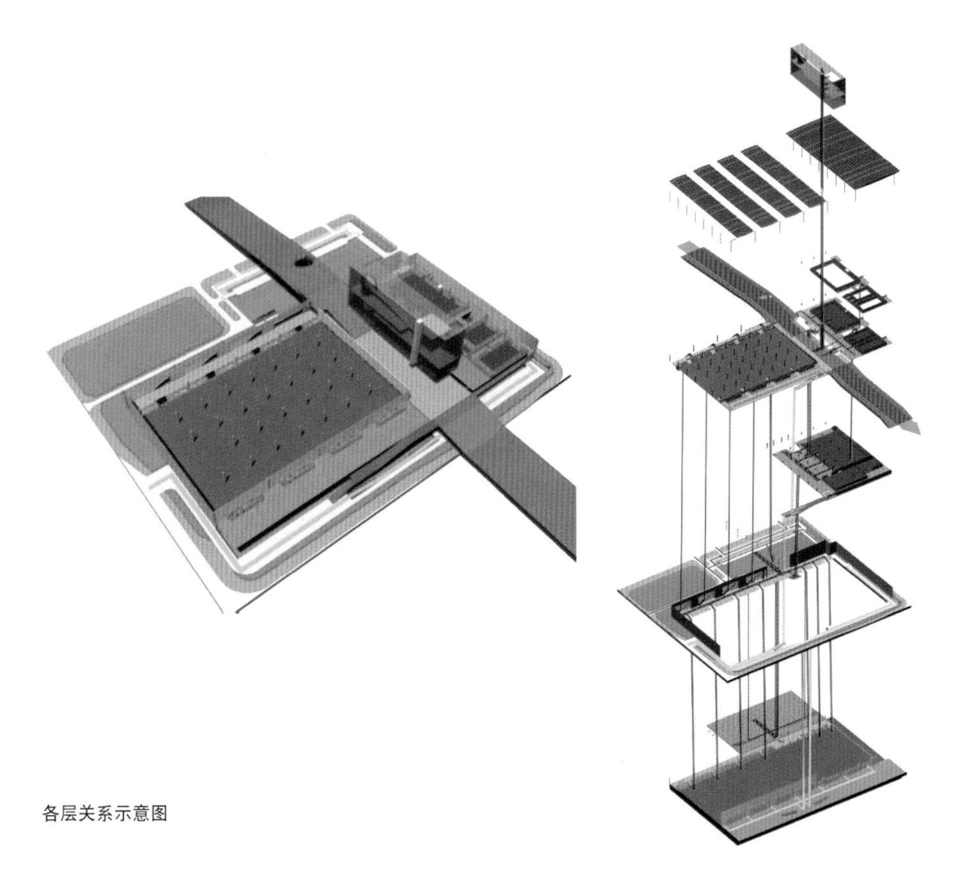
各层关系示意图

间，让开会展中心的中心绿化地带，应少侵蚀绿地。

左：可通行能力

地段二周边路网较宽，邻近快速道，货流人流交通方便，不必增加或拓宽已有道路。

右：对周围影响力

会展中心给中心区带来大量流动人口，给周边地块带来活力，要让这部分人流通过商务区，疏散到各公交站点。

会展中心是否会再有所发展，完全取决于市场的走向，未来发展用地的位置，也完全应由市场行情来决定。中心区在发展起来之后，必然会形成地块之间价格的差异，会展中心完全可以选择一个土地价值低的位置来发展，并以此为龙头，刺激周边土地价值的增长，从而获得投资回报。

会展中心在未来的信息社会中应有什么样的形态，这依然是一个有争议的课题，有人提出在一个“虚拟”的世界里，不需现在这类的以展示实体为主的空间，如果这种设想在技术上成立的话，会展中心邻近建筑的裙房便可以变成未来的会展中心。无论如何，这启示我们不能依据现有的模式来预计未来。

未来2号、3号会展中心，也会在性质上有别于这个会展中心，使不同的展览场所各有特色，如体育场馆中，又可分为游泳馆、冰球馆等等。这些新会展中心应依据其自身特色，分散到中心区的不同地带，形成中心区向东、西方向深化发展，二次开发的龙头。

(2)方案说明

我们的设计并不是唯一的、终极的，其目的是为会展中心的终稿提供一个策略性的框架。

a.设计主题与策略

对黑川纪章生态信息轴概念的实现和深化，设计的主题应围绕着信息与生态。

重叠：城市元素之间应当重叠、交叉，相互寄生与支撑，而不应相互排斥，中国现行规划中的一个弱点是一些规划手段(如红线、绿化率、消防规划等)反而成了隔离城市元素的有效工具。会展中心的设计应是信息轴与生态轴的重叠。

高技术与适用技术的结合，利用最简单的原理(适用技术)和最先进的材料、电子技术来设计会场中心的围合系统、结构系统、通讯系统、采光通风系统、交通系统。

b.交通分析

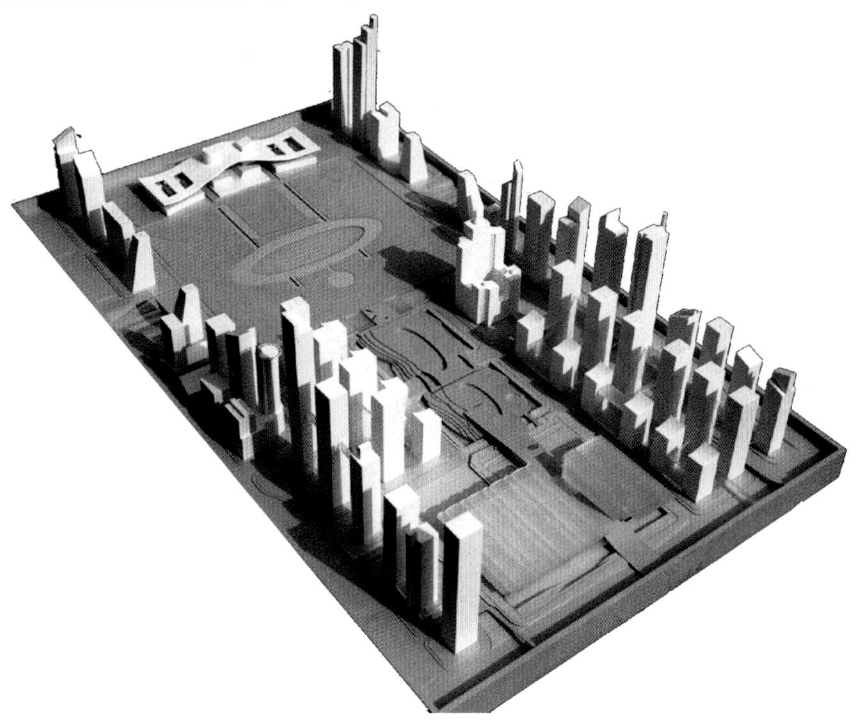

地段二方案各个角度效果示意

主入口面北一字排开，有利于把来会展中心的人流疏散、吸引到城市中心区和周边的商务办公区。

停车场可服务于中心绿地（当会展中心闲置的时候），室外展场可以灵活调节为停车场地。

c.室内交通分析

室内交通的流线明确简洁为设计宗旨，入口层为沿东西向一字展开的通透前厅，可以俯瞰主展厅，沿这一轴线的垂直交通（楼梯、扶梯）将人流带到二层主展厅。二层展厅的主走廊与一层共享中庭、悬挂的旗帜可以很明确的指引人流到达目的地。

通过夹层（餐厅和展示厅区），沿入口主轴线（南北向）达到上层的会议区，在层与层之间共享水晶玻璃空中花园下的共享大厅，通过大面积自然光，使交通路线明晰。

上层主厅略高于夹在展厅的会议厅中间的露天空中植物园，透过（空中花园下的）水晶玻璃厅，既可俯瞰下层的快餐厅，又可以观赏空中植物园，从这里通过自动扶梯和观光电梯，可以到达水晶玻璃厅上空的空中花园。空中花园在这一层可以利用二层的卸货区。

d.功能分析

入口门厅既可以作为集会厅，又可作为临时展厅。可以很好地与室外展场结合，展厅玻璃幕墙可以升起，在不需要空调的季节里，可以与室外展场合一，从主厅的自动扶梯可以升至其上空的空中植物园。

快餐厅位于会展中心的重心，同时吸引更多的人来参观固定展示厅。

空中植物园和空中花园，与会展中心互为依托，现方案只是提供一种设想，一个方向，而不一定是最终的设计。空中花园首先带给会展中心以及整个中心区的是浪漫、幻梦式的城市情调，表现了朝气蓬勃的深圳精神。

空中花园的设想提出了以生态的方式来处理建筑物的废气，产生新鲜氧气，降低建筑噪声，调节室内温度。空中花园的主题是“热带雨林”，它应和热带雨林调节全球气候一样，对会展中心起被动式主调节作用。它既应用最前卫的高科技技术，又应用最简单的生态原理。

空中植物园是中心区绿化的高潮和重点。植物园以种植各种奇异花卉为主，通过立体三维设计，形成一幅多彩的大地艺术。空中花园收集热带、沙漠地带植物，不同的种植区飘浮在不同的高度，以自动扶梯、坡道联系，与其下面的室内共享大厅互为借景。共享大厅可作为临时的展厅。花园内的IMAX立体影院，是主轴线的一个焦点。

空中花园可以从室内外通过观光电梯、自动扶梯到达。

空中植物园、花园与会展中心的结合，打破了会场中心单调的气氛，带给会展中心许多动人的场面，使深圳会展中心形成有别于其他会展中心的特色。

e.视觉与形象

造型上与市民中心相呼应，屋面造型的主题是水平浮动的薄云。

空中植物园是中心绿地在视线和功能上的延伸。

建筑紧临高速路要有整体感，建筑立面应简洁、统一，突出屋面造型。

北立面通过玻璃界面，展示室内动态、多层次的空间。可以利用高新信息技术（如高分辨率电子显示屏）把局部建筑立面变成信息传播器。

主要技术经济指标

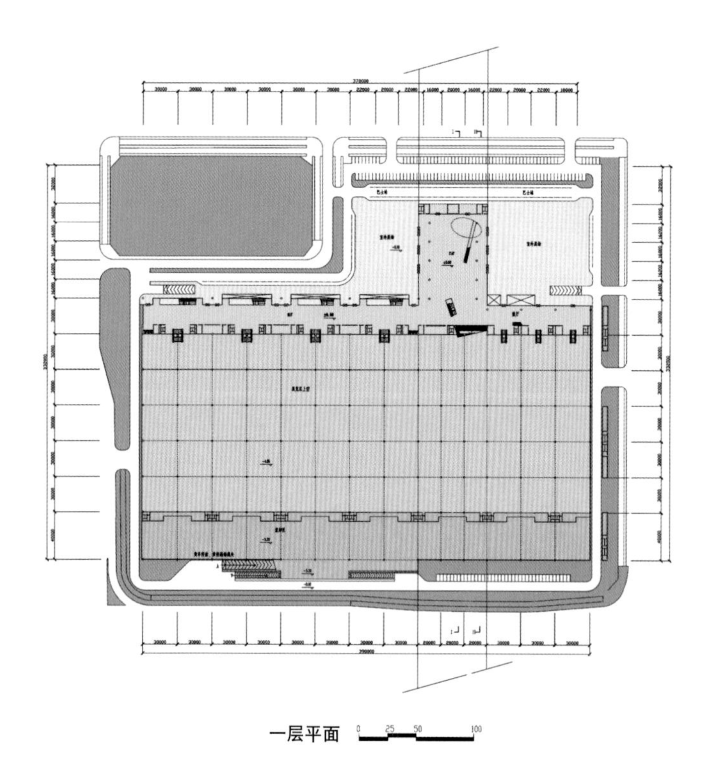

一层平面 0 25 50 100

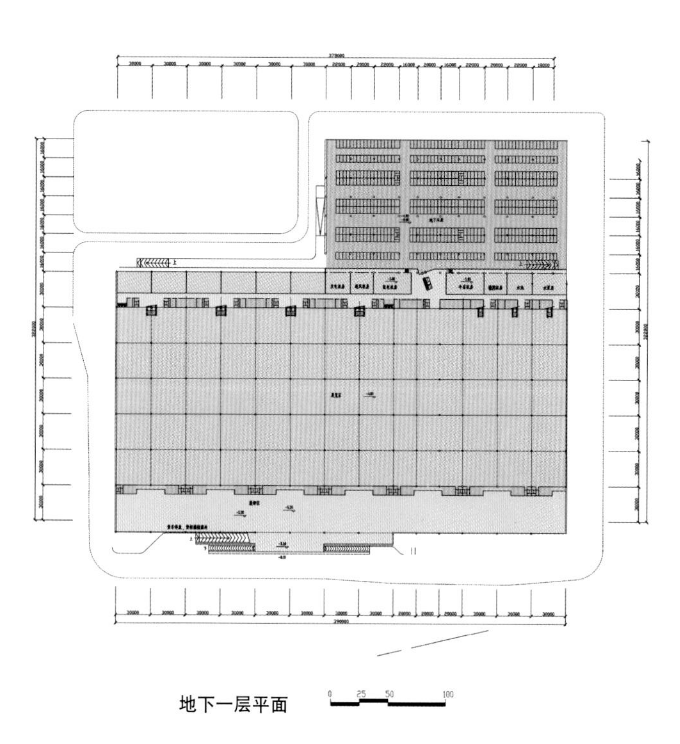

地下一层平面 0 25 50 100

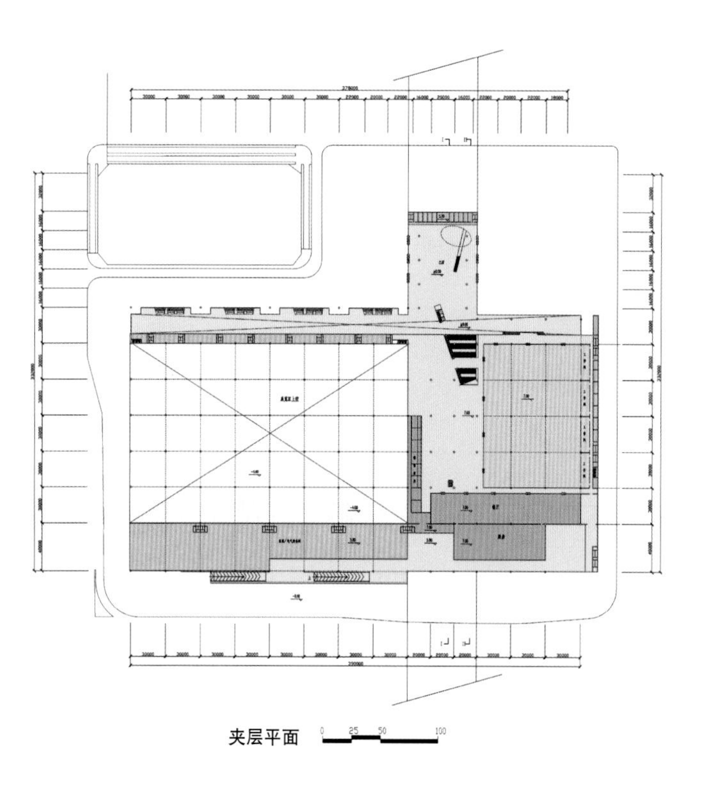

夹层平面 0 25 50 100

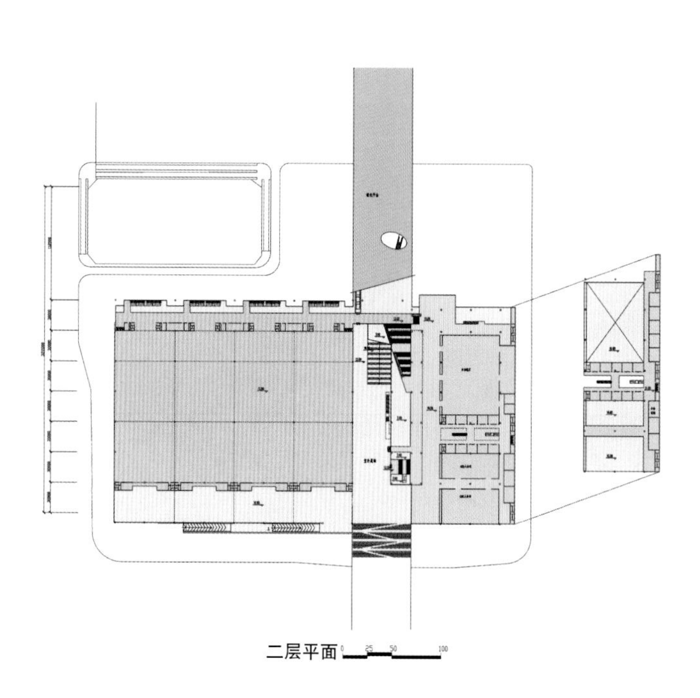

二层平面 0 25 50 100

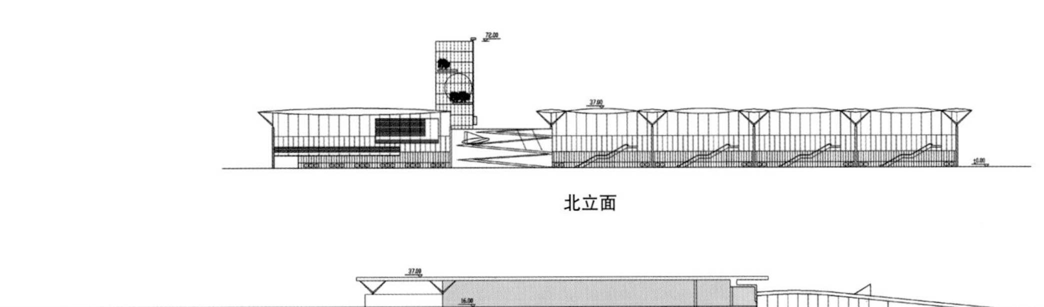

北立面

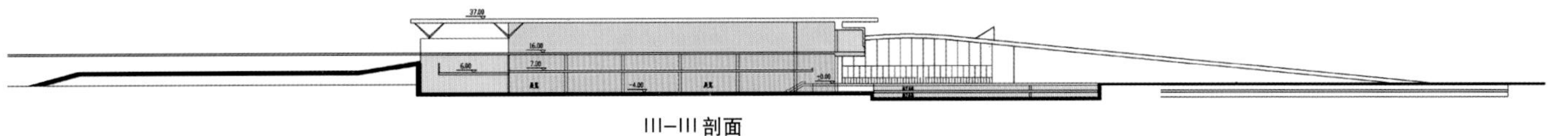

III–III 剖面

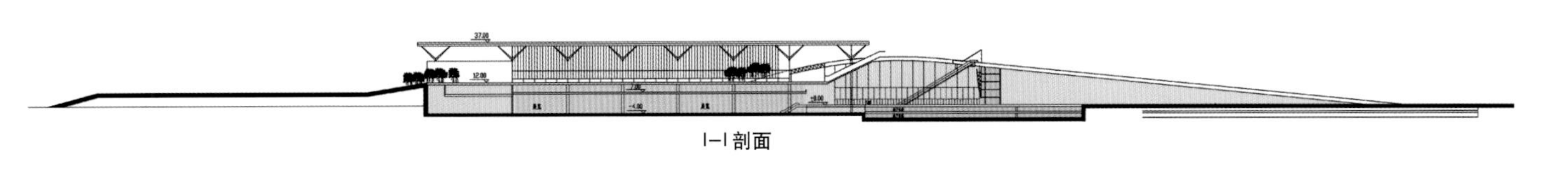

I–I 剖面

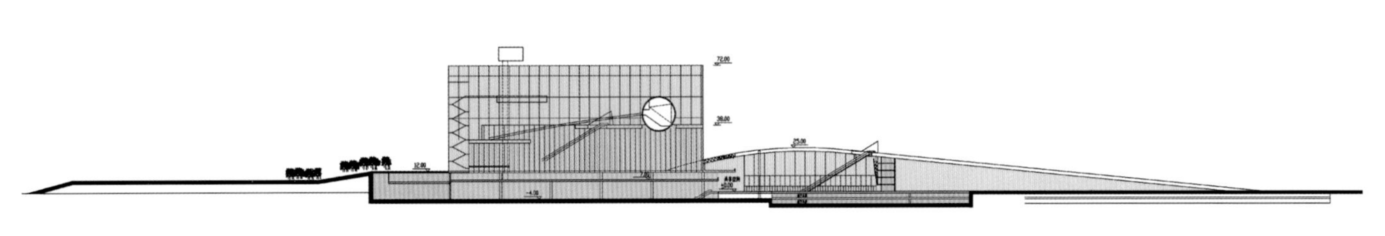

II–II 剖面

0 25 50 100

会议展览中心　161 500m²
配套办公区面积　20 000m²
室外展场　18 800m²
停车数　1 500 辆
地面停车　150 辆
地下停车　1 350 辆
建筑层数
会展中心：二层带夹层
空中花园：七层
装卸区及货柜箱储藏库　18 000m²
巴士总站　2 000m²
预留用地　40 000m²

首层(±0.00m)
室外展览　10 000m²
门厅　5 000m²
前厅　5 000m²
问讯处、卫生间、衣帽间 500m²
机械／电气设备间　600m²
楼梯、电梯　900m²
地下一层(−4.00m)
装卸区、卡车/板条箱存放处17 500m²
展览区　58 500m²
地下停车场　48 000m²
楼梯／电梯　2 000m²
机械／电气设备间　600m²
工作间、仓库　1 400m²
设备用房　4 000m²
(发电机房、冷冻机房、水泵房、水池、配变电间等)
夹层(6.00m)
展示厅　10 000m²
餐厅　3 300m²
厨房、加工　1 800m²
零售、商店　3 000m²
前厅　3 000m²
工作间／仓库　1 000m²
楼梯／电梯　1 000m²
机械／电气设备间　400m²
二层(12.00m)
展览区　30 000m²
辅助　8 000m²
会议中心　12 000m²
辅助　8 000m²
室外展览　8 800m²
办公配套　20 000m²

3.5　结论

通过对会展中心选址的初步研究，我们提出了上面两个可行性方案设计。这两个方案是对会展中心在未来中心区城市发展中的特殊作用及潜在问题的图式说明。在这项可行性研究中充分发现问题并力图寻找各种可行的解决方式是我们方案设计的要点。我们希望通过这两个图解式的方案，将会展中心的设计从一座单体建筑的范围提升到对中心区城市整体结构和形象设计层次上的思考，并以此提出对中心区城市设计及未来会展中心设计的一些建议。

①从城市设计的层次上设计会展中心，使之成为城市中心的支撑结构。

②以会展中心的介入重新调整这一地区的交通结构空间组织、功能布局及环境设计的设计依据。

③会展中心设计应以保持中心区整体形态为出发点，整合、完善城市中心的空间结构，对商务区和文化区的边界、连接和层次及流动性详细分析，其中地段一形成北部行政文化区与南部CBD的连接体，而地段二的设计着重强调中间生态信息轴

与南部中心商务区的结合。

④会展中心选址于市中心，注定是城市与设计策划的结合，在初期会有较多投入，但从长远利益看，这一举措带来市中心基础设施建造的契机，为城市未来健康发展奠定坚实基础。

⑤会展中心的交通组织应引导大量人流进入商务中心区，通过合理布局鼓舞人们使用周围配套设施，以起到带动周围地块开发的作用。

⑥人行、车流的组织应采用简单、有效的方式解决，而不应过多使用三维立体交叉组织商务区的交通。"立体城市"的设计概念往往造成城市中心区活力下降。

⑦尽可能保持中央南北间视觉走廊的连续。

⑧从管理上，会展中心室内公共领域应对外开放使用。这些公共空间应成为周围商务办公区的公共客厅，并解决由此带来的管理问题。

⑨会展中心的室外展场及大量人流集散空间应力图融入中心区公共空间序列之中，形成多层次、多功能、独具个性的一系列室外公共广场群，以满足不同时间、性质的城市公共活动。

⑩会展中心选型应具鲜明个性，但更应强调其作为限定、整合城市空间的手段，在尺度、性格上加强生态信息轴的空间连续性整体性。

3.6 地段二补充方案

应委托方要求，对地段二进行了新的探讨，提出补充方案供参考。

地段二补充方案效果图

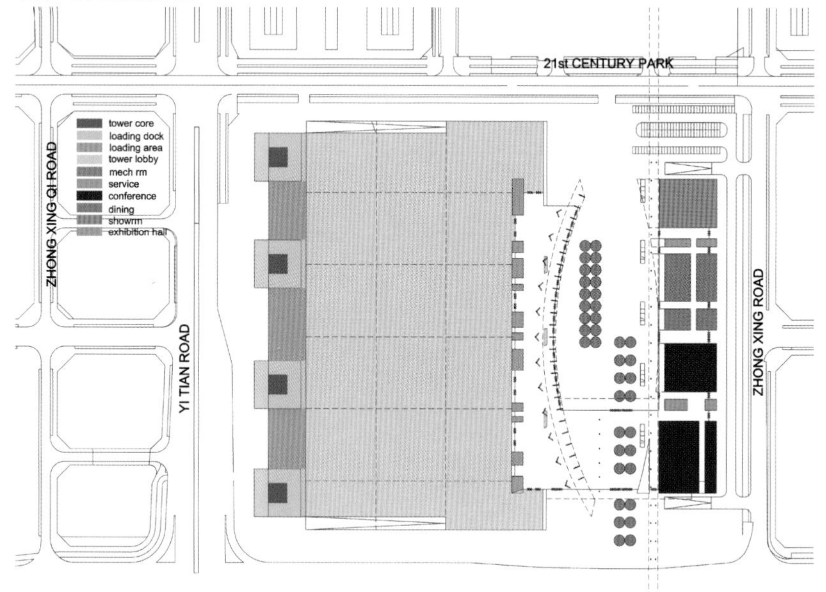

地段二补充方案一层平面

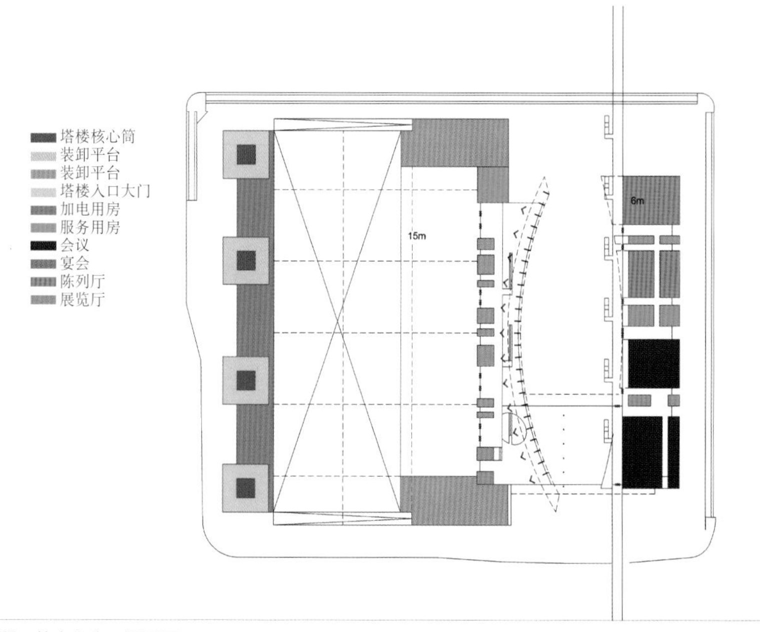

地段二补充方案二层平面

2.德国欧博迈亚公司方案

(1)会展中心场所的分析研究

会展中心场所的要求:

一个会展中心需要很大面积的停车场、辅助设施,如果会展中心营运顺利的话,参展商将会逐渐增加,从而会导致必要的会展中心的扩建。

一个会展中心在开办展览的前后以及展览期间,会产生很大的交通流量,这将会给深圳市带来生气,同时也带来压力。

在非展览期间,会展中心将显得毫无生气,就像一个孤岛在城市中。

一个会展中心要有很好的公共交通的连接,能使成千上万的客商很顺利地到达。

所有上述的要求得出一个规律,即:一个会展中心要有一个很好的交通连接。

会展中心选址在中心区是可能的,如果我们实事求是地估计其所产生的风险并在为其进行的规划设计过程中将风险降到最低程度。

(2)会展中心选址在市中心的位置

①选址方案一:中心区中心

·优点:

鉴于中心位置,对于参展的客商非常方便到达,有很好的公共交通的连接。

·缺点:

货运交通将进入中心区,会造成很大的交通压力,以及由此产生噪声、废气。

中心区的中央(瞭望平台)区域因为会展中心将减少一半面积。

因为一年中大部分时间展览会是关闭的,这说明在中心区的会展中心将会很长时间成为荒凉之地。

同时会展中心选址正好是中心区南北交界处,所有步行区域的连接因为会展中心而中断。

另外,会展中心在这一区域无扩建的可能性。

·从而得出结论:

选址方案一在中心区是不合适的。

②选址方案二:中心区南侧

·缺点:

中心区西南侧的小山坡必须铲平。

货运以及供给、摆放功能都集中在南侧。有限的基地上,几乎无扩建、发展的可能性。

会展中心的南侧(滨河大道)对于参展商无进出可能性。

为建筑会展中心以及以后可能的扩建,必须将金田路、益田路南侧的一部分高楼(20m)拆除。

·优点:

所有的货物运输都集中在滨河大道上,对于中心区的道路无交通压力。

公共汽车总站和金田地铁站直接连接至会展中心,从汽车总站和地铁站也能很方便前往会展中心。

约600m长的会展中心在沿滨河大道一端,为深圳市中心区形成了一个良好的南端。

会展中心是中心区南半部密集高层的商务中心有机的补充。

从城市规划角度上讲,东西方向设计的会展中心有很好的辨别方向性,所有的货物运输都从南侧,即从城市快速路进入。而参展商则从市中心方向会展中心的北侧进入。

·从此得出:此处会展中心的选址是非常合适的。

③补充措施

在计划南侧的货运区域内必须认真分析、规划和设计各个功能区。

考虑到先进成功的会展中心将来扩建的需要,深圳市规划国土部门要对发展用地进行预留。

(3)与城市规划的联系

①中心区的功能

1999年中标的中心区规划指定中心区南侧为商务区。会展中心选址在此正合乎此要求。

②建筑语言的组合元素

展览大厅形成了一个横向突起的长带,使中心区在南端有一个很有特征的结尾。展览大厅屋顶形成的轮廓曲线同北端的市民中心的轮廓曲线遥相呼应。

在西南角和东南角设立两栋高层建筑起着界石的作用,同时如同设在金田路、益田路两侧的中心区的门柱。

③环境和绿化

市中心的绿化带将延伸至会展中心的展览大厅绿化屋顶为止。

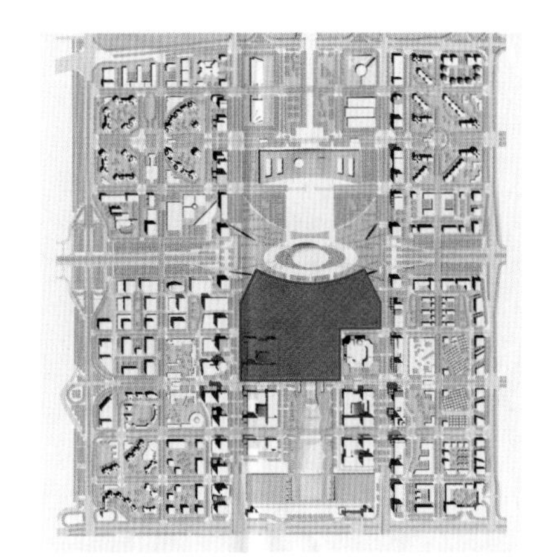

选址方案一

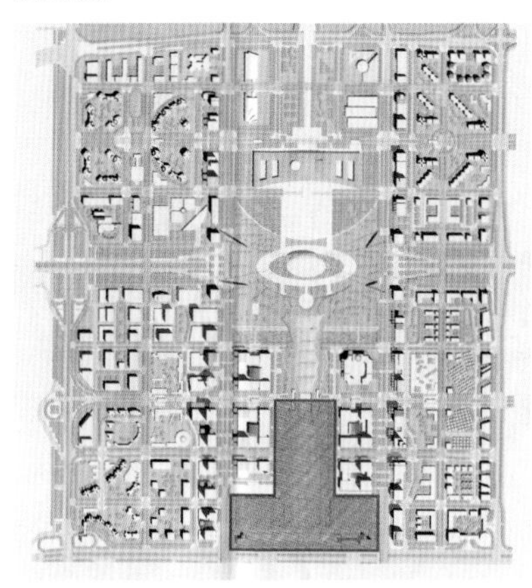

选址方案二

选址二分析

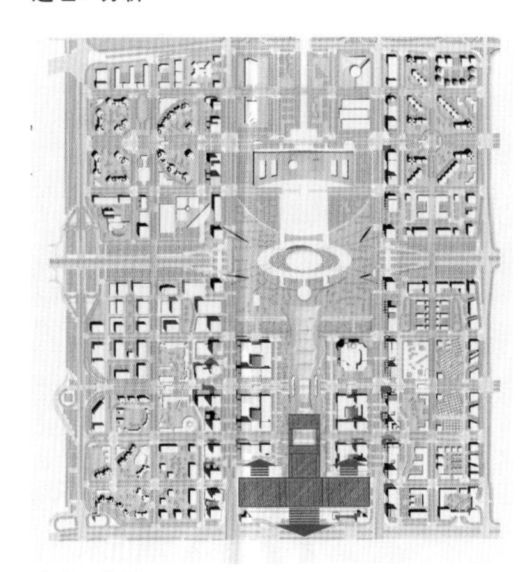

选址二分析

与城市规划的联系（一）

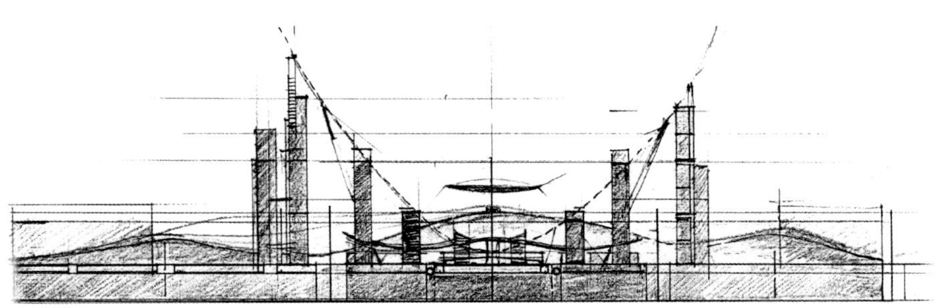

与城市规划的联系（二）

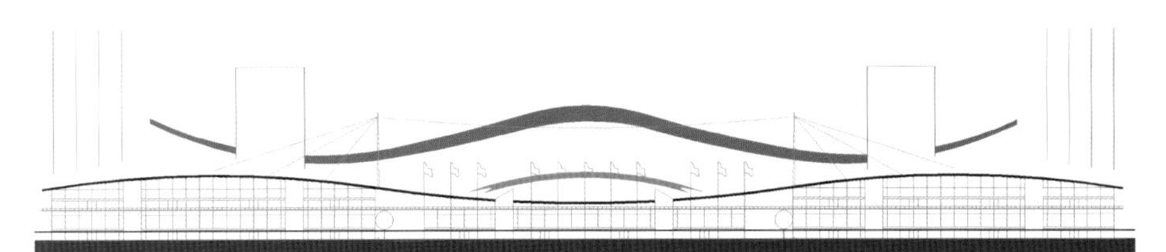

与城市规划的联系（三）

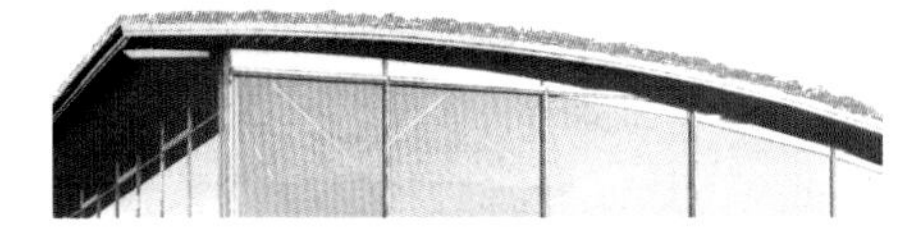

屋顶绿化

展览中心西侧水体

④屋顶绿化

屋顶绿化可以很有机的与建筑连接在一起，使人感到不是一个陌生物体，而是建筑整体的一部分。

两侧平行的跟随的水体系统作为重要的元素，一直延伸至会展中心的南墙面。

⑤空间方案

我们的基本思想是保证中轴线的畅通。在大体量的会展中心建筑群体环境中，我们作了如下序列的空间设计：

中心区的中心广场、下沉广场、会议中心花园、会展中心广场，以及最后展览大厅二层的室外展场。

这些由北向南的空间设计与我们所作的城市规划的目标是一致的。

会展中心应嵌入中心区中轴线的环境之中。

底层的展览大厅与中心区地下层的连接有着重要的意义。

因为该处地下水位高度是-4m左右（具体应做勘探测量），我们建议底层的展览大厅的标高为-4.25m，这样使会展中心的建设具有经济性，并与城市规划有很理想的联系。

会展中心广场

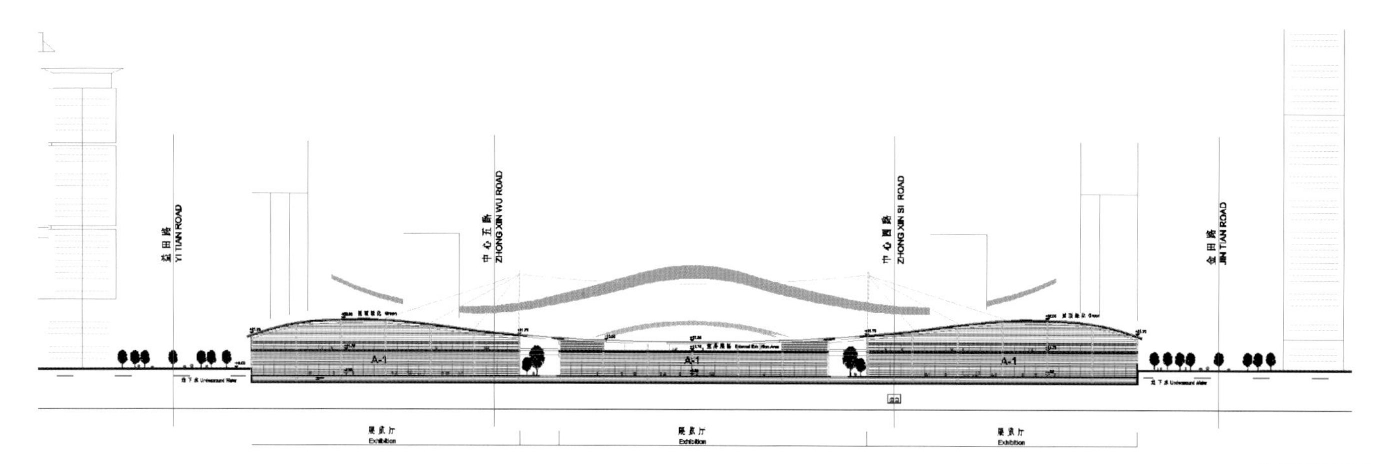

东西向剖面图

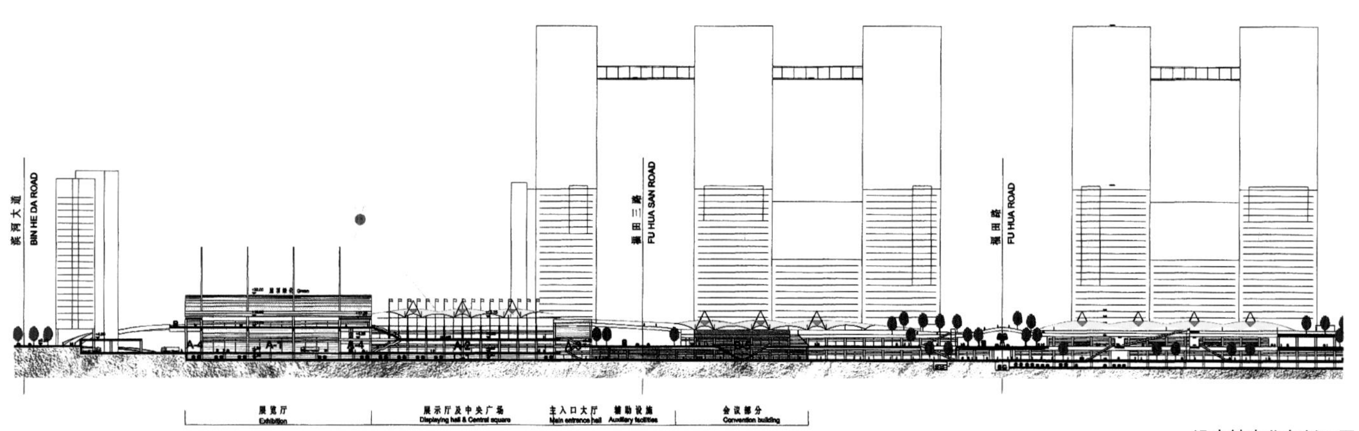

沿中轴南北向剖面图

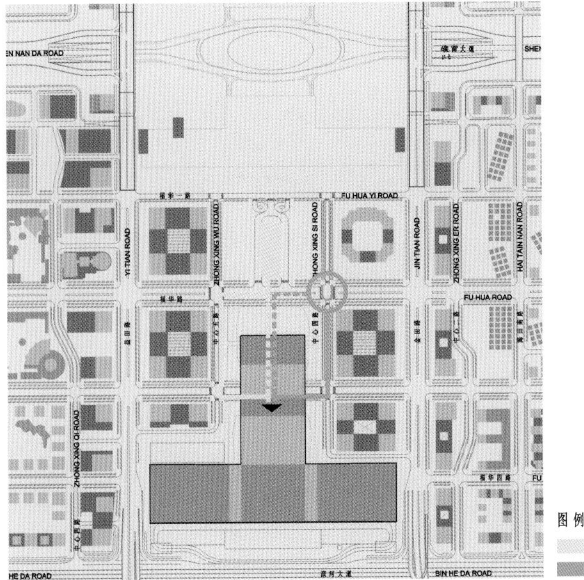

图 例
乘公共汽车的客流
乘地铁的客流

交通组织和连接

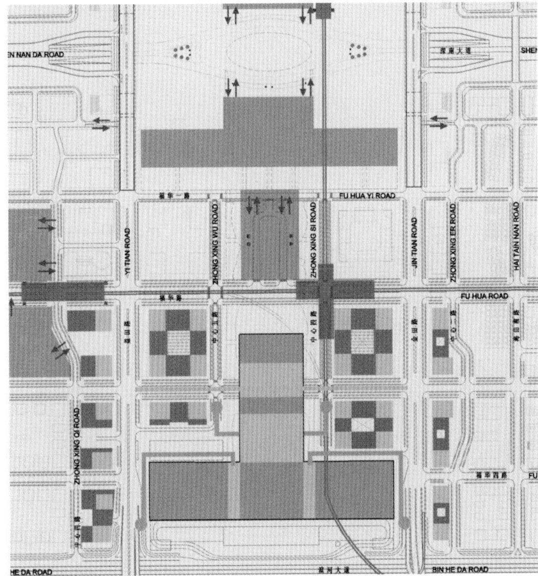

图 例
乘小轿车的客流
乘出租汽车的客流

小汽车交通组织

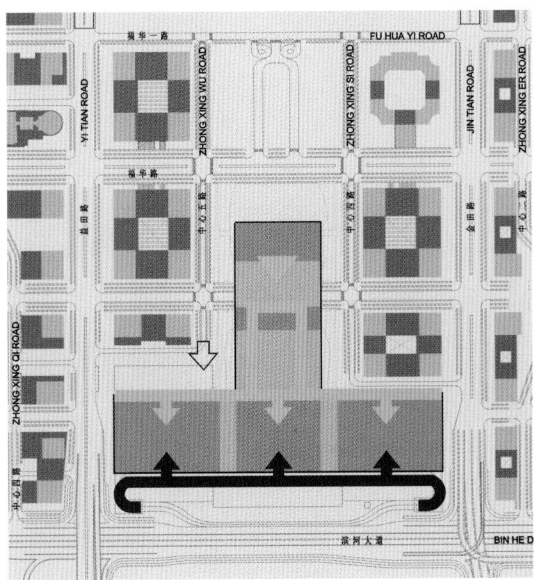

图 例
人流方向
货流方向

人货流交通组织

(4)交通组织和连接

①公共交通工具

参展商通过公共汽车、地铁以最短的距离进入会展中心，前往会展中心的客人可由金田地铁站沿着地面层的水面林荫道行走。

从公共汽车总站来的客人，也可穿过－4.25m的会议中心进入展览厅。在深圳良好气候的情况下，人们还可以沿着水边林荫道或者沿着绿带步行不到400m，进入会展中心。

②出租车及私人汽车

出租车可以通过福华三路进入会展中心。该道路亦可给贵宾使用。私人汽车可以使用地下车库，同时可以直接与会议中心相连。

③人流交通

参展商可从入口大厅进入中心广场，再由展览大厅内部交通分流至各展区。

④货运交通

展览货运将从滨河大道一侧进入展厅南侧货运单行道，通过坡道分流到两层展厅层面上。

室外展场将由中心五路单设出入口满足货运要求。

(5)会议中心

①位置及交通组织

会议中心位于福华路北侧，一面临水。在首层的南端和中心轴线的北端有出入口。

②功能

从首层的入口可以进入两个中型会议厅。

底层北侧有一个入口，南侧连接到展厅的入口区。

可以从底层的门厅进入可容纳2 500人的会议大厅，底层同时也包括了20个小型会议室。在中间层也有相同数目的同类会议室。在首层和底层之间有一个可见联接，日光可以从屋顶直射到底层的门厅。在这一楼层可以从会议室直接进入水边绿荫区，在会间休息的时候可以尽情享受水边的新鲜空气。

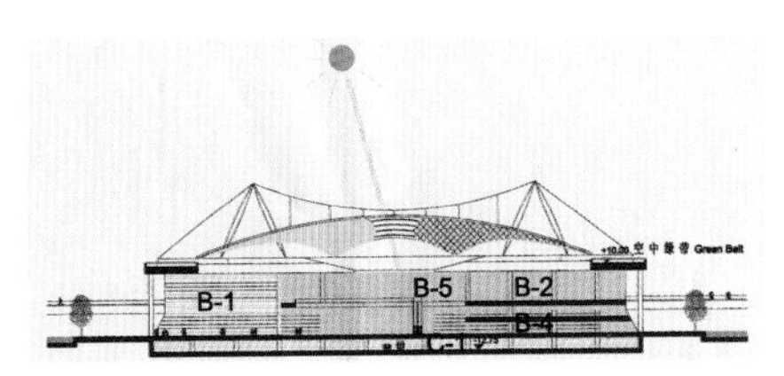

会议中心剖面图

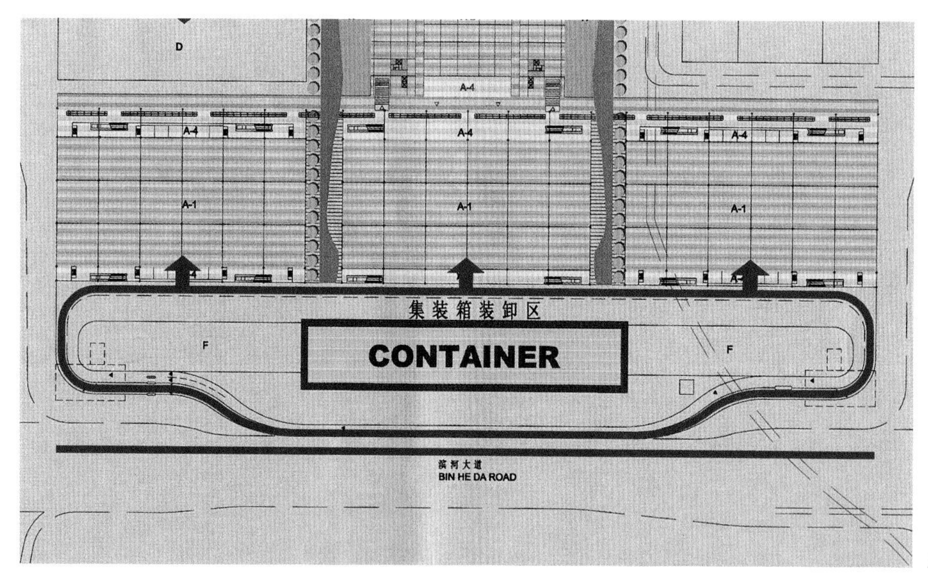

地面层展品运输

(6)展览

①位置和交通组织

●展品运输

展览厅位于深圳中心区的南部。

除底层的室外展场以外，展品可由南侧的滨河大道运达。这一运输通道为单行线，穿过装卸台，可以分别到达两层展览大厅。同时在这一区域内安置了包括集装箱装卸区在内的所有使用设施。

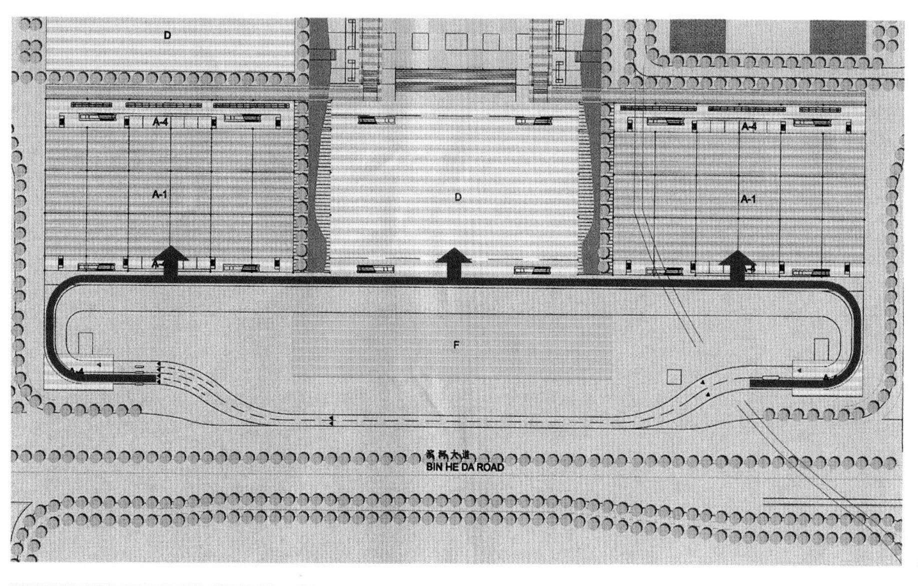

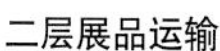
二层展品运输

●参展观众

参展观众有北侧的福华三路进入展览大厅。从入口大厅可以参观底层展示区的常年展览，或在逐渐上升的首层到达中央广场。这里可以举办各种类型的室外演出和活动，在其后部(南侧)有一个观众看台。从这里可以沿楼梯分别到达一条东西向的通道，可直接通向大厅入口。道路指示是十分必要和明了的。

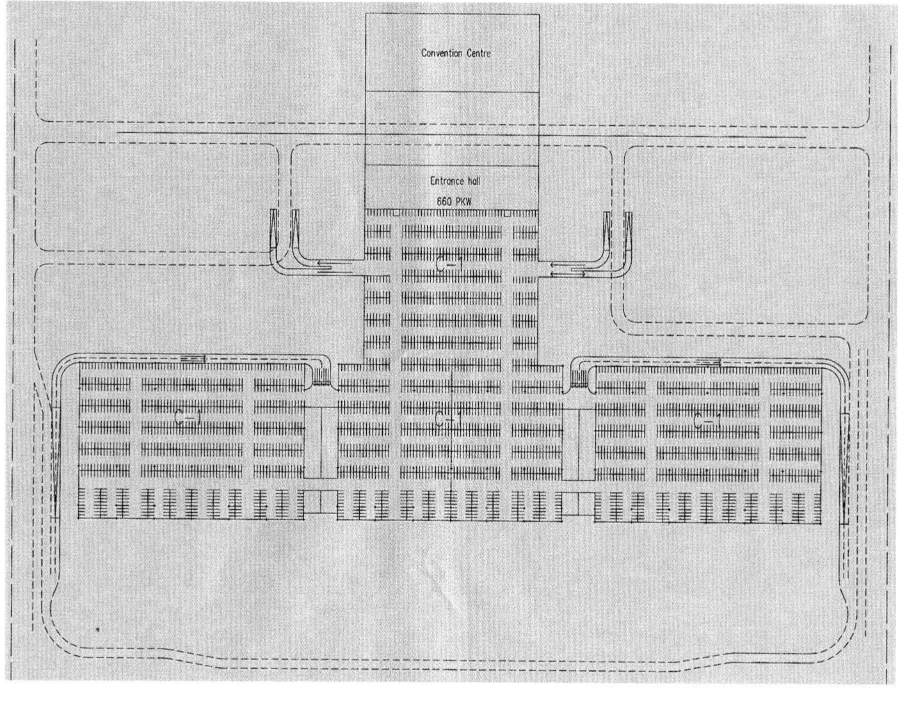

地下车库交通示意

●停车

在展览厅和中央广场的地下为参观者提供了停车区域。

②功能

载货卡车可以直接将展品运至两层展览大厅。大型载货卡车只可用于底层。从那里乘大型货梯可到达上一层。展览区域的纵向两侧设置了多个辅助房间。在中间层的大厅纵向北侧包括了会议室、饭店和技术室。

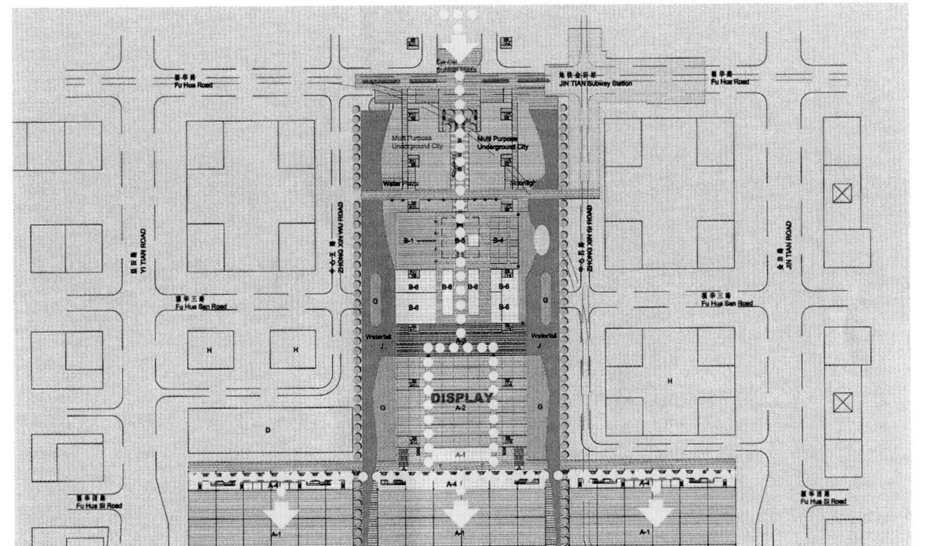

地下人流组织

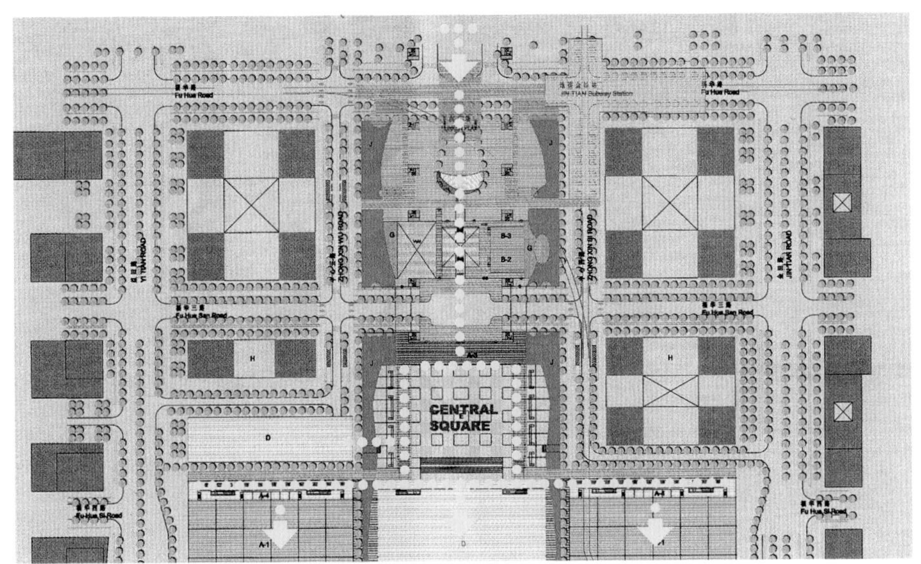

地面以上人流组织

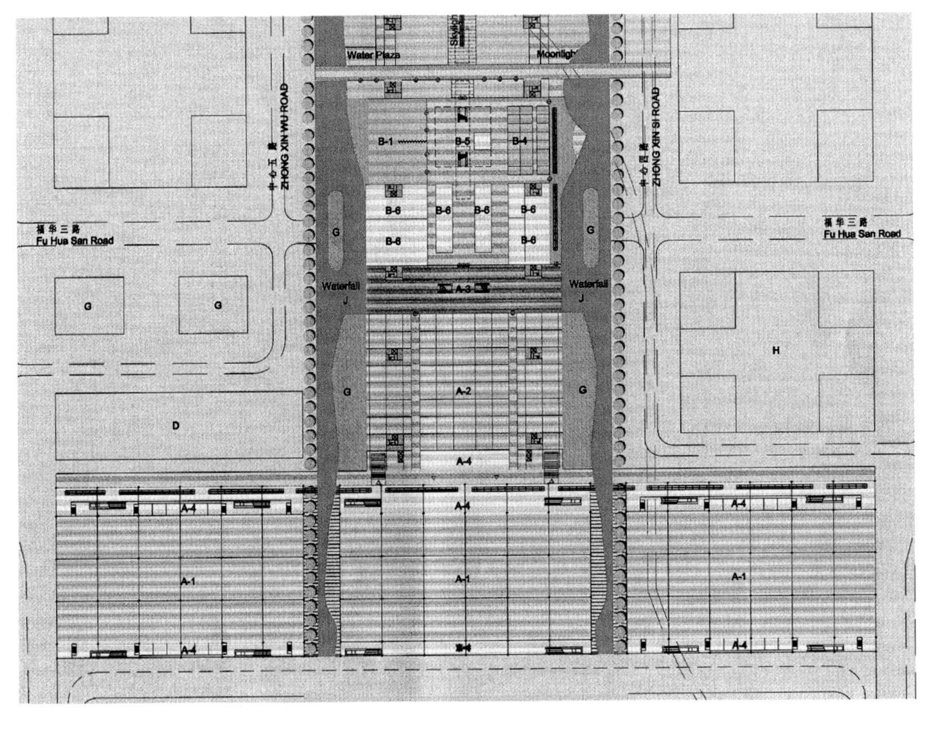

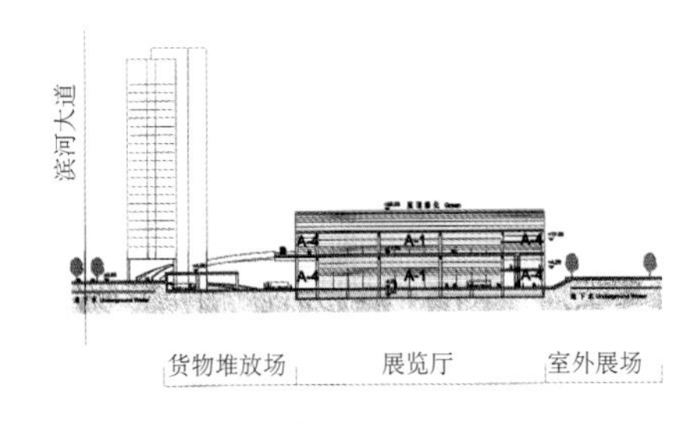

剖面图

底层展示及展览示意

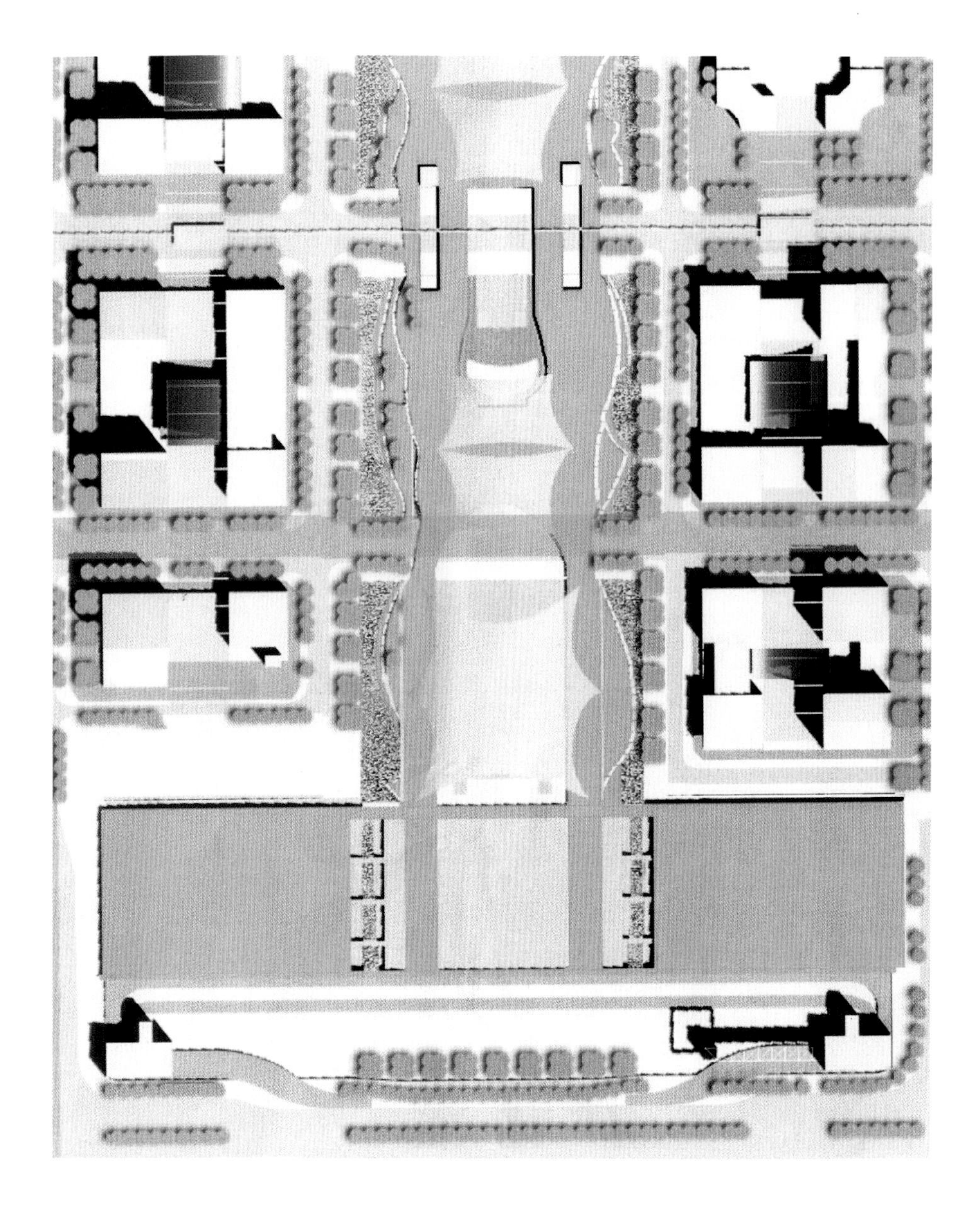

③外形

展览厅的屋顶从东向西波浪形缓缓延伸，与市民中心独特的波浪形屋顶遥相呼应。

同时它凹陷在周围的高层写字楼中间，在景观上对其并不造成影响。

为实现形式上的精确性，可以选择一个明朗的透明的帐篷式屋顶，使阳光射入中央广场，同时也为中心区的自由展览区挡住了南面的阳光。

④绿地和水

行行绿树构成的两侧绿化带一直通向展览大厅北侧，并伴随着水面在展览厅中间延伸至南侧。这样可能在展览厅的正面创造一个绿水环绕的宁静空间，如有可能还可以为观众设置餐饮设施。

如果设计喷水池和喷泉，还将增强其吸引力。绿化带一端延伸至两座外侧展览大厅的种有绿色植物的屋顶。

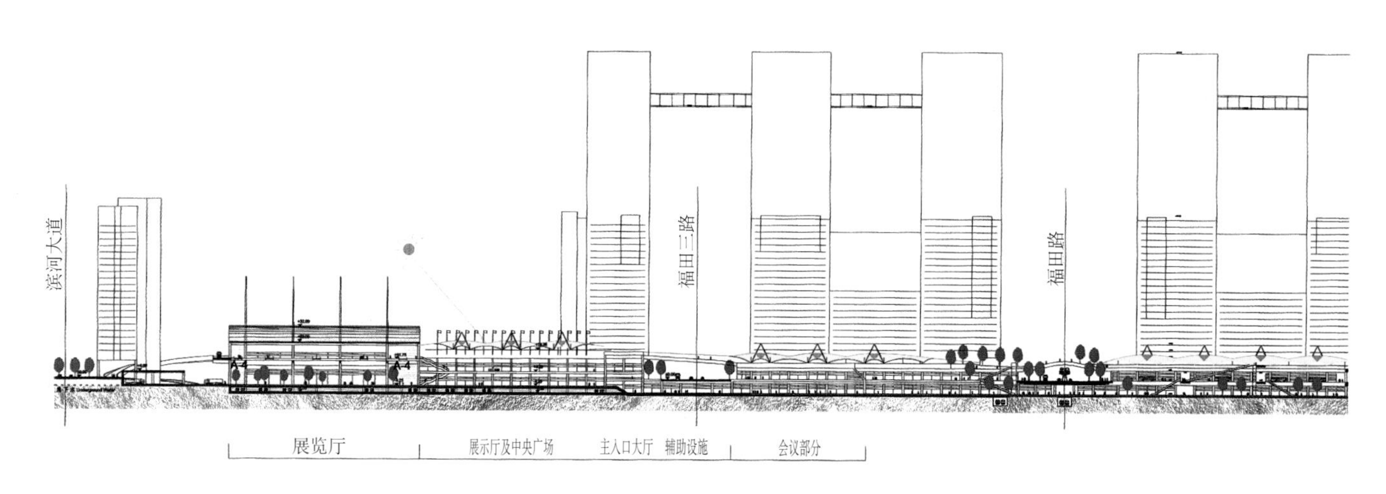

沿中轴东侧剖面图

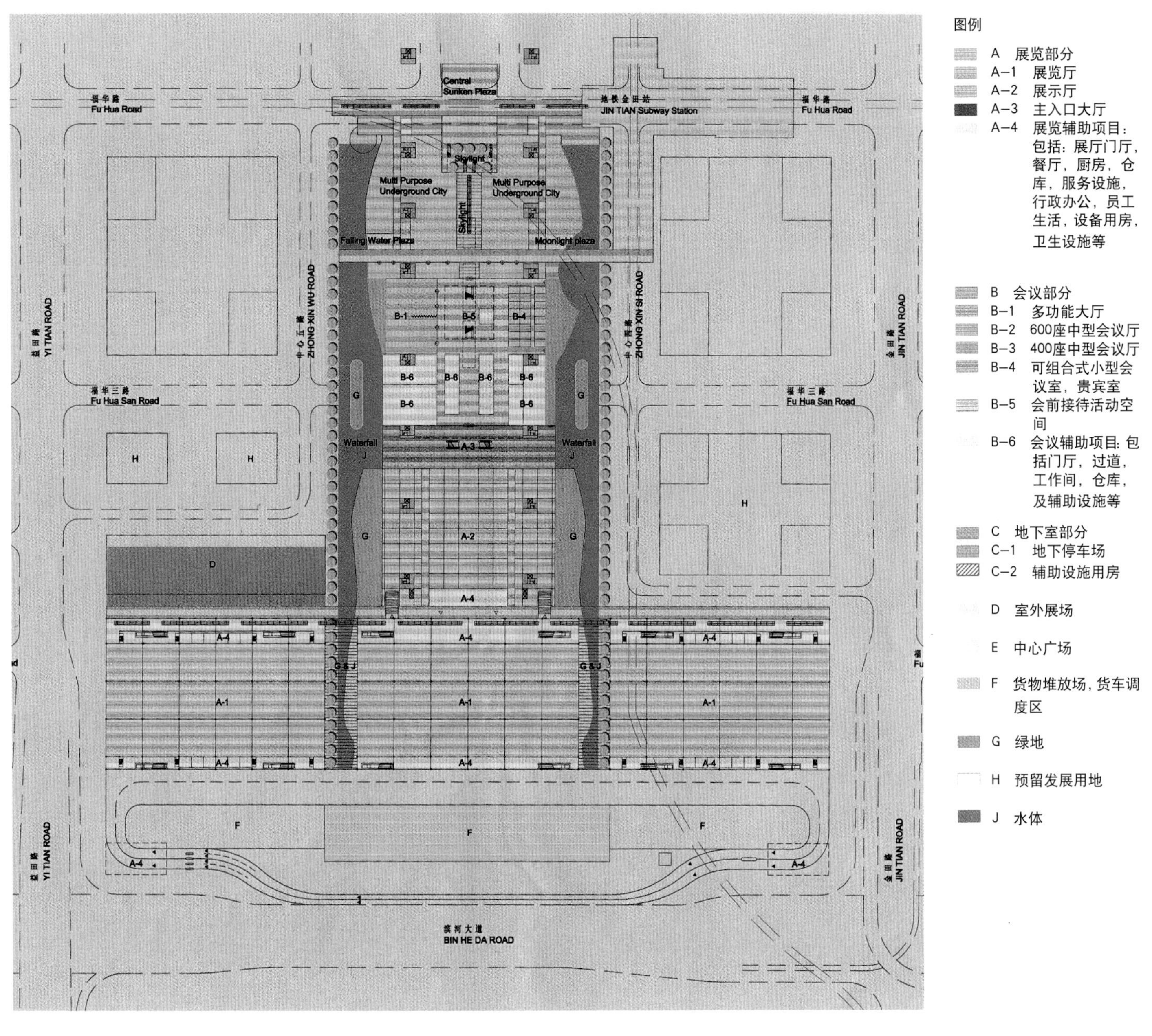
图例
A 展览部分
A-1 展览厅
A-2 展示厅
A-3 主入口大厅
A-4 展览辅助项目：包括：展厅门厅，餐厅，厨房，仓库，服务设施，行政办公，员工生活，设备用房，卫生设施等
B 会议部分
B-1 多功能大厅
B-2 600座中型会议厅
B-3 400座中型会议厅
B-4 可组合式小型会议室，贵宾室
B-5 会前接待活动空间
B-6 会议辅助项目：包括门厅，过道，工作间，仓库，及辅助设施等
C 地下室部分
C-1 地下停车场
C-2 辅助设施用房
D 室外展场
E 中心广场
F 货物堆放场，货车调度区
G 绿地
H 预留发展用地
J 水体
Central Sunken Plaza
福华路
Fu Hua Road
地铁金田站
JIN TIAN Subway Station
Skylight
Multi Purpose Underground City
Falling Water Plaza
Moonlight plaza
中心五路
ZHONG XIN WU ROAD
中心四路
ZHONG XIN SI ROAD
益田路
YI TIAN ROAD
金田路
JIN TIAN ROAD
福华三路
Fu Hua San Road
Waterfall
G & J
滨河大道
BIN HE DA ROAD

底层平面(1～4.5m)

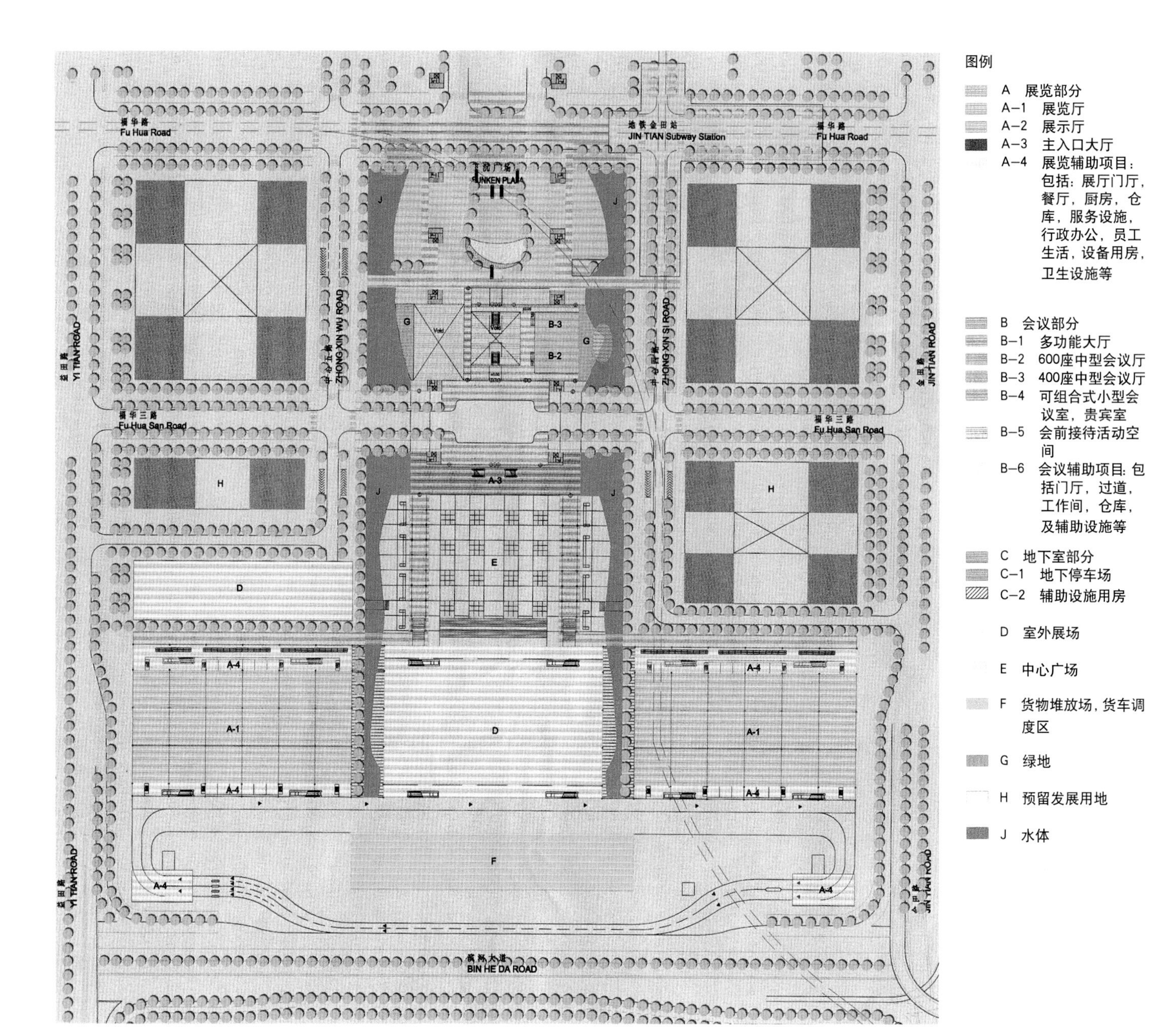
Fu Hua Road
JIN TIAN Subway Station
Fu Hua Road
SUNKEN PLAZA
YI TIAN ROAD
ZHONG XIN WU ROAD
ZHONG XIN SI ROAD
JIN TIAN ROAD
Fu Hua San Road
Fu Hua San Road
BIN HE DA ROAD
图例
A　展览部分
A-1　展览厅
A-2　展示厅
A-3　主入口大厅
A-4　展览辅助项目：包括：展厅门厅，餐厅，厨房，仓库，服务设施，行政办公，员工生活，设备用房，卫生设施等
B　会议部分
B-1　多功能大厅
B-2　600座中型会议厅
B-3　400座中型会议厅
B-4　可组合式小型会议室，贵宾室
B-5　会前接待活动空间
B-6　会议辅助项目：包括门厅，过道，工作间，仓库，及辅助设施等
C　地下室部分
C-1　地下停车场
C-2　辅助设施用房
D　室外展场
E　中心广场
F　货物堆放场，货车调度区
G　绿地
H　预留发展用地
J　水体

二层平面

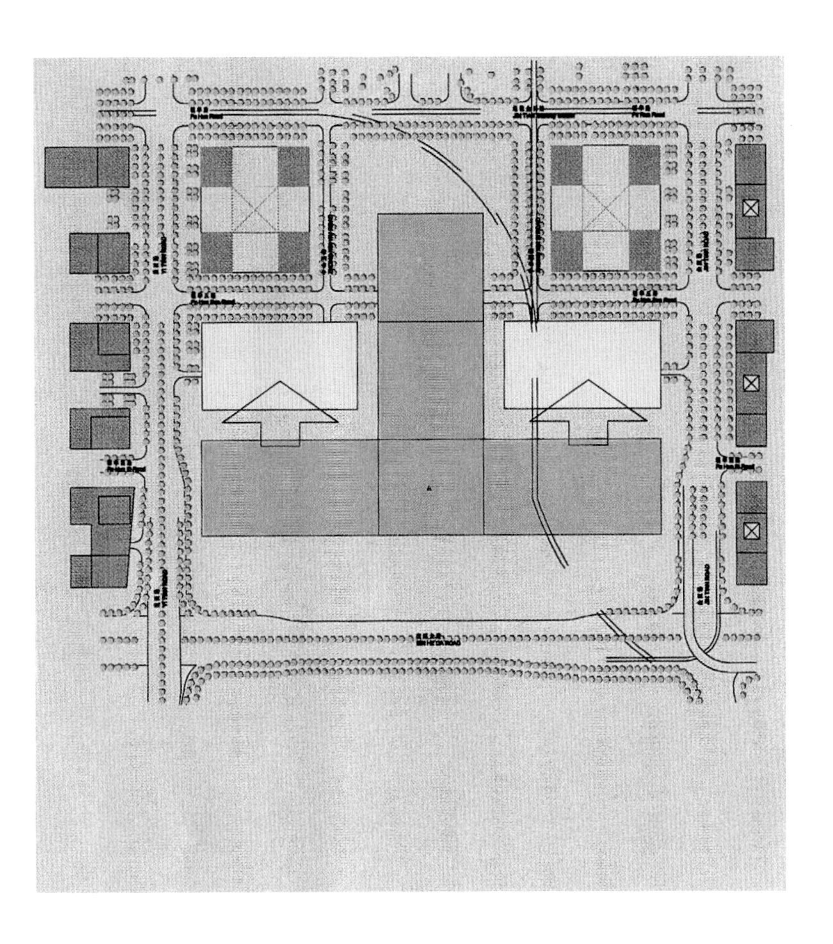

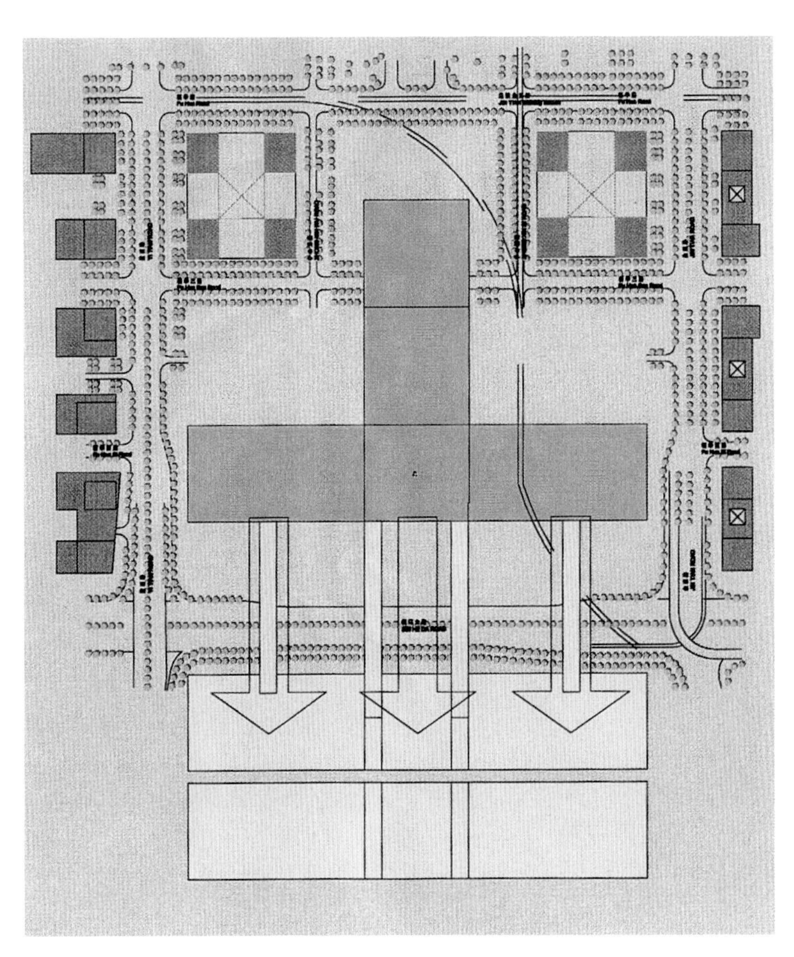

(7)未来的发展

●经济发展

如将深圳会展中心建在现在所研究的位置，可以确定在两方面带动其进一步发展：

深圳经济的飞速发展和由此带来的对房地产的更大需求。

深圳新会展中心的成功和随之而来并不断增加的对展览区的需求。

如果这两种趋势都有所增长，那么可以考虑在类型上和规模上扩大会展中心。

●向北侧扩展会展中心

设计师建议深圳市保留位于福华三路南侧的路角地块。在这一位置可在将来修建两座展览厅。在南侧一排的展览厅和两个新建展览厅之间形成的庭院可用于展品运输。参展观众从入口大厅达到此处的通道又简短又直接。

这两个扩展区域可以单个按顺序修建。

●向南侧扩展会展中心

可以独立的或作为北部扩建部分的补充在南侧滨河大道位置，在那里现有建筑的基地空出之后进行大规模的扩建。展品的运输可通过快速路非常轻松的解决。过街天桥可将会展中心与滨河大道的两侧联接起来。

甚至可以包括滨河大道一起建设，使会展中心跨过道路与南侧连接发展。

对于约20万m^2基地的扩建，可以赢得50～70万m^2的展厅面积。

(8)最后结论

会展中心迁址必须与中心区规划相吻合，在一个区域里的某些功能，如休闲、购物、餐饮等，每天对城市居民有很大的吸引力。但会展中心一年中只有较短的时间在使用，所以做不到这点。

中心区在规划中主要为步行者进行了完善的设计，而会展中心的建造将引入更多的车辆。中心区西南侧自然坡地将建造装饰性的展览中心绿化屋顶。会展中心没有很大的扩建发展用地。

对于此项目的前期研究，我们在此指出上述可能产生的影响。我们希望这次研究成果能够作为决策的理论基础，并希望有一个明智的决策，给深圳带来一个美好的前景。

3.美国墨菲/扬公司方案

(1)构思

对深圳来说，深圳会展中心弯曲的屋顶形成了一个纪念碑似的大门。由金属和玻璃相互搭接构成的屋面形成了菱形的屋顶，覆盖其下不同的功能区域。屋顶的短边向下折转至地面，长边方向上的断裂则显示出屋顶之下不同性质的建筑，通过开放的空间和建筑物的通透性将城市和深圳海湾连为有机的一体。

这种形式简洁，鲜明，它变成了当地一个有秩序的要素，并且标记出从深圳海湾至城市的入口。会展中心开放的特点将会议中心，展览中心以及未来的办公楼、酒店、公寓等辅助设施有机的连接在一起。

建筑的构造和材料代表了其工程和技术的艺术等级，此建筑表现这些方面用简单完整且纯粹的图样，屋顶的跨度很长，根据具体需要，由轻质钢结构之上覆以金属和玻璃的单元组成，可根据日昼的变量、能源、声音的传导和通风等需要加以动态调节，其最终功能组成如同一层生态皮肤。屋面之下空间和结构的相互作用，既保持内部空间的独立，又与外部环境融为一体。

这些特点使会展中心成为都市的聚会场所，并将城市的公共空间与深圳会展中心的使用空间连接起来，深圳会展中心成为了城市规划的"宣言"，因为它具有优化的功能和灵活性，并且创造性地综合了现代技术，其结果是一个全新的形象，势必将成为21世纪深圳代表性的城市形象。

(2)竞标

设计构思综述了深圳会展中心方案设计，此方案在1999年3月举行的国际竞赛中中标。

由国内外专家组成的评审委员会推荐出三个方案，分别由墨菲/扬、特里·法雷尔、王欧阳设计。最终确定三个杰出的设计中，墨菲/扬的方案最佳表现了深圳市对这座位于滨海路与毗邻海湾之间的新会展中心的形象意图。

这个方案之所以中标，原因包括其简洁清晰的组织，易识别的构件及明了的结构，及其隐含的将材料及结构体系的工程技术推向最高峰的意图。该方案主要的意图不单为体现高技术，更是通过技术来改善该建筑群体的性能和效率。

接下来几个月间，有以下事情：

1999.5～1999.9　解决业主对设计方案关心的问题

1999.9　向相关的部门提交设计方案

2000.1　签订设计服务合同　收到汕头大学风洞测试

2000.2　设计方案获批准

同时，2000年1月期间，深圳规划国土局请求墨菲/扬对深圳会展中心在规划中的市中心南侧这个位置进行研究。

此研究集中在两个主要问题上。

●当前对位于市中心的设计保留了中标方案的全部构思及形象。

●规划中设施与现有设施的功能关系。

●深圳会展中心选址在城市中心的有利及不利。

研究的全部目标应当是选出最适宜此设施的场地，同时要保持本设计无缺陷的发展。

(3)会议展览中心

城市中心——城市外围

20世纪90年代的城市会展中心的发展已经成为推动众多城市经济发展的"催化剂"，主要有利于旅游业的振兴。而正是许多的餐馆、酒店和娱乐设施提供了可观的经济收入。在此，至关重要的是其选址是在城市中心或是在城市外围。影响决策的因素按相对重要性排列如下：

①可利用的土地。

②同机场和主要交通枢纽的联系。

③同旅游设施和其他辅助设施相邻。

④有持续发展的可能。

⑤有公共交通的服务体系。

以上因素会最终影响到会展中心建筑的成败。而且，将会影响到附近城市的会展设施是否会从该处分流会展业务。

尽管许多城市中心设施技术先进、风格突出，但却难以满足最终扩展需要，或基础设施规划不能满足服务要求，尤其不能满足大量行驶车辆的要求。较短的时间间隔内大量的来往人流，进一步加重了城市基础设施的负担。

法兰克福和旧金山尽管在规划时考虑了扩展性，但其最终发展仍有局限，香港就是一个城市中心设施没有发展余地的例子。

慕尼黑和东京在其城市外围规划并建造了相关设施，从而能进行持续可控的发展。同样，汉诺威和莱比锡的相关设施就位于城市中心区以外。芝加哥的McCormick会展中心，距离市中心4.5km，它预先留了25年的发展空间。

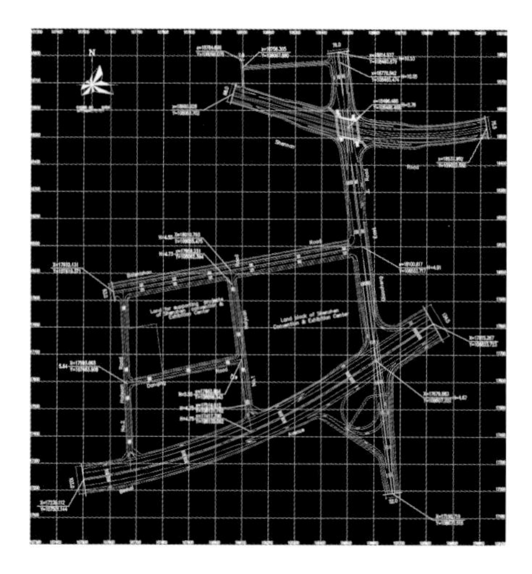

对于深圳会展中心的定位将会说明其选址、发展、交通等方面有利和不利的方面，从而会影响到我们如何进一步建设该项目

(4)深圳湾选址

位于深圳湾填海区东部。在其南侧是面临深圳湾的滨海大道，北部是白石洲路，再向北480m是深南大道，东部与通向深南大道和滨海大道的侨城东路交界，西部与其紧邻的是在总体规划中的多功能预留用地。该地块同时也是深圳会展中心的远期发展用地。

有众多的游览设施与会展中心用地相邻。包括红树林自然保护区、锦绣中华、民俗文化村、世界之窗以及规划中的科幻世界等。

会展中心地处深圳市中心及深圳国际机场之间。便捷的交通确保了该处将成为旅游、会议、展览及经贸中心。

(5)深圳湾总体规划

某一地区的总体规划往往是城市形态和建筑群组合的先导，但与其他项目不同的是：深圳会展中心庞大的尺度将会影响到该地区城市面貌的发展。会展中心巨大的规模需要其周围地段建起大面积的酒店、办公及居住建筑。会展中心的建立将产生一系列公共开放空间并与相邻地段发生联系。

相关发展用地的中心是250m高的塔楼，内有1 000间客房的酒店、30 000m²的服务式公寓，以及20 000m²的办公用房。在顶部的空中花园可以鸟瞰深圳市区和沿海景观。

酒店的辅助设施设在相邻的四建筑内，可通过白石洲路到达。西侧是四座40层居住塔楼，可提供150 000m²的公寓。一条区内路将白石洲路和丹青路联系起来，并提供了通向居住区的专用通道，西北侧为一处幽静的公园。

地面铺设和地景设计强化了同会展中心开放空间的联系。

(6)总平面图

滨海大道成为场地组织的主导。建筑群体俯视海滨，与滨海大道相平行。连接滨海大道与白石洲路的机动车入口通道两旁植树，为展览中心与会议中心都提供了便利的疏散条件，这里大约可以停放300辆车，同时可通向能停放1 700辆车的地下停车层。从侨城东路进入场地要利用通往滨海大道的一条单行道。主要外部空间——

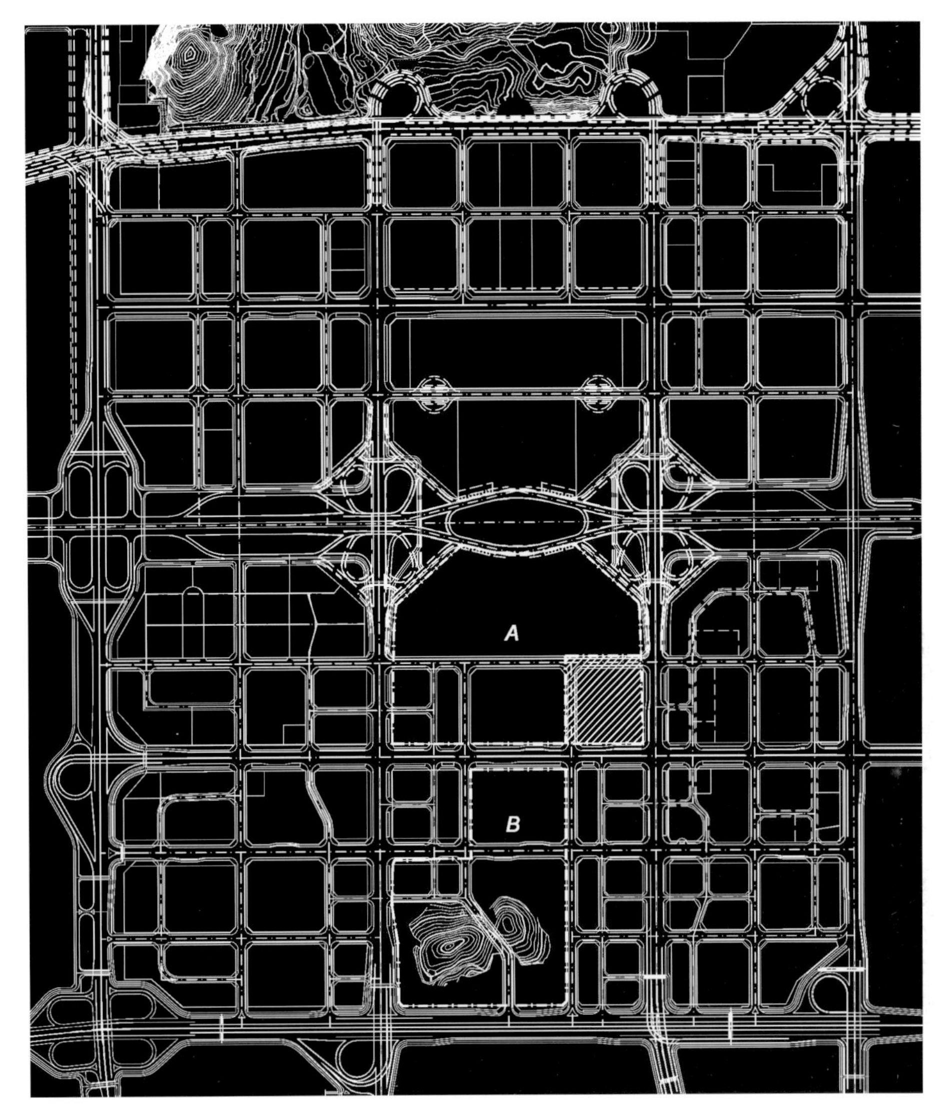

中心区两个选址示意

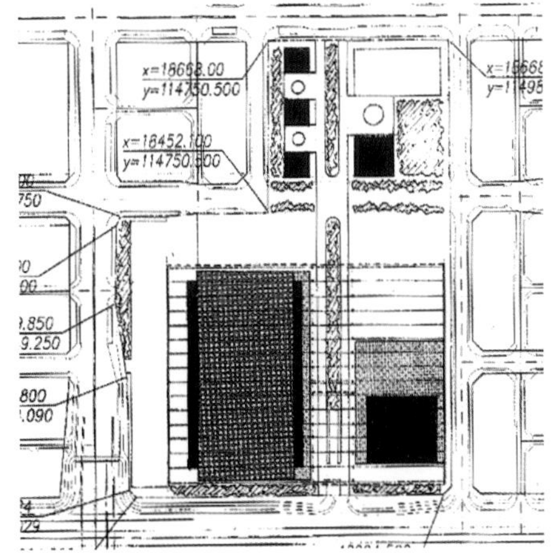

场地B分析草图

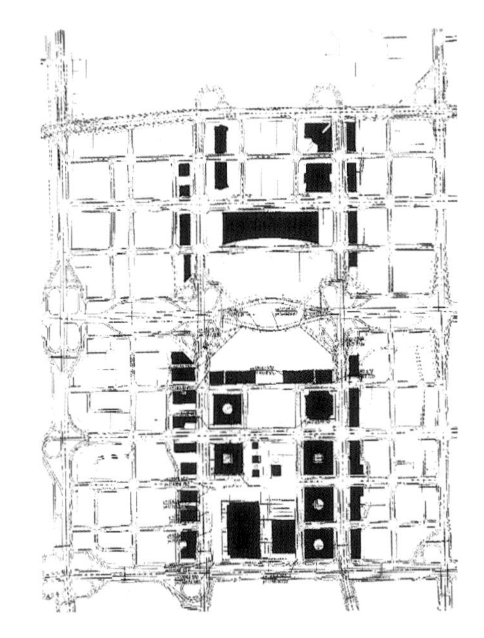

被覆盖的入口广场和室外展场，各自坐落于场地的东南角和西北角。

巴士路线沿白石洲路布置于场地北部，而所有的服务支持都设在东部，与侨城东路相联系。

(7)城市中心选址

在城市中心区发展深圳会议展览中心的想法是，尝试与规划中的市民中心，文化建筑，如音乐厅、绿色空间，以及可预见的办公楼、饭店、住宅的发展协同作用。

为深圳会议展览中心考虑了两个场地。场地A，即北场地，北到深南路，南至福华路，并被二者所界定。场地位于北起市民中心，南至公园的轴线上。

场地B，即南场地，北起福华路，南到滨河路，并被二者界定。场地的特点是：两座分别为30m与20m的小山使基地不适于展览中心需要的大跨度结构。就是由于这个原因，决定从考虑中淘汰此场地。

为了更长远的发展，场地A在范围上被扩大了，将东南角也包括进来从而允许其增强与市民中心和最终的开放空间之间的轴线关系。虽然去机场不甚便捷，但位于城市中心区的选址保证了邻近设施发展的活力。

(8)城市中心区总体规划

1999年，德国的欧博迈亚设计与顾问公司为城市中心区进行了总体规划。此设计是对美国建筑师李名仪的总体规划的深化。在这一构思中被称为水晶岛的建筑，向北形成了一条连接公园的中心轴线，新市民中心与上覆绿色公园的地下会议中心将为城市中心区提供一个正式的聚会场所。

欧博迈亚与李名仪的规划都设想了一个地下的会议展览中心。随后的设计是由日本建筑师黑川纪章完成的，虽然人们不会对总体规划的大方向产生疑问，但应考虑地下会议展览中心设计中的某些问题。

●深圳会议展览中心在城市景观中的可见度与标志性。

●使用者在建筑群体中和对外部环境的方向感。

●将许多景观置于其上的大跨度结构的可行性与经济性。

●由于必要的展示空间的高净空和卡车/服务流线而产生的结构层下的大深度。停车场另需一地下层。

●移走基地南部的两座小山的复杂与昂贵。

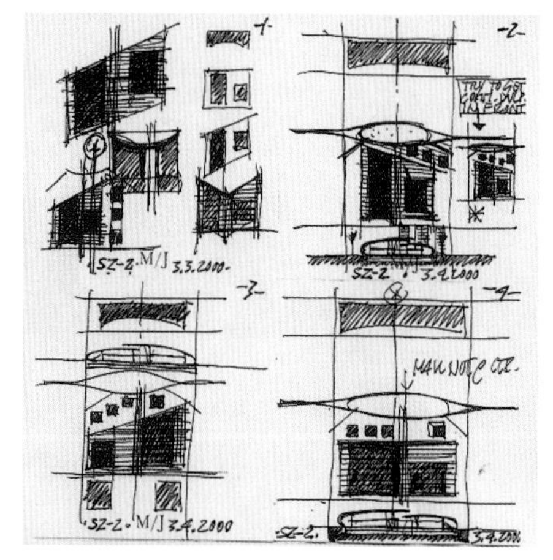

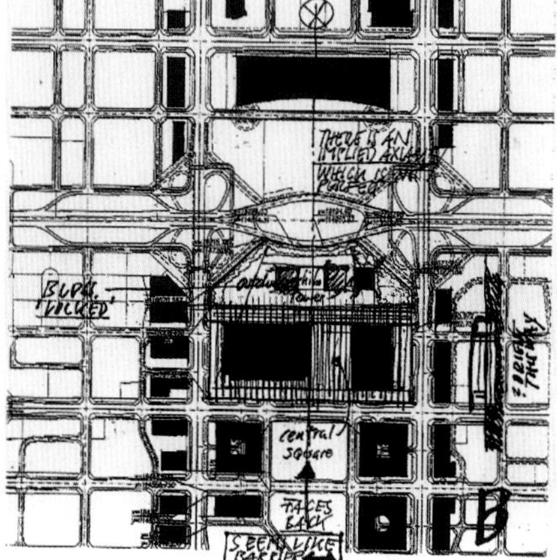

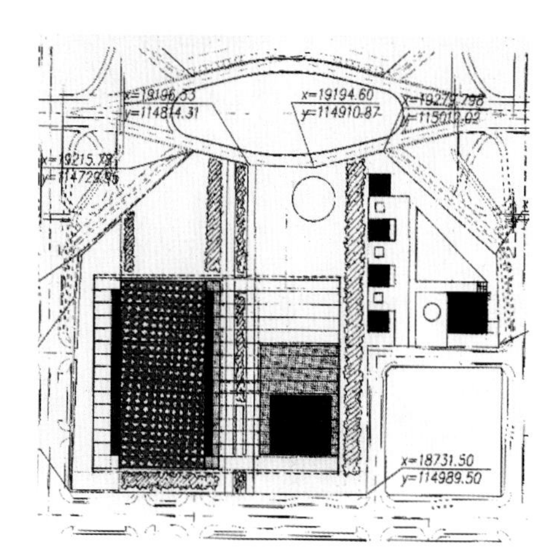

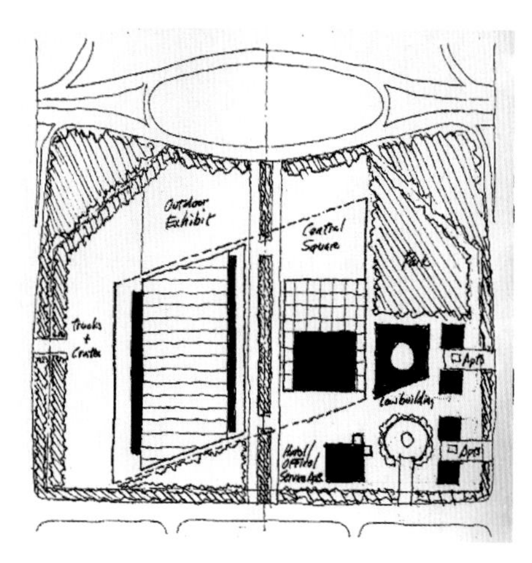

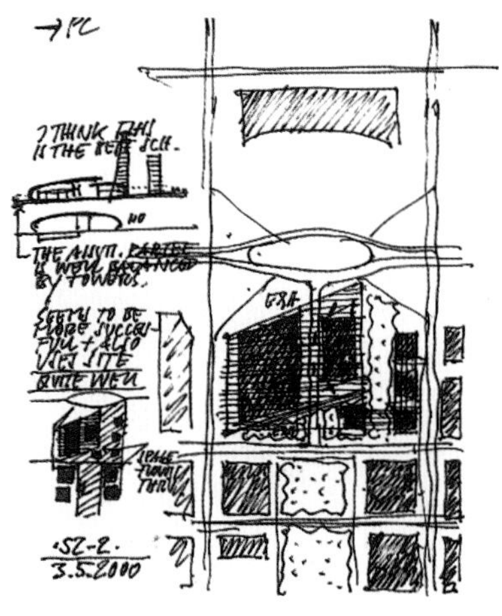

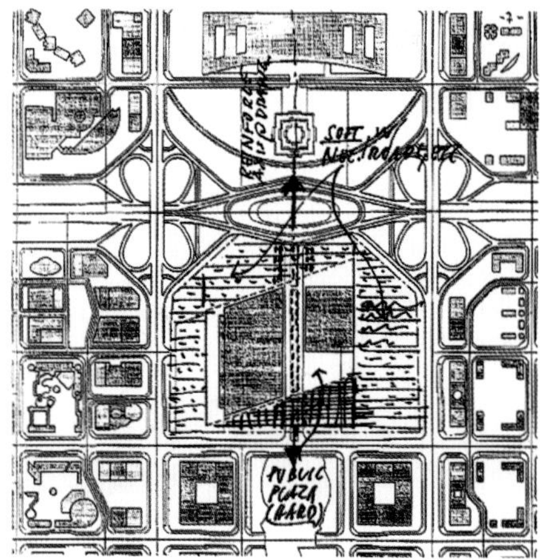

场地A分析草图

会展中心北侧效果图

(9)2000年总体规划

2000年总体规划是欧博迈亚的规划与墨菲/扬的深圳会议展览中心设计的综合。这一构思与为深圳湾的规划发展相延续。建筑位于北场地，通过深圳会议展览中心的入口车道，加强了市政厅与南部公园间的轴线关系。

建筑位于公园中，就像为创造的绿色空间起到南北联系的作用一样。一个公共广场朝向福华路，强调了综合体在城市中心区的主入口。

(10)总平面图

平面布置方式沿2000年总体规划的中轴线形成，主入口沿南面福华路进入，两侧植着树木的入口道路连接着福华路及北侧的深南大道，交通方便，南部面对福华路的外部展览空间及中央广场为硬质铺地。

剩余的场地做绿化处理，这样一来可以与北面的市民中心之间形成一个田园化的绿色过渡空间，平行成排的树木加强东西向的主结构纹理。

此外，另有车流入口布置在益田路上，需要进入展览大厅的卡车也从西边的益田路进入，会议中心的服务车辆可以进入这个停车场。

(11)平面图

平面布置依照简洁易辨的原则组织。

车流入口的西侧展览厅由两个展览大厅组成，每个面积约为38 000m²，必要的展览用房及管理办公用房布置其中。

东侧包括展厅、餐厅、会议中心，在三层高的位置上由一个连桥将会议厅用房及展厅的三层相连接。

地下车库可停放1 700辆汽车。

会展中心总图

会展中心南侧效果图

由轴线南端看会展中心和市民中心

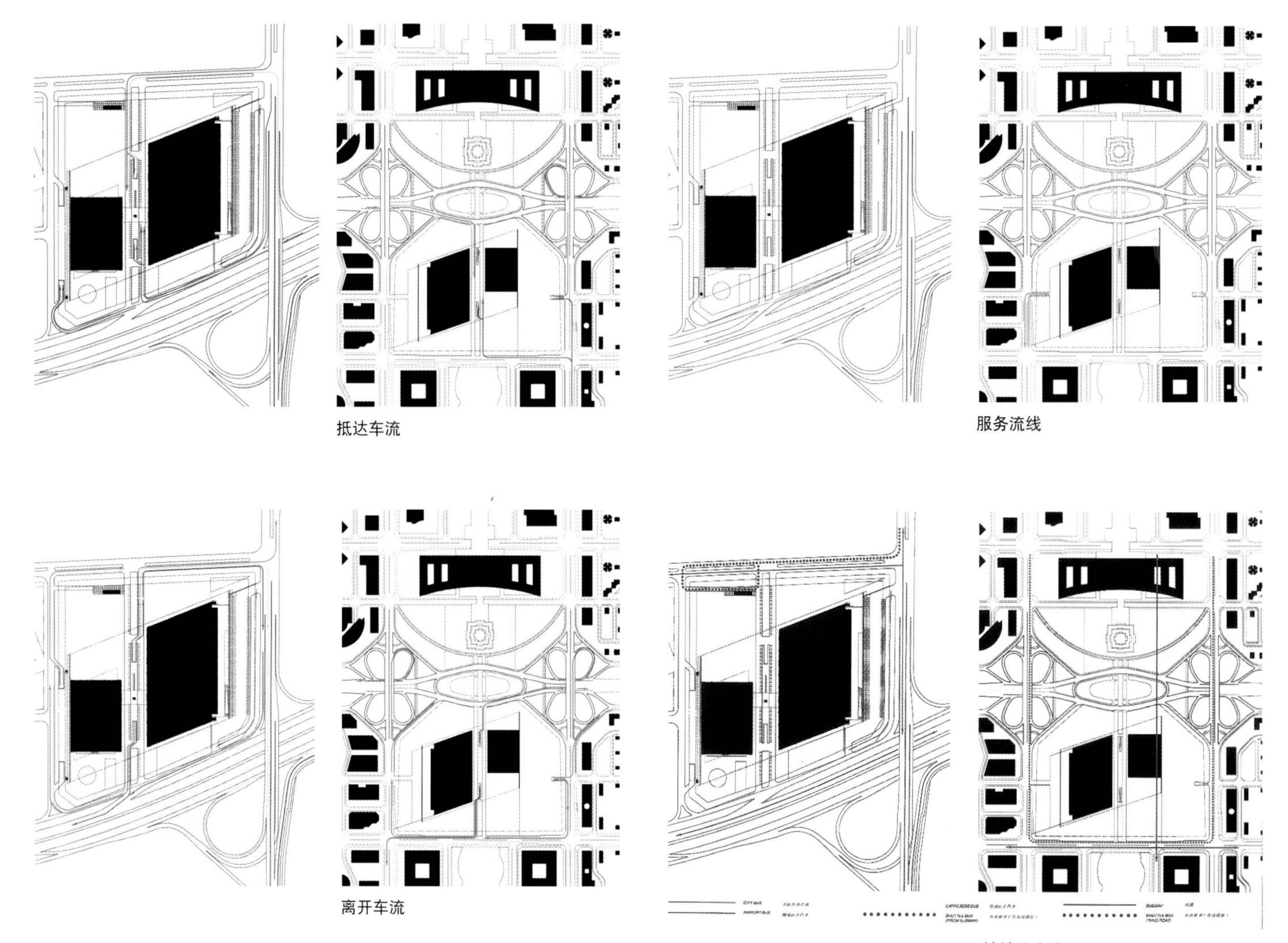

抵达车流

服务流线

离开车流

地铁公交流

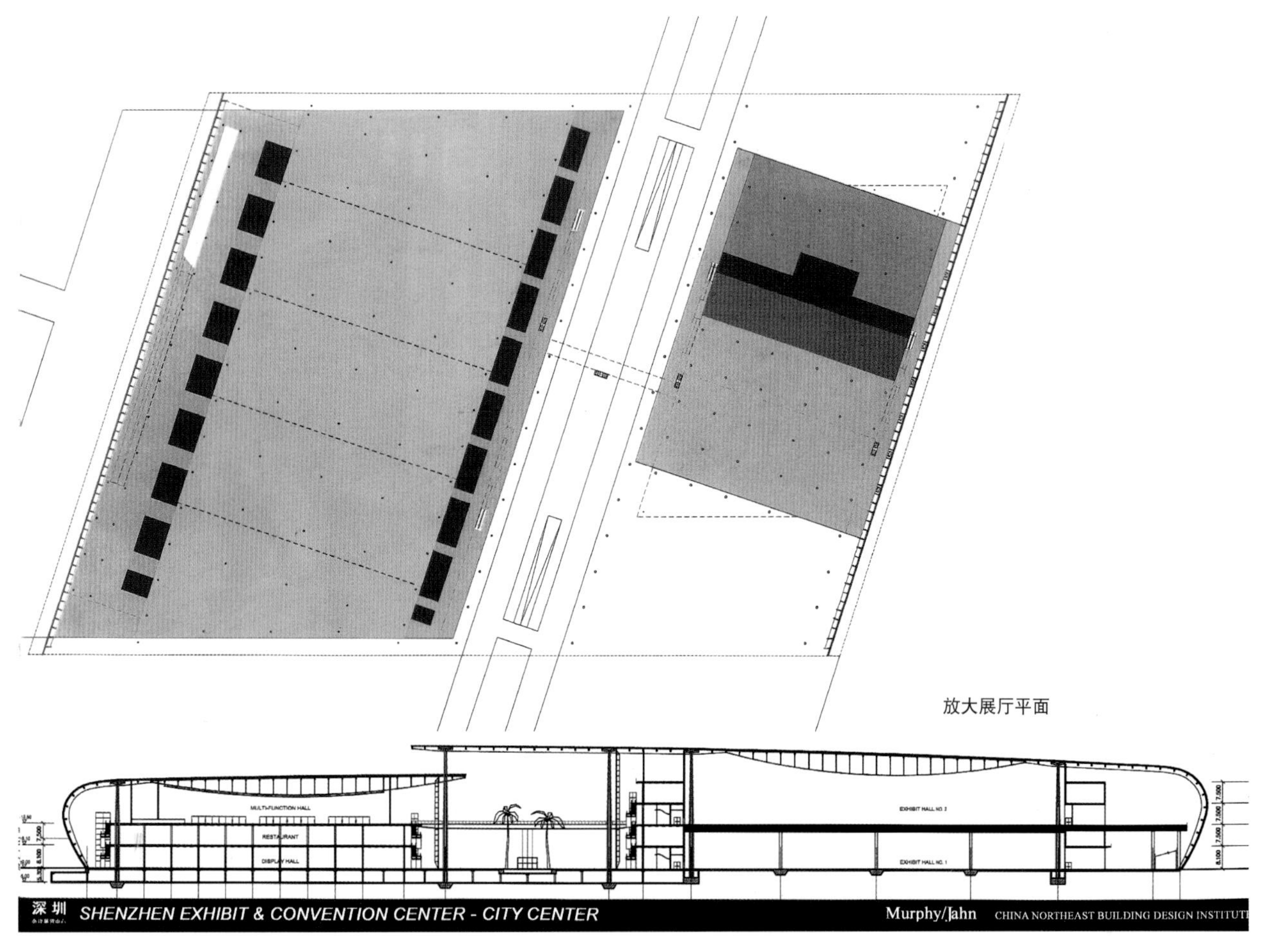

放大展厅平面

剖面图

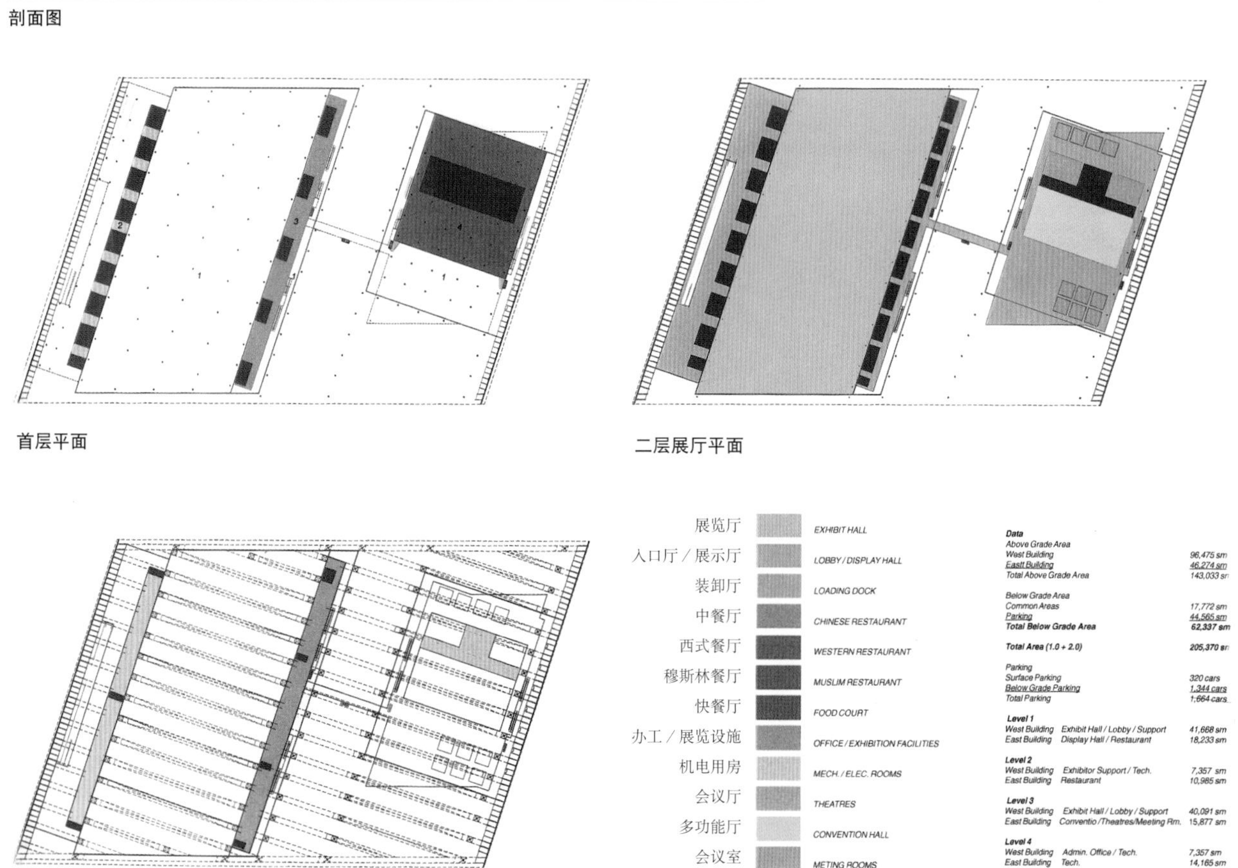

Data		
Above Grade Area		
West Building		96,475 sm
Eastt Building		46,274 sm
Total Above Grade Area		143,033 sm
Below Grade Area		
Common Areas		17,772 sm
Parking		44,565 sm
Total Below Grade Area		**62,337 sm**
Total Area (1.0 + 2.0)		**205,370 sm**
Parking		
Surface Parking		320 cars
Below Grade Parking		1,344 cars
Total Parking		1,664 cars
Level 1		
West Building	Exhibit Hall / Lobby / Support	41,668 sm
East Building	Display Hall / Restaurant	18,233 sm
Level 2		
West Building	Exhibitor Support / Tech.	7,357 sm
East Building	Restaurant	10,985 sm
Level 3		
West Building	Exhibit Hall / Lobby / Support	40,091 sm
East Building	Conventio /Theatres/Meeting Rm.	15,877 sm
Level 4		
West Building	Admin. Office / Tech.	7,357 sm
East Building	Tech.	14,165 sm

首层平面

二层展厅平面

屋顶平面

4.深圳市城市规划设计研究院补充研究方案

会展中心地段三补充研究总图

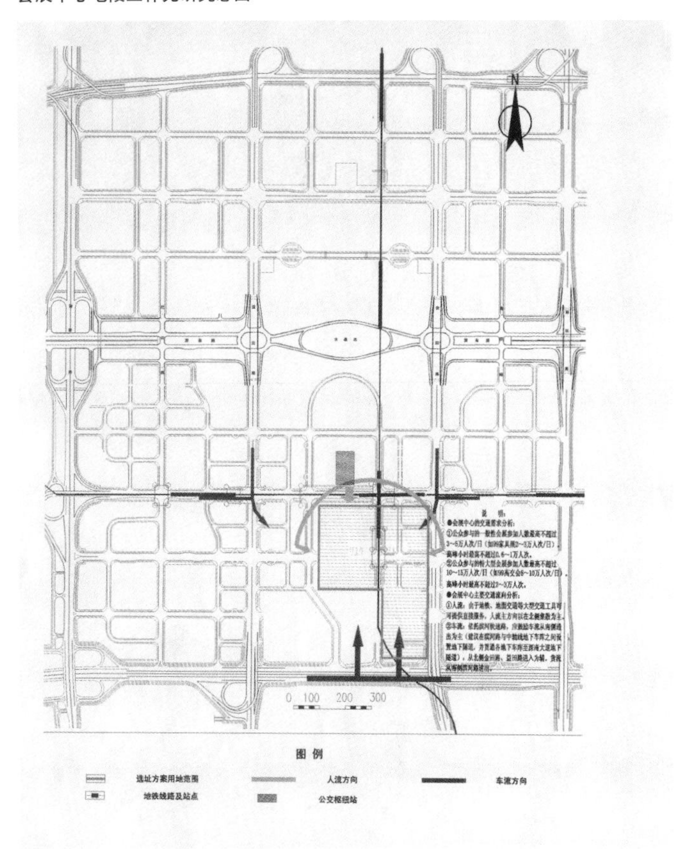

交通需求分析图

在以上三家机构受邀对会展中心在中心区中心广场及轴线南端的两个选址进行前期研究之后，深圳市城市规划设计院结合主管部门最初提出的第三个选址的想法进行了一些深化研究，作为以上三家机构的补充方案，主要特点如下：

1.这是中心区三个选址中最集约利用土地的方案，并且完全不影响中心广场及轴线南端的规划的生态小山公园。

2.方案利用滨河路及金田路组织货运，人流自北侧及东侧进入，中轴线绿化地块成为会展的人流集散的开放空间。轴线地下的大型停车场也能为会展中心充分利用。该方案能使两条地铁线的人流通过金田枢纽站直接进入会展中心，最大限度利用了大运量的公共轨道交通。

3.该方案改变了中心区CBD对称布置的形态格局，某种意义上讲是对中心区城市设计形态的一种积极的调整。该方案紧凑的布置完全适应中心区原有的街区，并充分体现了中心地段的土地价值。

地下一层平面图

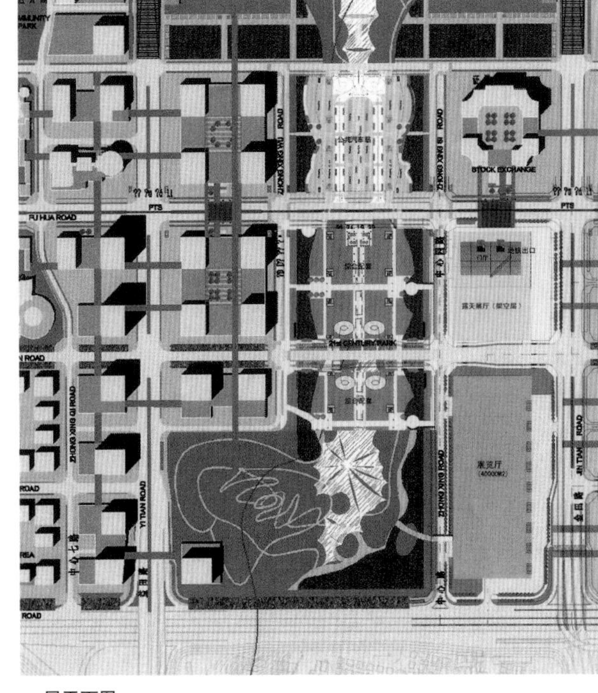

一层平面图

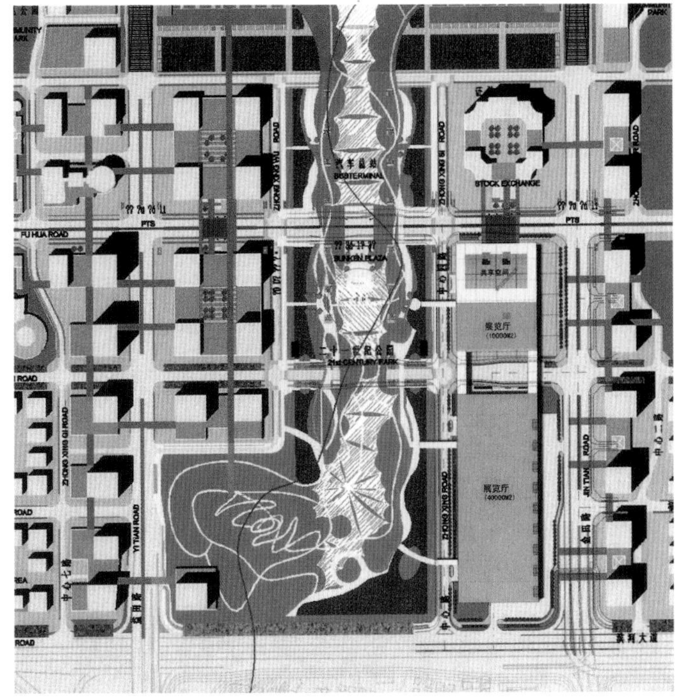

二层平面图

人流及货流示意组织

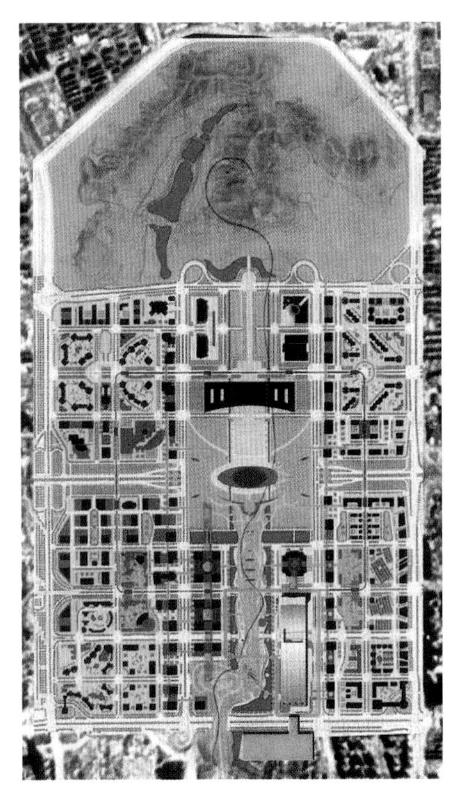
扩建，发展图

4.尽管本方案土地狭长，但若把地块面对的绿化中轴理解成会展中心的另外一半，形态特别，尺度亲切，绿化生态的一半，即深圳会展中心仍是有充足和丰富的开敞空间的展览场所。

5.另外，该项目还具备与北侧停工多年的大中华国际交易中心整体发展，整合和利用后者各种大厅、旅馆作为会议中心，从而节省会展中心投资、盘活各种资源的可能。

三、国际竞标

(一)竞标文件

深圳会议展览中心建筑设计方案国际竞标书

1、工程概况

1.1 项目名称：深圳会议展览中心。

1.2 业主单位：深圳会议展览中心(项目法人)。

1.3建设用地：位于深圳市中心区南片11号地块，用地面积220 565m²。发展用地位于西侧3、4号地块，用地面积27 000m²。

1.4 建设规模及投资：总建筑面积250 000m²，深圳市政府拟计划投资25亿元人民币。

2、设计依据

2.1 深圳会议展览中心用地规划控制指标。

2.2 深圳会议展览中心建筑设计方案国际竞标书。

2.3 深圳会议展览中心建筑设计任务书。

2.4 中华人民共和国有关法律、法规、条例和规范。

3、竞标方式

3.1 深圳会议展览中心建筑设计方案，采用国际邀请竞标方式征集，专家评审，市政府选定实施方案。

3.2 竞标评审主持机构：深圳市规划国土局。

4、设计成果要求

4.1 建筑设计内容

4.1.1 总体环境设计：深圳会议展览中心用地范围内的建筑总平面设计、交通组织及环境设计。

4.1.2 单体建筑设计：深圳会议展览中心建筑方案设计。

4.1.3 文字说明：设计立意与构思表述；建筑设计说明与主要经济技术指标；结构和设备要点；消防措施说明；其他必要的说明。

4.1.4 工程造价估算：本项目按照中国广东省建筑和安装工程造价标准，并结合国内外先进材料设备估算造价。

4.1.5 工期：应提供实施设计方案的参考施工工期(业主计划工期：2001年7月31日至2003年12月31日)。

4.2 会展中心与公共绿地的衔接规划设计和发展用地规划设计

4.2.1 会展中心与公共绿地的衔接规划设计。

4.2.2 发展用地规划设计。

4.3 设计说明

4.3.1 设计综合说明，介绍设计构思。

4.3.2 交通组织建议与说明。

4.3.3 公共空间与广场设计说明。

4.3.4 城市环境分析说明。

4.3.5 技术经济指标(含工程造价估算)及参考工期说明。

4.3.6 消防设计说明。

4.3.7 会展中心与公共绿地的衔接规划设计和发展用地规划设计说明。

4.3.8 设计服务建议书。简要的设计周期计划、参加设计的主要人员计划、设计和施工期间的主要服务内容、与中方合作设计单位的合作计划。本建议书单独装订，并经法人代表签署、加盖竞标单位公章后密封，与竞标文件同时递交，由工作人员封存。此建议书只供业主参考。

4.4 展示图件

4.4.1 文字图件

4.4.1.1 主要设计说明、主要经济技术指标、面积分配表1张。

4.4.2 分析图件

4.4.2.1 城市轮廓与街景分析图1张。

4.4.2.2 公共空间与广场分析图1张。

4.4.2.3 人流、车流及交通组织分析图1张。

4.4.2.4 建筑设计构思图解1张。

4.4.3 环境和建筑设计图

4.4.3.1 总平面布置图1张(1:1 000)

4.4.3.2 建筑平、立、剖面图(均为1：400)6张；

4.4.3.3 彩色透视图室内1张，室外2张；

4.4.3.4 环境设计图1张。

4.4.3.5 会展中心与19号公共绿地(地下)、地铁金田站的衔接设计图1张。

4.4.4 深圳会议展览中心建筑模型(1:500)1件，应表示清楚与周边环境的关系，但不包括发展用地规划。

4.4.5 会展中心与公共绿地的衔接规划设计和发展用地规划设计图1张

4.5 竞标方案成果的文件和图纸按以下格式编制：

4.5.1 文字以中英文书写，以中文为准。

4.5.2 展示图纸文件以A0(1 189mm × 841mm)规格制作(如确因方案设计原因A0规格无法容纳设计内容时，可单边延长图纸，但不得超过该边的一半，被延长的图纸数量不得超过6张)。

4.5.3全部设计图纸文件以A3(297mm × 420mm)规格装订成册，一式二十份(比例不限)。其中2份必须逐页经设计负责人签署。

4.5.4 量度单位采用公制单位。

4.5.5 电子文件：

提供设计成果光盘2套。图册电子格式可采用Illustrator7.0(8.0)、Word97(2000)、AutoCad14(2000)、CorelDRAW8.0(9.0)、PhotoShop4.0版以上，设计方案图采用AutoCad14(2000)格式，彩色透视图采用3DS、3DMAX2.5(3.0)、Maya2.0(2.5)格式，必须同时提交相关材质和文理贴图。

4.5.6 所有参评竞标文件文字清晰完整、尺寸齐全准确。展示图件限量18张，如超过限量业主有权选择。

5、竞标评审办法

5.1 评审原则

5.1.1 各项设计内容符合竞标文件规定。

5.1.2 方案设计应与城市设计整体协调，在城市空间、建筑形态、交通组织、环境设计等方面成为中心区的有机组成部分，创造良好的城市环境。

5.1.3 合理安排各项功能，使展览、会议及各项辅助功能可随不同的需求灵活组合，尽可能降低资源消耗，提高利用率。

5.1.4 结合建筑功能和空间要求，合理引进先进建筑技术和材料，创造体现新世纪形象的标志性建筑。

5.1.5 妥善处理好会展活动所特有的人流、车流和货流的交通关系，使交通顺畅，进出便捷。

5.1.6 考虑发展需要，使会展中心能随未来社会的发展，不断作出适应性调整。

5.2 评审办法

5.2.1 评审采用专家评审与政府审定相结合的方式确定实施方案。专家评选出3个优选方案，由深圳市规划国土局会同业主汇总专家意见，将3个优选方案报深圳市政府审批，确定实施方案。

5.2.2 专家评审

由深圳市政府聘请的国内外著名建筑、

规划专家9人组成专家评审委员会。市政府公务员、业主工作人员和竞标单位的人员不参加专家评审委员会。按专家评审委员会审议确定的评审原则和具体办法，对竞标方案从专业角度进行评审。专家缺席1/3或以上时，评审无效。

评审前深圳市规划国土局将主持专家评审委员会召开预备会，选举专家评审委员会主席，制定并审议通过评审原则和具体办法。

由专家评审委员会主席主持进行专家评审，对所有竞标方案进行审议，提出其主要优缺点，从竞标方案中评选出3个优选方案重点评价，以专家评审委员会评审报告书的方式推荐给深圳市政府选择。

优选方案以无记名投票方式确定。优选方案得票必须超过半数。如评审委员会无法评选出得票超过半数的方案，即对得票前3名的方案进行评价，形成专家评审委员会说明书，提交给竞标主持者。

5.3　公布结果

评审会结束后，专家评审结果当日即向新闻界和各竞标单位公布。评审会结束后30日内确定实施方案，以传真信函通知各竞标单位。

5.4　确定实施方案

深圳市政府对专家推荐的3个优选方案进行审议，确定实施方案。

5.5　完成设计

按《中外合作设计工程项目暂行规定》的规定，国外设计单位，需与国内甲级设计单位合作完成工程的全部设计。

6、日程安排

6.1　竞标日程安排

6.1.1　发标会时间：2000年11月13日上午9时(北京时间，下同)。会上由深圳市领导介绍深圳市概况和会展中心建设总体要求，市规划国土局、市贸易发展局、深圳会展中心有关领导和专家介绍深圳市城市规划、中心区规划建设、会展中心项目建设及竞标要求等。业主组织踏勘现场。

6.1.2　答疑补遗：在发标会后两周内统一进行书面答疑。即由业主统一将全部竞标单位所提问题汇总，统一书面答复，并同时以传真信函的方式送达各竞标单位。此后业主不再进行答疑。如因特别原因，确需答疑或补遗，业主将在截标前20日内以传真信函的方式同时送达全部竞标单位。

6.1.3　收标时间：2001年2月13日17时30分前。竞标成果必须由竞标单位的法定代表人或法定代表人委托人，持具有法律效力的证明文件(法定代表人证明书、法定代表人委托书)送达，由工作人员随机编号封存。

6.1.4　评审及确定实施方案时间：2001年2月14～20日之中的两天。

6.1.5　上述时间如有变动业主提前10日同时通知各竞标单位。

7、费用补偿与奖励

7.1　业主将在评审结束后20日内，付给每个被邀请的竞标单位6万美元的补偿金。被评为优选方案的竞标单位，增付4万美元的奖金。

7.2　实施方案竞标单位的补偿金和奖金将在设计费付款中扣回。其设计单位按《中外合作设计工程项目暂行规定》的规定与业主签订设计合同，并承担方案的修改，报深圳市规划国土局审批。

7.3　设计费原则上按中国国家和深圳市的有关规定执行，由于是国际竞标，将参照其他类似项目的设计费标准予以提高，设计费为经深圳市政府投资项目审计中心审定的设计概算工程造价的3.5%。

7.4　上述所有费用的税金自理。

8、协议、著作权与其他

8.1　竞标协议

在发标会后，业主将与各被邀请的竞标单位签订竞标协议书，各竞标单位按协议规定交纳2000美元的保证金，其代表出示法人代表证明书、法人代表委托书后签署协议(具体协议内容已提前传真给各竞标单位)。

8.2　著作权

竞标方案设计成果，其著作权除署名权外均归业主所有。所有竞标成果不退还。业主将通过传播媒介、专业杂志、书刊或其他形式评价、展示竞标作品。

8.3　其他

8.3.1　存在下列情况之一的竞标文件将被视为无效：

①内容不全或字迹模糊、辨认不清的。

②严重违反规划设计要点，或技术经济指标严重失实、或被2/3以上专家评委成员认为严重违反有关规定的。

③设计作品已发表过或2/3以上评委认为与其他建筑在造型上雷同的。

④逾期送达的(如遇交通方面原因，应及时告知业主，并出具有效证明)。

⑤违反文件编制要求的。

⑥未送达的竞标文件。

8.3.2　无效竞标文件的设计单位，业主将不予任何费用补偿，已交纳的2000美元保证金不予退回。

8.3.3　本竞标文件是将来设计合同的组成部分。

8.3.4　本竞标活动将在公平、公正、公开的原则下进行。如有纠纷，将按中国现行的法律、法规通过友好协商或仲裁程序解决。中华人民共和国现行的法律、法规未作规定的，将按国际惯例通过友好协商解决。

8.3.5　本竞标文件发出前业主所发的其他文件的内容如与本文件存在差异，以本文件的内容为准。

深圳会议展览中心建筑设计任务书

1.概述

深圳未来的发展目标是建设一个环境优美，现代化的国际性城市。为此，市政府决定建设一个具有国际先进水平的大型会议展览中心，促进深圳与国内外经济文化的交流。

深圳会议展览中心，以展览会议为主，兼顾与展览会议有关的展示、演示、表演、宴会等功能。应能举办6 000个国际标准展位的超大型展览或同时举办3个2 000个国际标准展位的大中型展览；会议主场馆多功能设置，应能容纳3 000人的国际会议。

2.主要技术经济指标要求

2.1 用地：会展中心用地面积220 565m²，位于深圳市中心区南片11号地块。

2.2 建筑退红线：建筑四周退出红线≥10m。

2.3 建筑高度要求：展厅主体建筑高度≤50m，其他不作规定，如设计高层塔楼建筑，可布置于用地的东北侧或西北侧，与中心区城市设计的整体构思相吻合。

2.4 总建筑面积：250 000m²。

2.5 建筑层数：展厅主体部分1～2层，会议及其他部分不作规定。

2.6 总停车位：2 000辆；

2.7 工程造价：以深圳市政府投资项目审计中心审定的工程造价为准(包括环境、土建、设备安装和装饰等工程)。深圳市政府拟计划投资25亿元人民币。

3.场地环境与交通条件

3.1 场地环境

深圳会议展览中心用地位于深圳市中心区11号地块。南临城市快速干道(南环路)滨河大道，北临城市次干道福华三路，东西两侧为城市主干道金田路和益田路。用地整体位于中心区南北中轴线南端，通过福华三路与中央绿化带相衔接，两侧规划为高层建筑群。19号地块中央绿化带可与会展中心建立良好的立体化衔接体系，成为会展人员的交往和休闲空间。

3.2 交通条件

除用地周围的四条路外，用地北面中央绿化带两侧有中心四路和中心五路，规划要求这两条路保留穿过会展中心的功能(方式不限)。其他道路还有：城市快速路新洲路；城市主干道深南大道、彩田路和福华路等；城市次干道福华二路、福华四路、民田路和海田路等。

3.3 公交规划

金田路、益田路、福华路和福华三路为规划公交走廊，33—6号地块内规划有一座大型公交枢纽站。地铁4号线穿过用地，地铁1号线在福华路通过，地铁金田站(将更名为会展中心站)位于福华路与中心四路交叉口处，距会展中心用地北侧约100m。从地铁站可通过地下商业街直通会展中心。

4.设计总体要求

4.1 建筑布局合理。与市中心区有机协调；与周边道路衔接顺畅；适应地方气候；造型富有创意，能成为21世纪深圳市独特的标志性建筑和旅游观光景点之一。

4.2 充分满足展览、会议以及辅助服务等各方面使用功能的要求，有利于经营。

4.3 便捷顺畅的交通设计。解决好大型会展活动参观人流与参展人流、参观车流与参展车流、货物运输车流的分流与集散，处理好会议与展览的人车流关系。

4.4 优美协调的外部环境设计。建筑形态应服从城市设计的整体要求，尤其是与中轴线的形态应保持有机联系和呼应，并应兼顾四个方向的美观，特别要处理好临福华三路和临滨河路两侧的昼夜景观效果。结合中央绿化带，创造舒适宜人的外部环境和宏伟开阔的室外广场、展场空间。

4.5 充分考虑持续发展的需要，使会议展览中心能随未来社会的发展，不断作出适应性的调整。

5.建筑设计内容和要求

5.1 展览部分

5.1.1 面积要求

展览部分：总建筑面积184 000m²。

展厅建筑面积120 000m²。其中单层大跨度展厅面积不少于60 000m²，双层展厅面积不超过60 000m²，展示厅面积10 000m²包含在双层展览厅内。

展览辅助区域建筑面积64 000m²(包括门厅、直接和间接的辅助区域等)。

5.1.2 展厅功能要求

展厅可设国际标准展位6 000个(其中包括展示厅500个展位，用作展品常年展示)。

展览、展示厅按能适合举办各种类型室内大型展览设置，注重实用性，主要设备系统达到国际先进水平。

5.1.3 展厅平面和空间结构

展厅按二层以下考虑，允许单层展厅和双层展厅结合，单层展厅按大跨度无柱空间设计。双层展厅部分的一层柱网不小于30m×30m，二层展厅也按大跨度无柱空间设计。所有展厅应能按不同的展览规模需要进行分割组合，独立使用。120 000m²展厅和展示厅共可分隔12个左右独立展厅，最小展厅面积不少于6 000m²。

展厅布局能方便参观者通达任何展区，设置人员、货物分别独立的进出口和举办开幕式的场地。

一层展厅净高不小于15m，二层展厅净高不小于8m，柱网按国际标准展位模数布置。

5.1 展厅地面与楼面荷载要求

一层满足重型机械设备展负荷，地面活荷载50kN/m²；二层满足一般产品展负荷，楼面活荷载为15kN/m²。

5.1.5 综合管线沟

展厅内按展位设置间隔6m的综合管线沟。

5.1.6 展厅内交通要求

各展厅人行、货运通道分流。

楼层间人行交通主要采用自动扶梯，辅助以步行楼梯和升降电梯；设计须能解决最大人流密度的集散。

展品运输采用货柜车直接开入各展厅内的方式，在各独立展厅设置装卸平台和货口；楼层间设置部分专用货梯，用于小批量货物的运输。

5.1.7 展览辅助用房与功能

展厅主入口大厅：能容纳2 000人以上举行室内开幕式，设置登记咨询服务处、工作间、贵宾休息室、大型电子屏幕墙等；

各独立展厅门厅(过厅)：能举办小型开幕式，设登记咨询服务处、工作间、休息处等；

餐厅厨房：配备能满足15 000人同时用餐(其中宴会2 000人，中西餐厅3 000人，外卖快餐10 000人)的餐饮设施。分项如下：

宴会厅：利用会议建筑部分的多功能厅，不单独设置；

中餐厅：能容纳2 000人就餐，分设各容纳300～500人、100～300人、50人以下就餐的大、中、小餐厅若干间；

西餐厅：按容纳1 000人设置，分2～3间；

清真餐厅：按容纳100人设置，设专用厨房；

要求厨房及其工作间布置在下风向，紧邻各餐厅，尽量合并设置，考虑外卖快餐设施。

5.1.8 展览工程制作场和展具仓库：用于展台制作、器材堆放、展具存放等，可集中设置或分设于各独立展厅。

5.1.9 商场服务设施：包括商场、饮料和快餐销售点等，可与人防地下室及地铁通道综合设置。

5.1.10 综合服务设施：包括洽谈间、

会展组织者办公室、邮电通讯、打字复印、印刷、运输、旅游票务、银行、海关、商品检验检疫和卫生所等。其中洽谈间分布于各展厅，其余的可相对集中。

5.1.11 行政办公区：建筑面积3 000m²。

5.1.12 员工生活区：包括食堂、休息更衣间、卫生间等，按500人设置。员工生活区和行政办公区与其他展览辅助用房统一考虑，融为一体。

5.1.13 设备用房：包括安全消防监控中心、电话交换机房、中央空调机房、生活消防蓄水池和泵站、热源交换站、备用发电机房、污水处理、变电站、配电房、智能化中心、卫星通讯和计算机网络工作站等。

5.1.14 卫生设施：包括卫生间、垃圾堆放场等。

5.2 会议部分

5.2.1 会议部分总建筑面积16 000m²，层数为多层。

5.2.2 会议厅(室)功能：不含门厅、直接和间接的辅助区域。能适应举行3 000人，1 500人、以及300人以下各种不同规模的会议，举办表演、图像演示、小型展览展示、产品发布、专业技术推介等活动。建筑面积8 000m²。

5.2.3 多功能大厅：按容纳3 000人设置活动座位，可用隔声墙分隔成2间，设伸缩舞台、会议、讲演和8路无线同声翻译系统等，用作会议、宴会、时装表演、小型专题展览等。配备贵宾休息室、准备室、专用卫生间和专用电梯。贵宾休息室和准备室可与小会议室兼用，并能直接进入主席台。

5.2.4 800座中型会议厅(1个)：固定座席，设声光图像放映和投影屏幕、卫星电讯、电视会议、8路同声翻译、电子投票系统等。配置贵宾休息室。

5.2.5 600座中型会议厅(1个)：固定座席，设投影屏幕，按普通标准配备设备。配置贵宾休息室。

5.2.6 可组合式小型会议室、贵宾室40间。平均每间40人，能灵活间隔组合成容纳300人左右的会议室6间，其中一半可再组合成100人和200人的会议室，并可兼作临时办公室；1/5会议室配声、光、电讯和投影设施及4路同声翻译系统。并为各会议室、贵宾间配置独立卫生间。

5.2.7 会议交通

人流集散以自动扶梯为主，设置部分升降电梯和客货两用梯。按防火规范设置楼梯间和消防电梯。应设置贵宾专用通道。

5.2.8 会议辅助用房与功能。

会议辅助用房建筑面积8000m²。

会前接待活动空间为多功能大厅、中型会议厅配置，作登记、休息用。

会议辅助用房还包括门厅、过道、工作间、卫生间、仓库等。仓库主要用于多功能厅以及各会议室各种设备、家具的存放。

5.3 地下室部分

设一层地下室或半地下室。地下室必须考虑与北侧地下公共通道及地铁通道的连接。地下室建筑面积50 000m²。与地上建筑应合理对应。其中地下停车场停车1 000辆。其余为设备用房，可根据需要确定。对地下停车场人群进入会展场馆，在交通上应予以周密考虑，出入口原则上不应直接布置在主次干道上。可考虑结合人防地下室布置部分商业辅助用房，形成地铁金田站(会展中心站)至会展中心的地下商业街的一部分。

5.4 特别提示

5.4.1 展厅、会议厅(室)、室外展场和广场面积必须保证，其他附属设施面积和项目可以按国际标准酌情增减。

5.4.2 餐厅、商务、商场、设备用房等辅助设施，在设置上尽量考虑兼顾展厅和会议两部分的服务。

5.4.3 部分辅助设施可以考虑设置在地下室和夹层。

5.4.4 应进行残疾人交通无障碍设计。

6.总平面设计要求

6.1 建筑的主入口要求面向福华三路。

6.2 充分考虑四周道路和地铁站进出的人流和车流，组织好交通流线，使场内交通与场外交通相衔接。结合建筑设计确定公共汽车、小汽车、出租车、贵宾车和货车等车流的行驶路线及上下客(货)的位置。贵宾车宜经深南大道由北向南进入场馆；小汽车与货车宜直接利用滨河大道由南向北进入场馆为主，可在滨河大道上规划设计两条下穿隧道，解决小型车辆在滨河大道左转进出的需要，大型车辆须经皇岗滨河立交桥或新洲滨河立交桥绕行。必须把中轴线19号地块一层屋顶的绿化及人行系统引入会展中心用地，行人以由北向南进入场馆为主。

6.3 室外展场30 000m²。

6.4 中心广场15 000m²。应能举行大型庆典、开幕式、集会、表演等活动。在中心广场适当位置设置200个旗杆。

6.5 地面停车场30 000m²，停车1 000辆。布置出租车(TAXI)上落区，车位分配可根据方案情况集中设置，也可根据不同功能分区按比例分别设置。贵宾停车场应与贵宾通道结合设置。

6.6 货物堆放场、货车调度区(40个货柜车车位)共10 000m²，需满足大型平板车载货进出和货物集散要求。

6.7 在广场显著位置设大型电子屏幕一座。

6.8 在各场地间设置绿地、水体和艺术雕塑等，也可考虑将19号地块的水系引入会展中心。

6.9 室外展场和广场的声、光、电系统应满足室外展览、布展、撤展和庆典等功能要求。还要充分考虑夜间的使用要求，使会议展览中心昼夜都成为城市的主要景点。

7.其他要求

7.1 智能化

7.1.1 充分体现建筑智能化和信息网络展览功能的要求。

7.2 节能

7.2.1 充分利用自然光和自然通风。

7.2.2 尽量避免阳光直接照射入室内，降低空调能耗。

7.2.3 要考虑到各展馆、会议厅独立运行，合理安排空调系统。

7.3 消防和环保

7.3.1 设计应采用新技术妥善解决消防和环保问题。

8.公共绿地的衔接规划设计与发展用地规划设计要求

8.1 会展中心与19号公共绿地的衔接设计。

8.1.1 会展中心与绿化系统的整体衔接规划设计。

8.1.2 会展中心与地下商业街和地铁站的整体衔接规划设计。

8.2 会展中心发展用地规划设计

8.2.1 会展中心可向西发展，发展用地位于深圳市中心区南片3、4号地块，面积约27 000m²。

8.2.2 发展规划内容：发展规划包括展览建筑和会展综合大厦建筑两部分规划内容。

8.2.3 展览建筑发展规划内容：扩建展厅建筑面积不少于30 000m²，展览辅助建筑面积不少于15 000m²。

8.2.4 会展综合大厦建筑发展规划内容：建筑面积100 000m²。内容包括300张床位三星级酒店，建筑面积25 000m²；会议、洽谈、餐饮、娱乐、商场等建筑面积40 000m²，上述8.2.3中的展览辅助面积可整体考虑包含在其中；展商写字楼和展商公寓35 000m²等。

(二)竞标方案

1.德国 GMP 公司方案

深圳会展中心的方案构思

将未来的会展中心转移到有代表意义的深圳市新中心区，并为此组织新的设计竞标活动的决策，是一个影响深远和富有挑战性的决定。我们为之构思的设计方案意在达到下述三个目标：

①从城市规划的角度来看，深圳新中心区中轴线上南北向延伸的中央公园是个有三层活动平面的城市综合体，它的南端需要有一个醒目的和意义重大的建筑来收尾，而与新中心区和其北端的莲花山相映成趣。

②中央公园南侧的会展中心作为新的标志性建筑应有一个简洁明了的宏大体量，其造型要求独特鲜明，有别于其他建筑物，并设有一个庄重气派的中央入口。

③需进行高效运转的会展中心，功能要求很高，它们不仅包括了要在同时举办多个小型展览及会议活动时在空间组织上有最大限度的灵活性，并且，与前轮的设计不同，它现在地处市中心，不可避免地需采用紧凑布局，但仍要保证在可通车的地面上为整个展览运作进行最佳的后勤组织。为此，我们将展览部分全部集中到地面层上。

新深圳会展中心作为展览和会议的新基地将和香港、广州以及上海浦东竞争并且必须在竞争中取得成功。

和香港因缺地而在水上层层落造的展厅相比，深圳有机会提供面积更大，层高更高，配备有更好后勤设施的和集中在一层平面上的展览大厅。

和广州会展中心两层展厅比，深圳有可能将所有的展览面积全部布置在地面一层，这样能够保证更好更快地进行布展和拆展的后勤运输工作。

和上海浦东地面层的会展中心相比，深圳有机会提供一个直接位于包括有地下城及城市公园的市中心区的，更加气派的和更加吸引人的入口场所。另外，会议中心设置在展览中心上方，可供人们驻足远眺，饱览新中心区的壮丽景色。

方案的理念在于，实现在城市规划、建筑和功能三方面的整体设想目标，提供一个具备最佳先决条件来成功地和其他国内同类项目抗衡的会展中心。

①将深圳会展中心塑造成一个独一无二的重要的标志性建筑，成为新中心区南端的收尾而与中轴线的“北极”相应成趣。造型上它是一个发光的独立式建筑体，给南北向规划的中心区在城市空间上提供一个醒目的句号。

入口处的处理既协调又气派庄重。它通过两侧装饰着壮观喷泉和人工瀑布的阶梯形广场空间连接着未来市中心的三个活动层，其中会展中心的入口和分流层设在10m 高处。

——和地下城相连在 -6.0m 层。

——和通行小汽车及共公汽车的街道平面相连在 ± 0.0m 层。

——和城市公园上层相连在 10.0m 层。

中心区装饰性水池的美好设想将一直引伸到会展中心，并在此升华为艺术的雄伟的大台阶，并有梯形喷泉和人工瀑布簇拥其两侧。

②深圳会展中心个性独特的建筑形象即简洁又鲜明，富有标志性。白天，笼罩展示厅上空的玻璃穹窿像一个精细的，有过全盘精心造型的雕塑。夜晚，玻璃穹窿像水晶般熠熠闪光。入口广场的喷泉和人工瀑布也有照明，浮在展览厅玻璃穹窿上方的会议中心建筑也有从底部射出的彩色照明。

这样一种长向的，平面展开的建筑形体和光带与大量耸立在中心区两侧的，竖向的优美的高层建筑群，形成了空前的对比。

会展中心公众入口大厅的内部空间效果也将因为它的宽阔，透明和开阔的视野而给人壮观的印象。它540m的长度让人想起1852年伦敦的水晶宫，而比1996年在莱比锡落成的新博览中心大厅要长出一倍。

③深圳会展中心功能上的高效运行将由以下四项有特色的优势加以完美结合而获得保证。

全部展览厅运行均组织在同一平面内，可以同时举办多个小型展览会，三个大型展览会，或者进行多种形式的分隔组合。这为多样的使用要求提供了极其灵活的可能性。

全部参展者的后勤组织不仅只需在一

北侧透视图

主入口透视图

层平面进行，而且更重要的是直接在地面层上。不需要设置为汽车及载重车在博览会装拆时所需的，可能成为障碍物的车行坡道和昂贵的载重电梯，大厅群周围有30m宽的送货区，载重车可畅行无阻。另外，载重车可以在横向和竖向畅通穿行所有展厅。

高出展览和街道平面的，位于10m标高的入口和参观者平台层为每一个大厅或多个组合在一起的大厅群体提供了一个独立的交通连接层。这种通过抬高而完全脱离展览组织运用层的交通连接系统，除了有能够按需要在任何一处设置大厅出入口的优点外，还具备另一突出优点，即参观者在等待时能在高层平面上总揽展厅的全局。

按竖向设计将会议中心置于展览中心上方而呈悬浮式造型。这里人们可以通过入口大厅橱窗式的大玻璃面和从开放平台上眺望整个中心区的景象。它既可以独立运行，也可以和展览功能结合使用。会议中心由设在两侧的自动扶梯连接，可以按需要分成两个部分独立使用。这样不仅可以灵活进行大小不等的会议，而且还允许同时进行多个会议活动，或者将一个或整个会议区域并入一楼的展览活动中去。

整体性的设计，多层次的构思，赋予深圳会展中心独一无二的设计质量。它们具体体现在下列各因素中：

——它是一座醒目发光的，深圳市新中心区的标志性建筑。

——它简洁而独特，建筑形象与众不同

——通过竖向分层处理各种流线。

将展览组织的运作安排在地平面层，将参观者引到有良好视野的高一层的平台上，会展中心的组织运行高效完美。

在使用的灵活性方面，它为营运者的选择提供了充分的自由度。

从统一合并的大展览或同时举办多个小展览，到可单独或结合使用的会议中心，空间组合可全线配合。

城市规划、交通组织及扩建用地

与展览厅有关的所有功能，包括载重车入口，载重车停车，大厅环绕路，进货区以及室外展览都组织在同一平面上。

在西侧的扩建用地上可按需要进行各种增建和扩建工程，如果必要的话，还可以通过在高出街面10m的公众平台层，将扩建部分与会展中心立体连接。

除了必须纳入会展中心内的和有代表性的部分管理功能，即标书所规定的部分，设置在会展中心主体外，其他一般性的管理功能和直接服务于会展中心的配套功能将安置在扩建用地上。

道路交通、货运交通及参观者交通组织

①道路交通

城市干道的交通将不会因会展中心而受干扰或中断。按标书建议，两条南北向的道路将从会展中心地下穿过，通过滨河大道两侧的坡道与之立体连接。

该地下道路上设有通往供参观者和展家使用的小车车库出入口和为展览厅、会议中心餐厅服务区中央供货的出入口。

展家货运交通通过会展中心东西两个单独的载重车出入口进出。这里集中设置了载重车调度场，从这里出发，各载重卡车将被调度到各大厅环绕路、送货区或者大厅大门口。

②货运交通

为优化营运效率，将服务于餐厅、会议中心的和服务于展厅的货运交通分开加以组织。

餐厅和会议中心的货运设计通过南北向的地下道路进出，而展家的载重车交通则全都安排在地面层上加以组织，以节省使用坡道和载重电梯。

为了降低布展和拆展的时耗，货运卡车可以通过内部通行道路在横竖两个方向直线穿行每幢展览厅。

在各展厅南北两侧的尽端设有包装材料和垃圾的堆放用房，以供集中运出。

③人员交通

2 200个小汽车停车位集中设在主入口平台下的地下车库内。从这里有直接引向入口广场下层(-6m的地下层)的出口，人们可经由这里步上通往上方入口平台(10m)的宏伟大阶梯。

沿喷泉和阶梯形瀑布设有从±0.0m处街面通向10m处参观者入口层的气派的上行车道。在入口停车区前后，小汽车(和出租车)可以以右行的交通方式进入和驶出通往车库的地下道路。

④小汽车停车位数量

欧洲博览会确定停车位数量的通用经验值为每10m² 展览面积一个停车位。如果运用到深圳，12万m² 将需要12 000个停车位。虽然中国交通状况因国情差别而不同，而且长远来看停车位数量会保持较低，仍应对所要求设置的停车位数量进行审核。

展览区的灵活性设计

展览和会议功能用房可以很灵活地加以组织。

共有12个展览厅和2个展示厅。各展览厅宽60m，长130m，面积为7 800m²，可以容纳390个展位。展厅之间有10m高的活动隔墙，可在需要连通两相邻大厅时推开。

这个面积大小变换的灵活性设计与可对参观者及展家入口进行完全灵活布置的设计原则是相符的。

——14个展厅中的每一个都可以通过单独的自动扶梯与上层参观者平台连接。

——同时，其他区域展家的后勤交通运行在分区使用的情况下不会受阻。

会议中心的灵活性设计

会议中心区域浮在展览区域的上方，可根据需求单独、分半或者和展览功能结合使用。

因此，会议中心在入口大厅与参观者平台的连接部分，不仅完全和观众去各展厅的通道分开，而且拥有两组互相独立的自动扶梯。

这样的空间组织使得在两个互相独立的区域分别进行会议活动成为可能。同样，它们也适用或单独供外来者举办会议活动，或者和展览会相结合举办活动。

人们通过两组引人入胜的自动扶梯上升到会议中心，可一览深圳新中心区激动人心的壮丽景色。橱窗式的入口大厅以及室外平台和餐厅，可像大会议厅一样进行分隔。从10m参观者平台层的入口大厅或直接从地下车库处，都可以进入VIP电梯。

餐厅部分的灵活性设计

——参观者餐厅有着多种多样的分隔方式，可根据需求分成小区域并入展览或会议功能。

——在参观者平台层下地面展厅内，两组自动扶梯之间的中央部分安排快餐和小吃部。

——10m高参观者平台层上，计划设置小吃售货车。

——在西部和东部入口大厅及参观者平台层上面一层，计划布置其他的餐馆和休息室，可根据需求并入下部展览或上部会议功能供使用。

——在展览大厅上方悬浮的会议中心楼内，有封闭的餐厅和宴会房间。

在中央区的所有楼层的所有餐厅区域，都通过地下层送货供给物流，不和参展者的物流发生交叉。

生态，气候和通风技术

深圳属亚热带气候，不可避免地要对包括展览场区在内的用房采取遮阳和制冷措施。

餐厅和会议中心部分原本就按舒适的全空调标准进行设计。

为了保证展厅内参观者的舒适和在营运中使能量的消耗在生态平衡上达到最佳，经济上达到节省，采取了以下几项联合使用才能达到合成效应的措施：

——展厅的层高很高，这样展览过程中产生的热空气上升到离人使用的平台很远的高处。

——因为大厅高度很高，热空气完全靠自然上升排出。

——通过文丘里管效应，位于展厅弓形屋顶和会议楼弓形地面之间，自然横向气流空间变窄加速后产生吸力，把大厅里的热空气吸走。

——整个大厅玻璃屋顶外覆盖一层宽型的遮阳百叶，屋顶采用遮阳玻璃，在适宜的区域安装表面70%印有陶瓷的玻璃提供附加的遮阳作用。

——需制冷时，冷风通过位于5m高处的大号送风口向地面流动并且均匀地分散在空间内。

通风机组线性集中布置在展厅南北两侧附属用房带和中央区域下的地下层内。悬浮的会议中心内的中央通风气流，通过在现场分散安装的风口输送。

空调技术

在空间高达40m的展厅和空间高度约10m的参观者平台逗留层中，普遍仅需在展家及参观者空间范围内即近地面区域内使用空调，这样只需以这部分区域的舒适要求进行现代化空调设计。

展厅

为了节约投资及能源费用，展厅内在制冷时采用从下（5m处）往上的空气导流器。而一部分冷负载如照明热量，玻璃顶的对流热量传递及透射热量是在参观者平台逗留层上方产生的。运用从下往上的空气导流器可减低所需进风的数量，与众展厅南北两端的切线进风形式相比，在同一数量级上减少约20%至25%。

在展览大厅内以约60m的间距铺设玻璃制通风管道。制冷时新风从5m高度处大口径的进风口中向下涌出到展厅地面部分，在空间纵深方向平均分配。冷却的新风在展厅中遇到热源不断变热，由于热浮力作用不断上升。

防火措施和紧急情况下的安全疏散

博览会安全措施的国际通用标准是以人员保护和设置预防措施为出发点的。本方案的设计，遵从以下一般原则：

①在底层展览区和车库区的安全疏散长度最多不超过35m。

②底层所有大厅内部的疏散通过引向外面街道空间的地下疏散通道。

③设置与外墙和屋顶的机械控制的排烟通风盖联动的烟雾警报装置系统。

④在平台和台阶平台下的特殊区域以及会议区封闭房间内设置自动喷水灭火装

屋顶局部模型照片

置。

在中央区域介于上面的会议中心和地下层之间设有防火安全楼梯间，其间距最多不超过60m。

深圳会议展览中心结构设计方案

建筑构思：全部位于地面一层的展厅平面为280m × 540m长方形。

于平面中轴上设有参观者入口交通层为第二层，其上的功能用房位于第三层，一部位于建筑物中心的室外大楼梯连接各层。

沿着建筑的中心部分设有A型的巨大钢框架结构，这些A型框架相间30m，约60m高，支撑起近360m长，60m宽和20m高的会议中心，会议中心位于大厅上部，水平出挑20m。

这些A型支架以剪力框架形式加固，并且相互之间连接稳定，圆管形的会议中心本身建议使用钢结构和钢筋混凝土结构。

巨大屋脊的左右两边是优雅的曲面屋顶，其下是各个展览厅。

主梁间距同A型框架间距一样为30m，每一主梁由两根空心钢管组成，其截面随荷载变化高低不等，从展厅边缘由低到高，呈弧形向A型框架伸展，其跨度达130m，端点连接在A型框架上。成组的主梁钢管按受力变化改变截面，并相互连接，构成稳定的结构体系。

位于主梁中间的次梁固定于主梁的下部，承受整个玻璃屋顶的重量。沿着主梁的上部覆盖有大尺寸的遮阳叶片。

会展中心与公共绿地的衔接规划设计

把中央绿化带延伸进新的展览中心，

展览中心广场上喷泉起舞，梯形瀑布从上面的进厅层层流到下面的水池，“浮岛”忽隐忽现，使得展览中心广场成为该标志性建筑的一幅靓丽风景。

公共空间与广场分析

气派的会展中心前广场在空间上起到承上启下的作用，它标志了中央绿化带的端点，而把所有三层的人流汇集引入展览会议中心进口。

它具有以下各种功能：

—作为气势博大的会议展览中心主入口：

梯形瀑布和沿桥设置的直线形旗杆与各式旗帜强调了其入口功能

—用于集会和庆典：

按需可关掉水源，水面平台可当作座位，面积得以充分利用。

—用于举办音乐会：

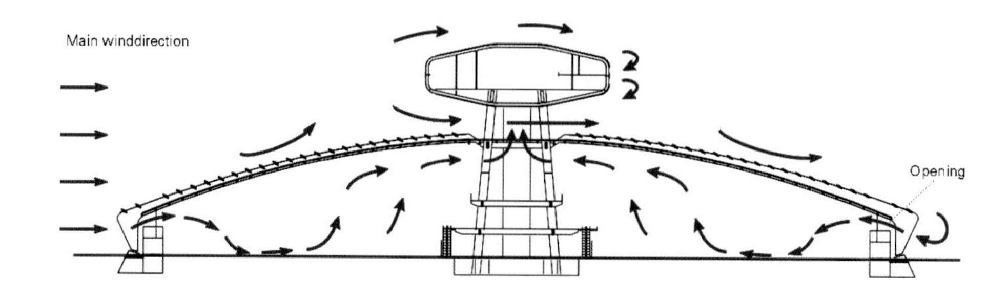

通风空调示意图1

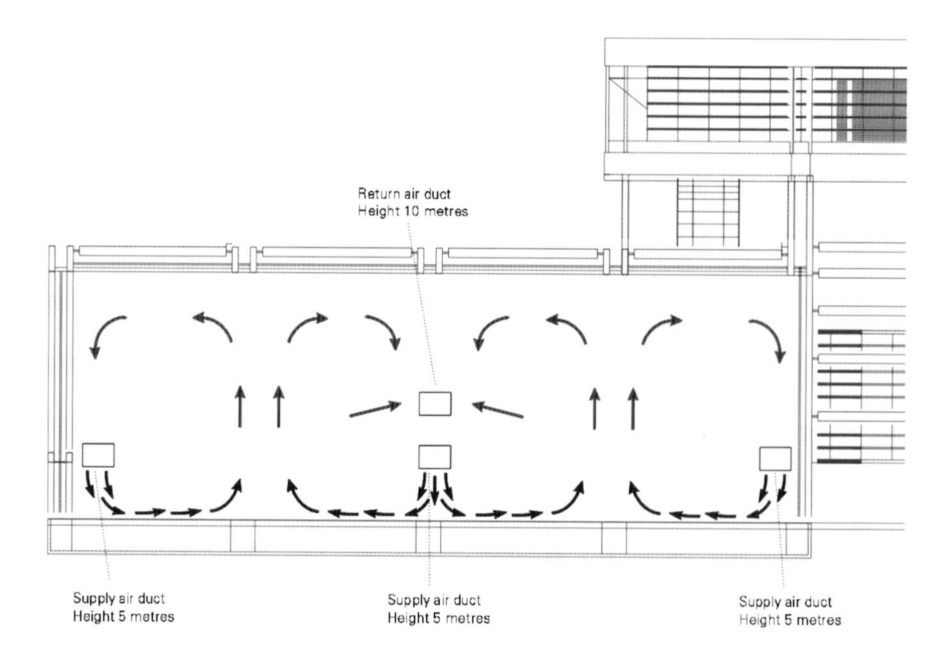

通风空调示意图2

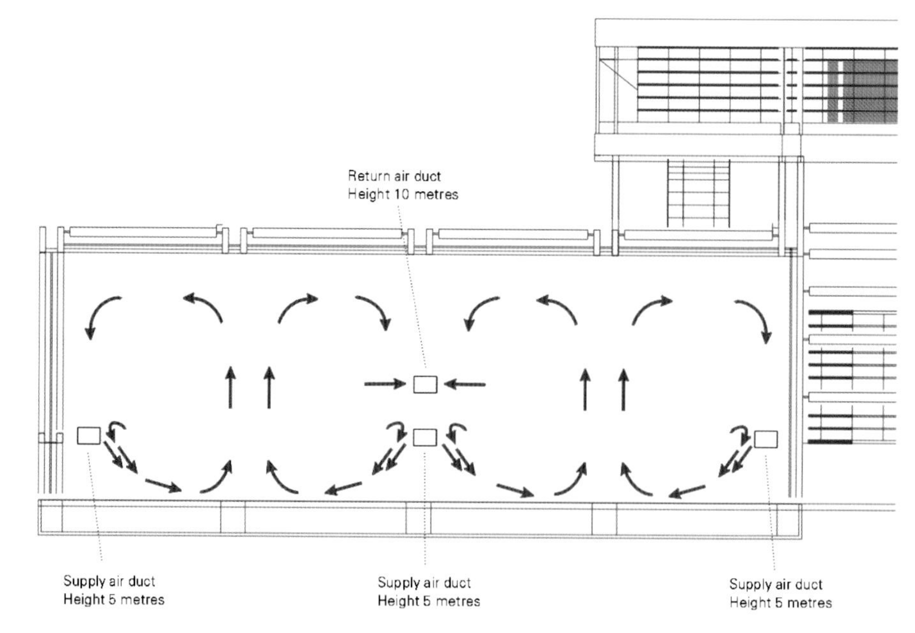

通风空调示意图3

此时可将位于 +2m 的平台层作为舞台，其上的台阶和水面平台作为观众席。

中心区参差的天际线成为自然独特的"舞台背景"。同时，会议展览中心入口仍可被使用，

参观人流可通过坡道和天桥进入入口大厅，必要的车辆运输也不会受到影响。

—用于室外展览：

水面平台可以直接用作展品的展台。

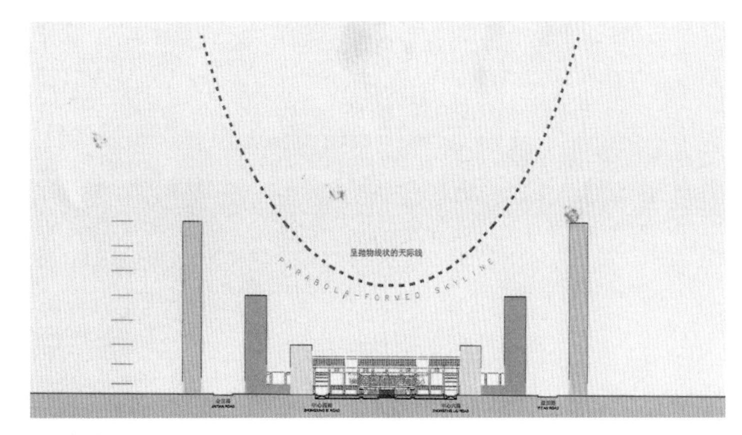

东西向横剖面

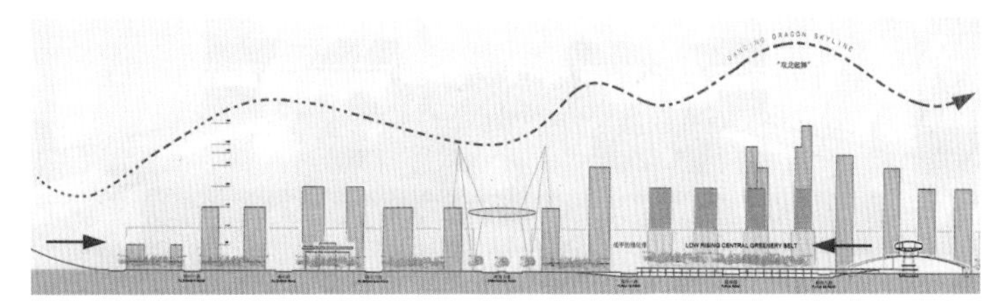

东西向横剖面

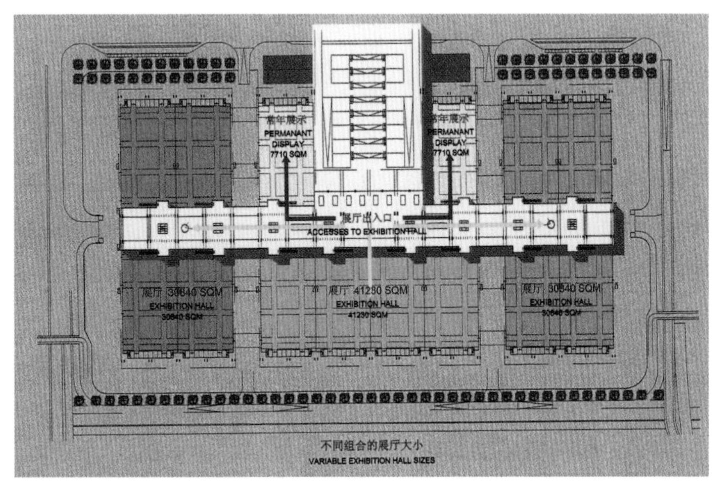

不同组合的展厅大小

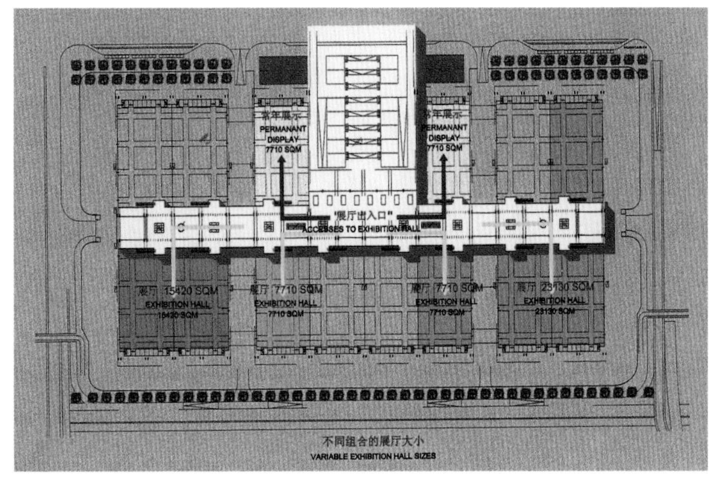

不同组合的展厅大小

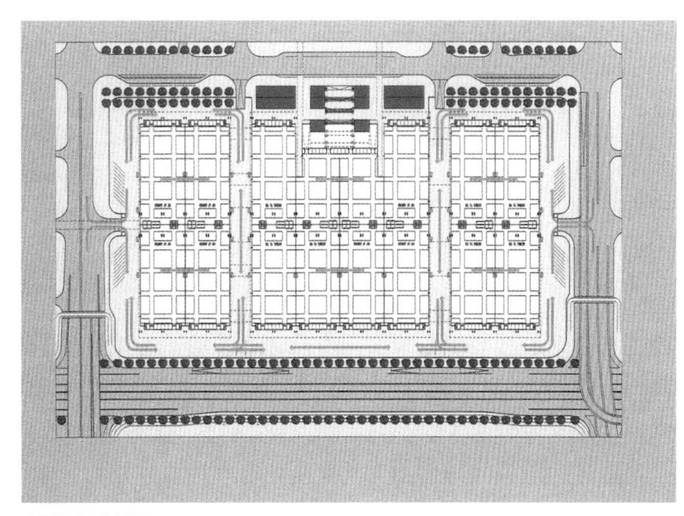

交通组织分析图 1

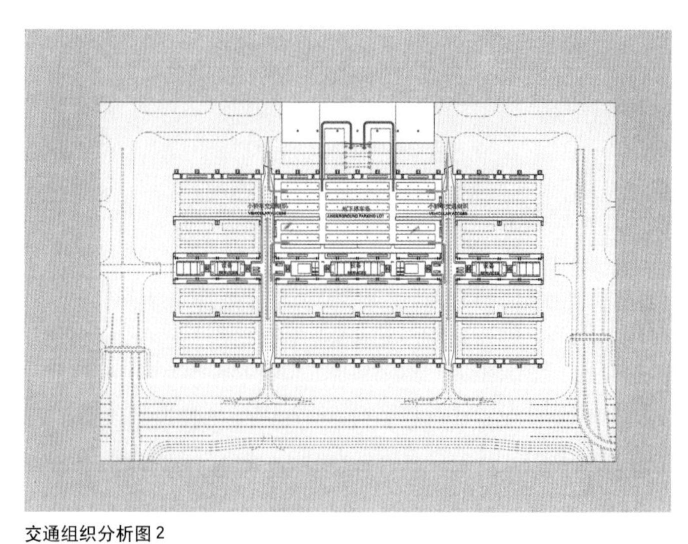

交通组织分析图 2

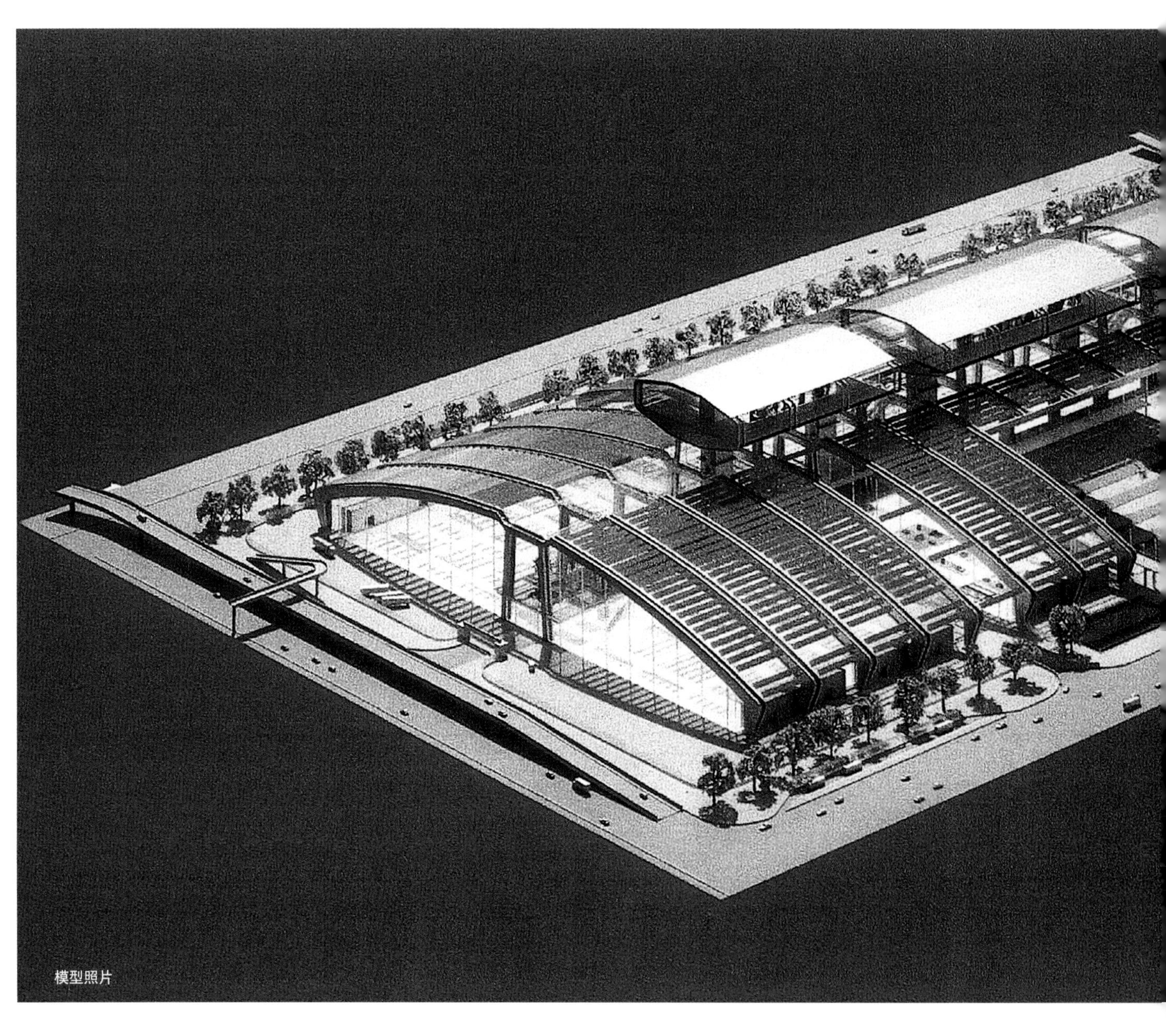

模型照片

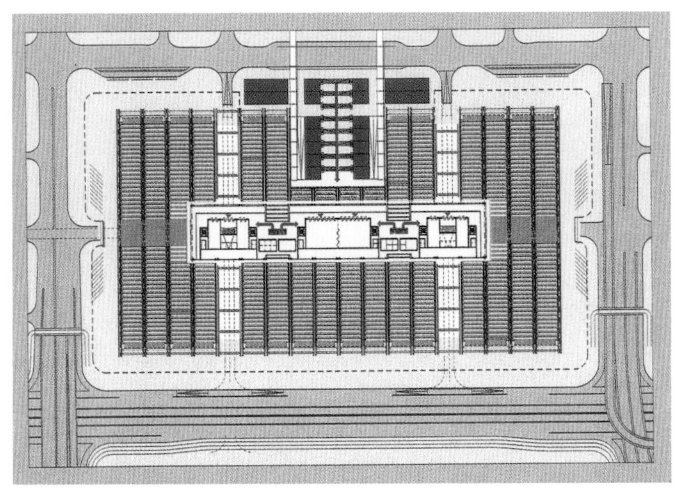
交通组织分析图 3

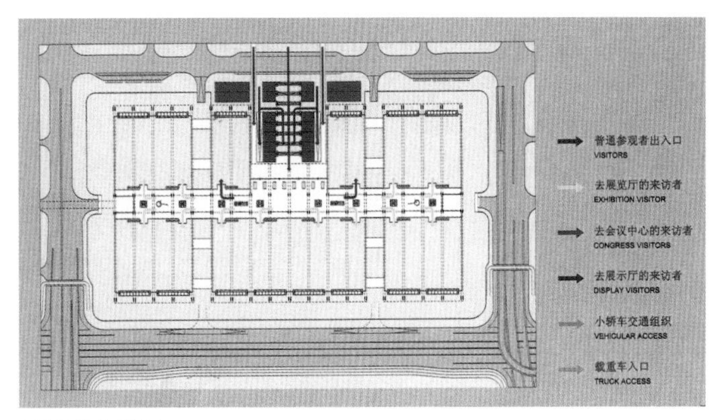

交通组织分析图 4

环境模型照片 1

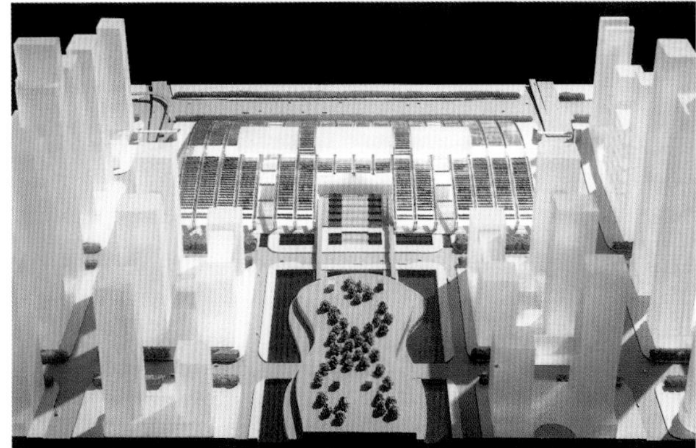
环境模型照片 2

深圳市中心区中轴线交通组织示意图

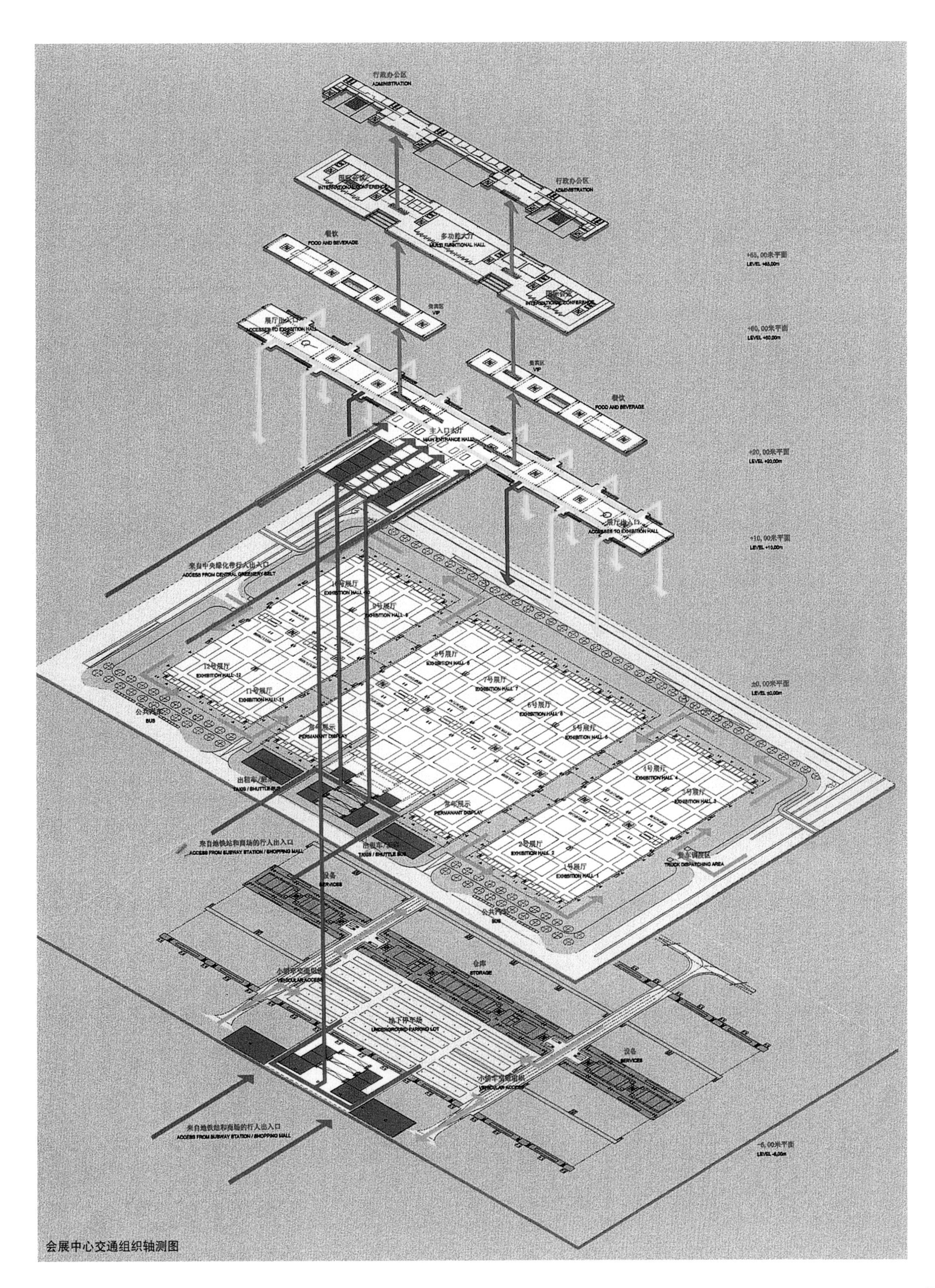

会展中心交通组织轴测图

主入口的透视图

主入口广场多功能使用透视示意图1

主入口广场多功能使用透视示意图2

主入口广场多功能使用透视示意图3

环境鸟瞰图

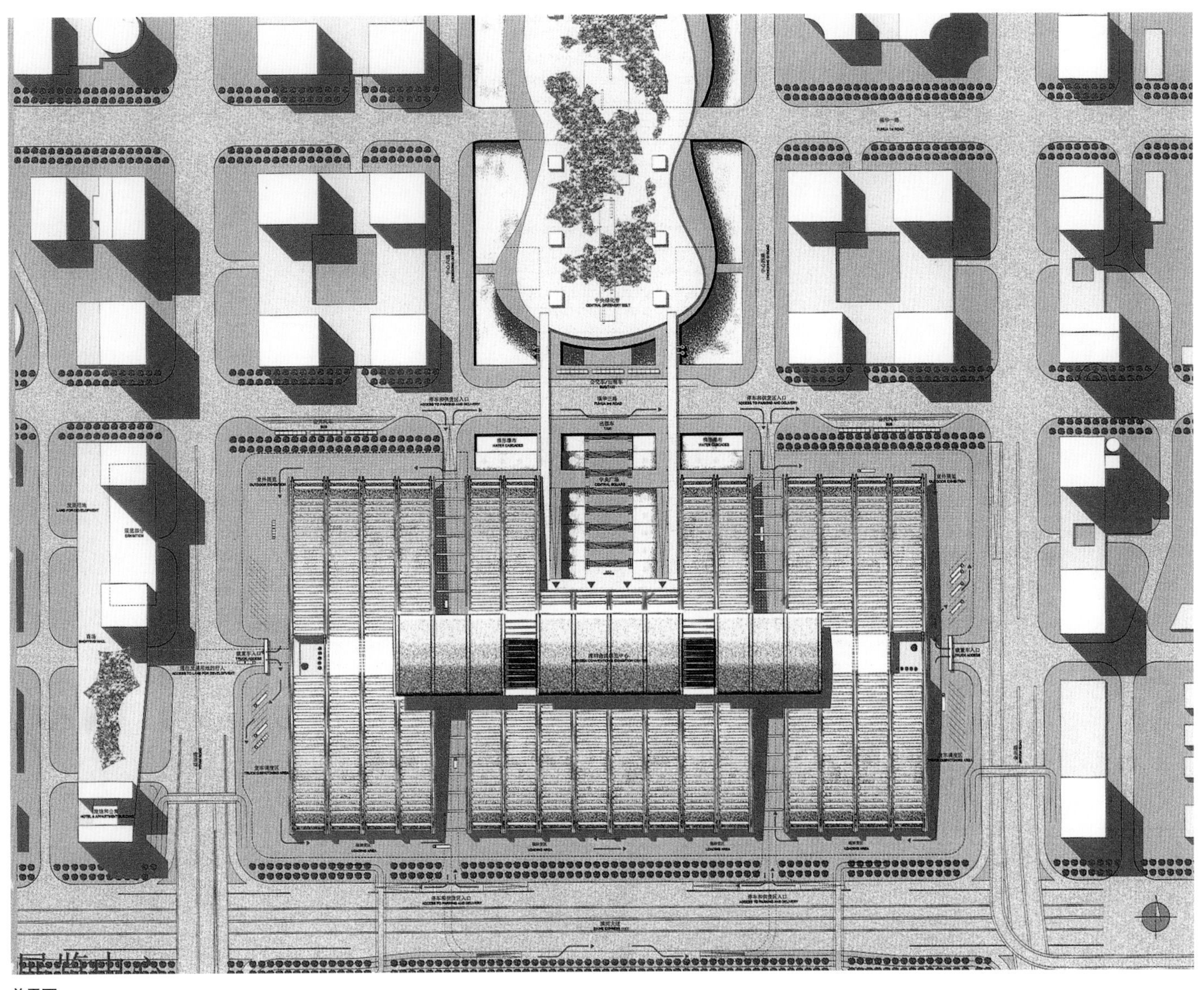

总平面

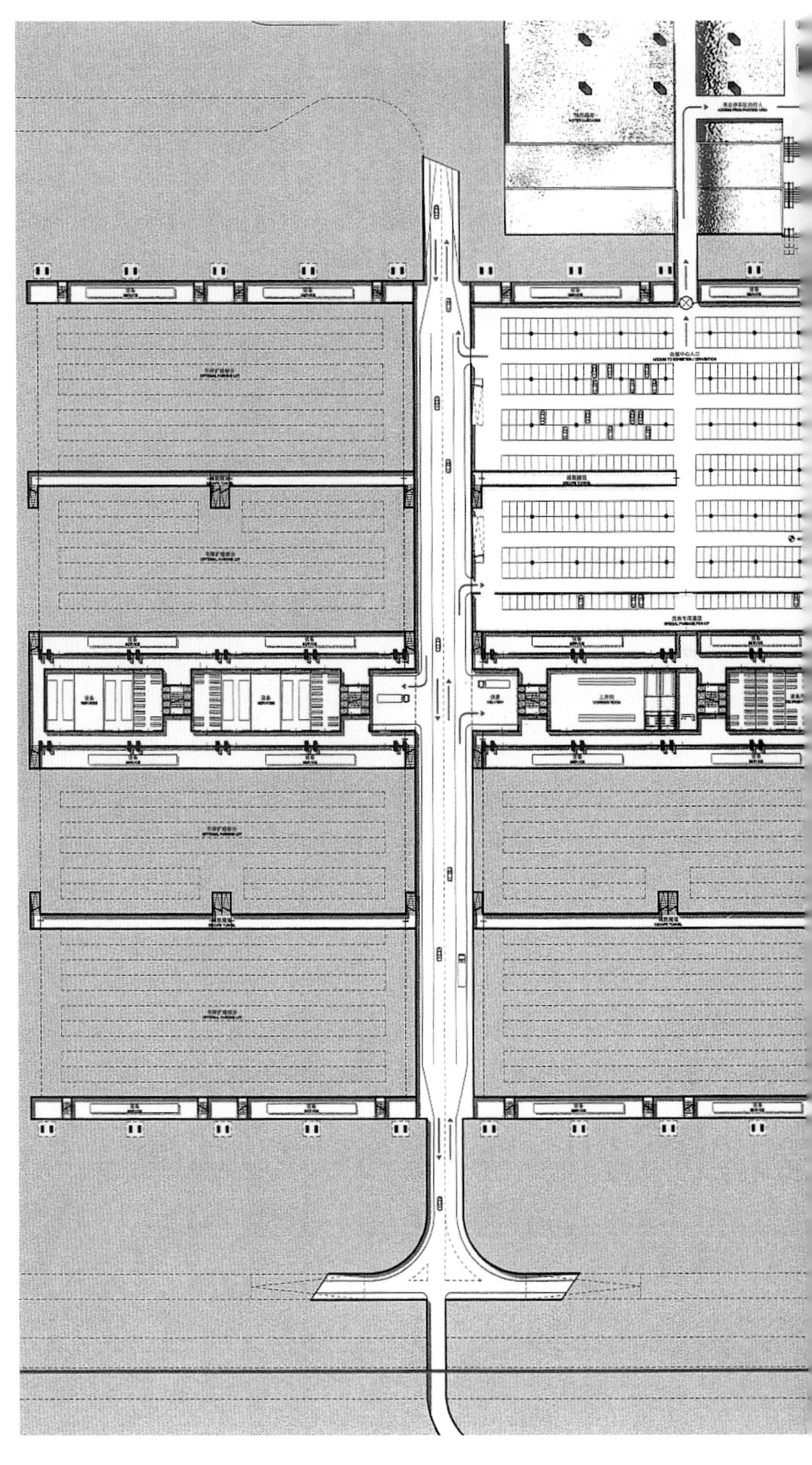

-6.00m地下层平面图

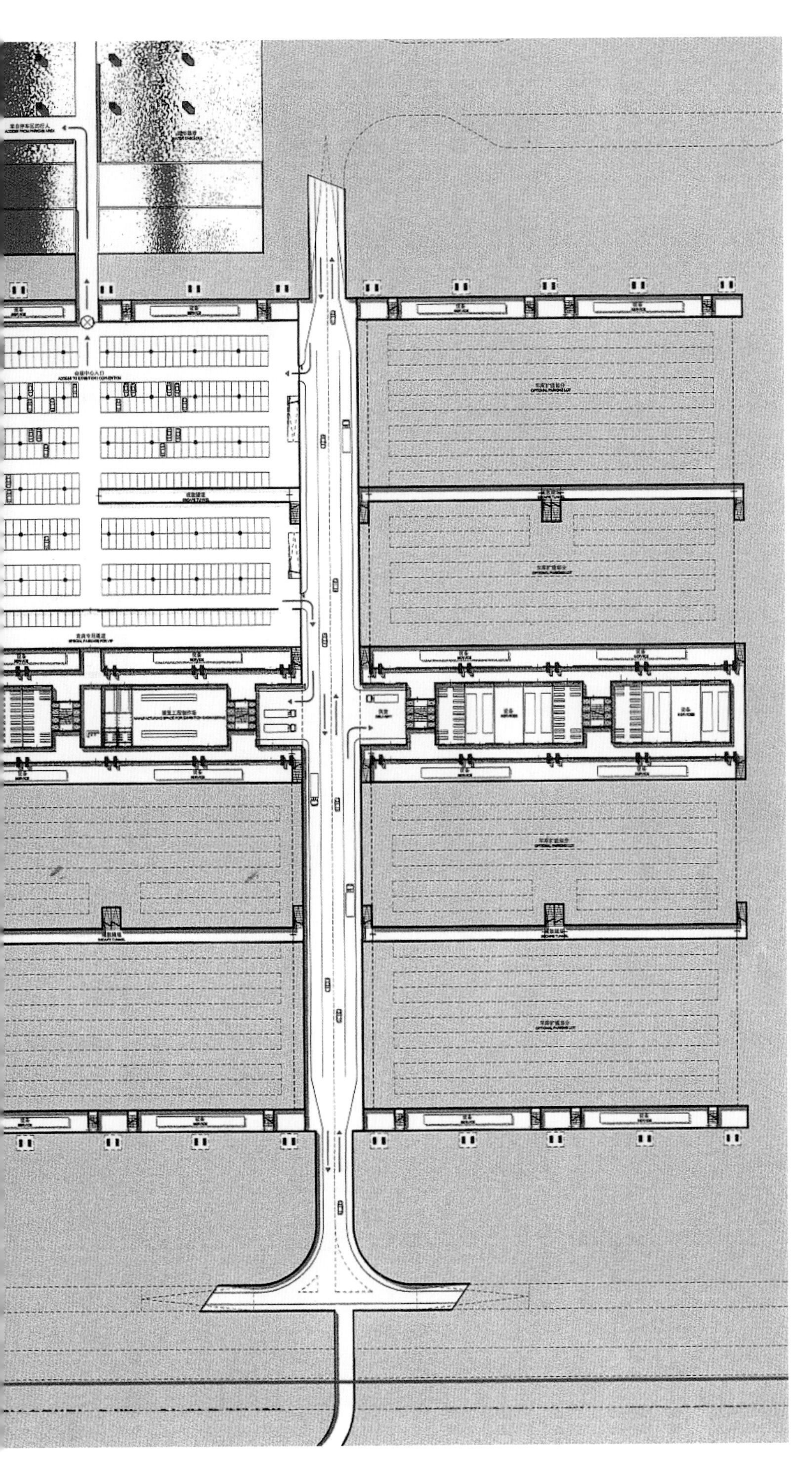

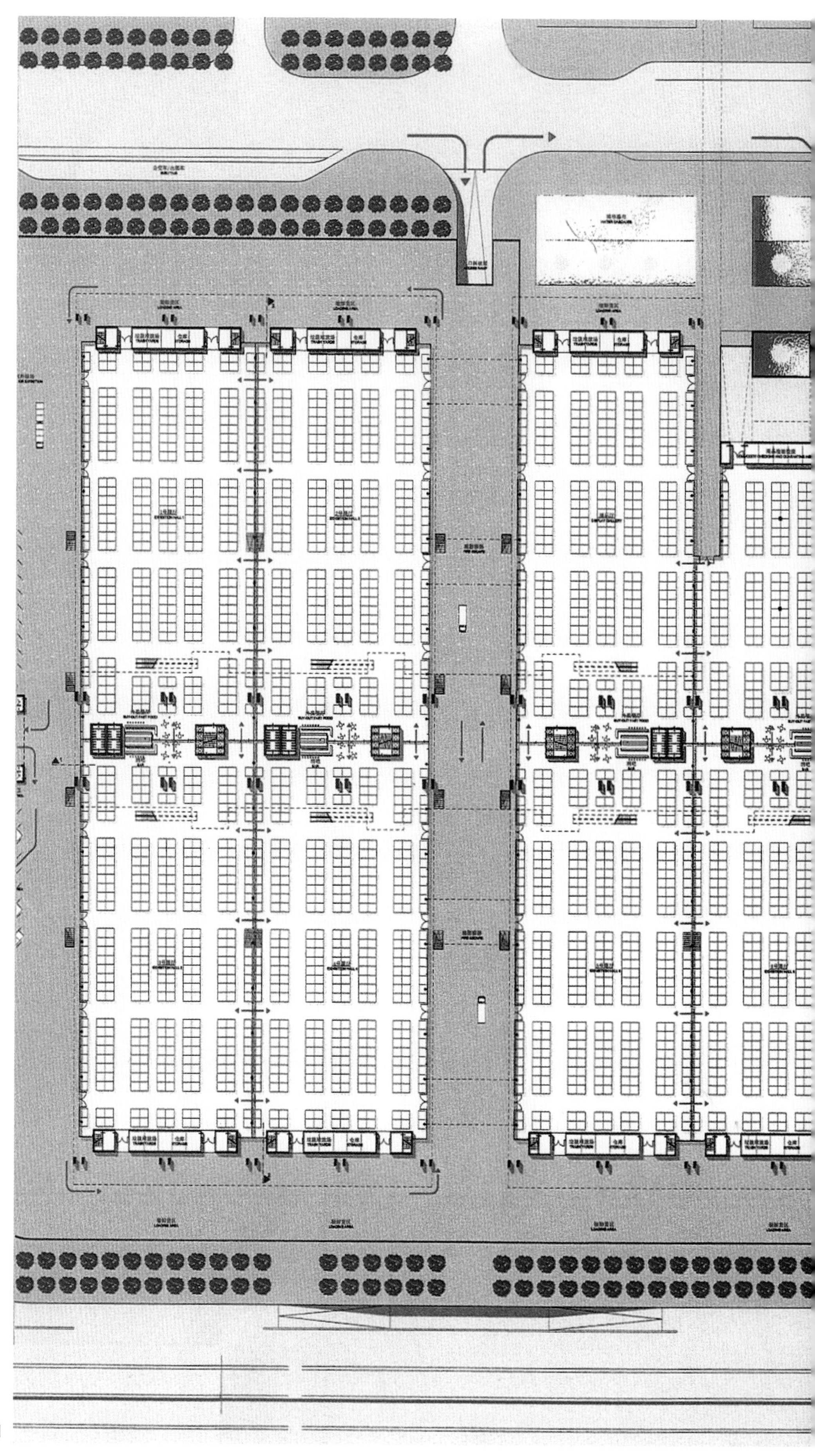

+0.00m 底层展厅平面图

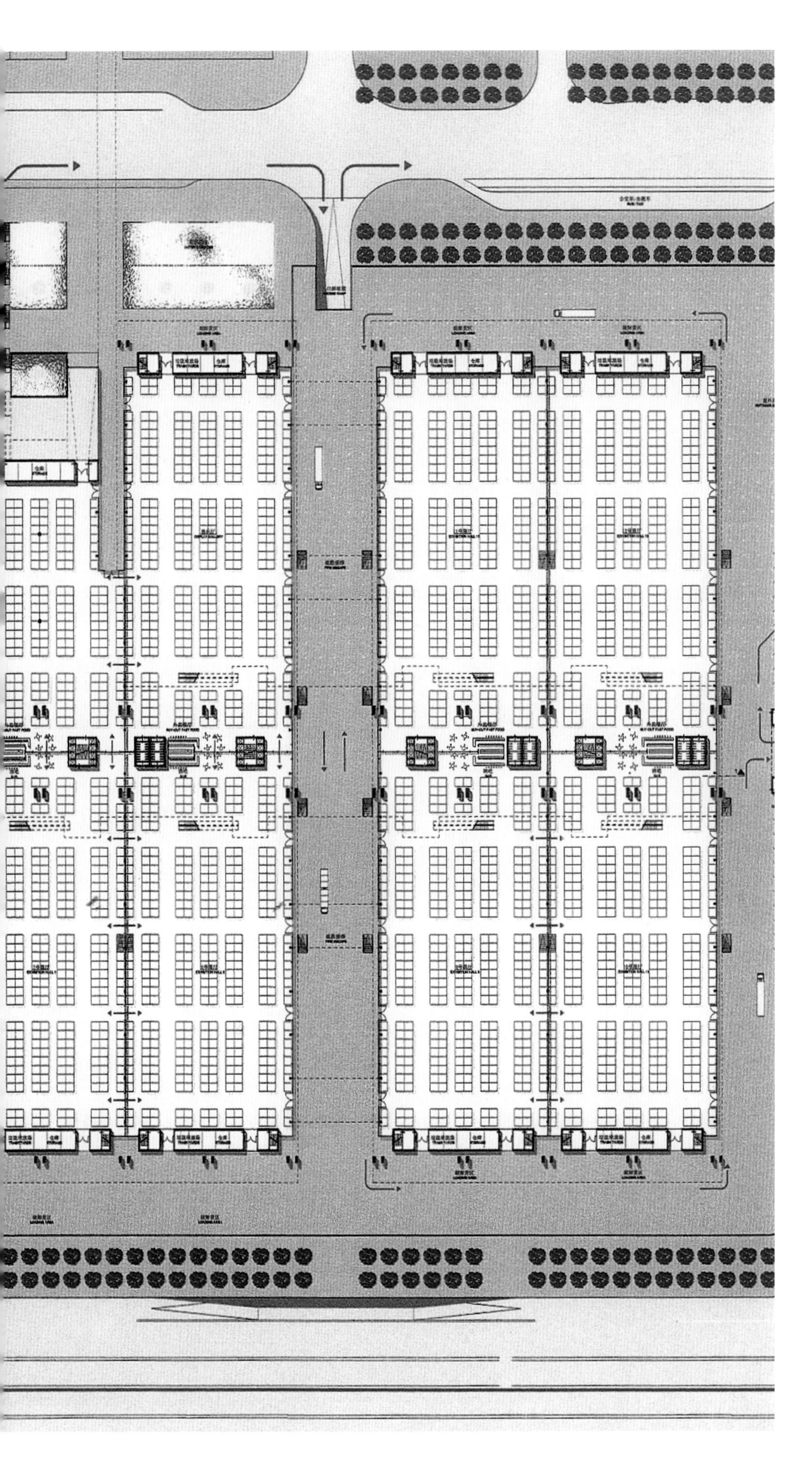

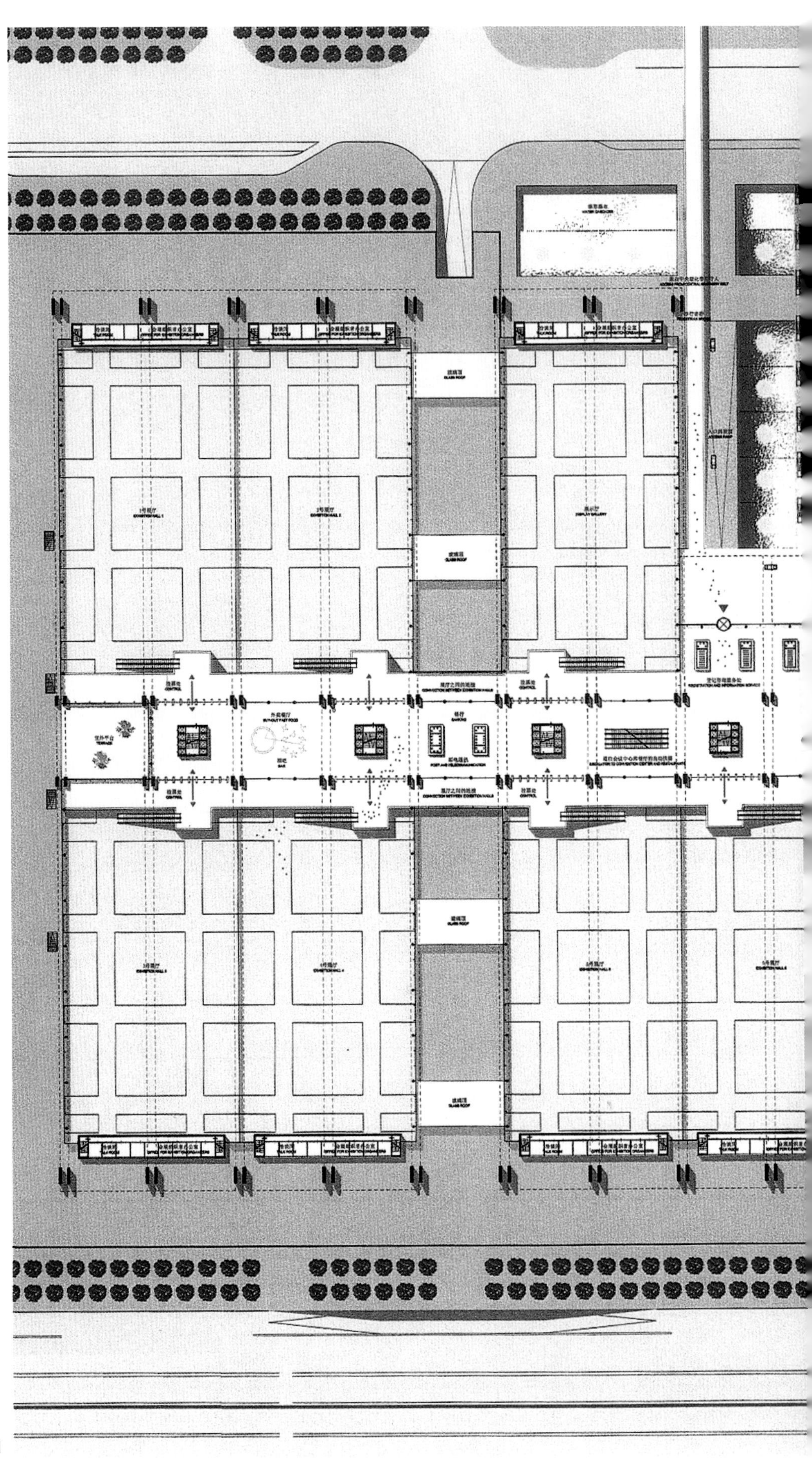

+10.00m入口层平面图

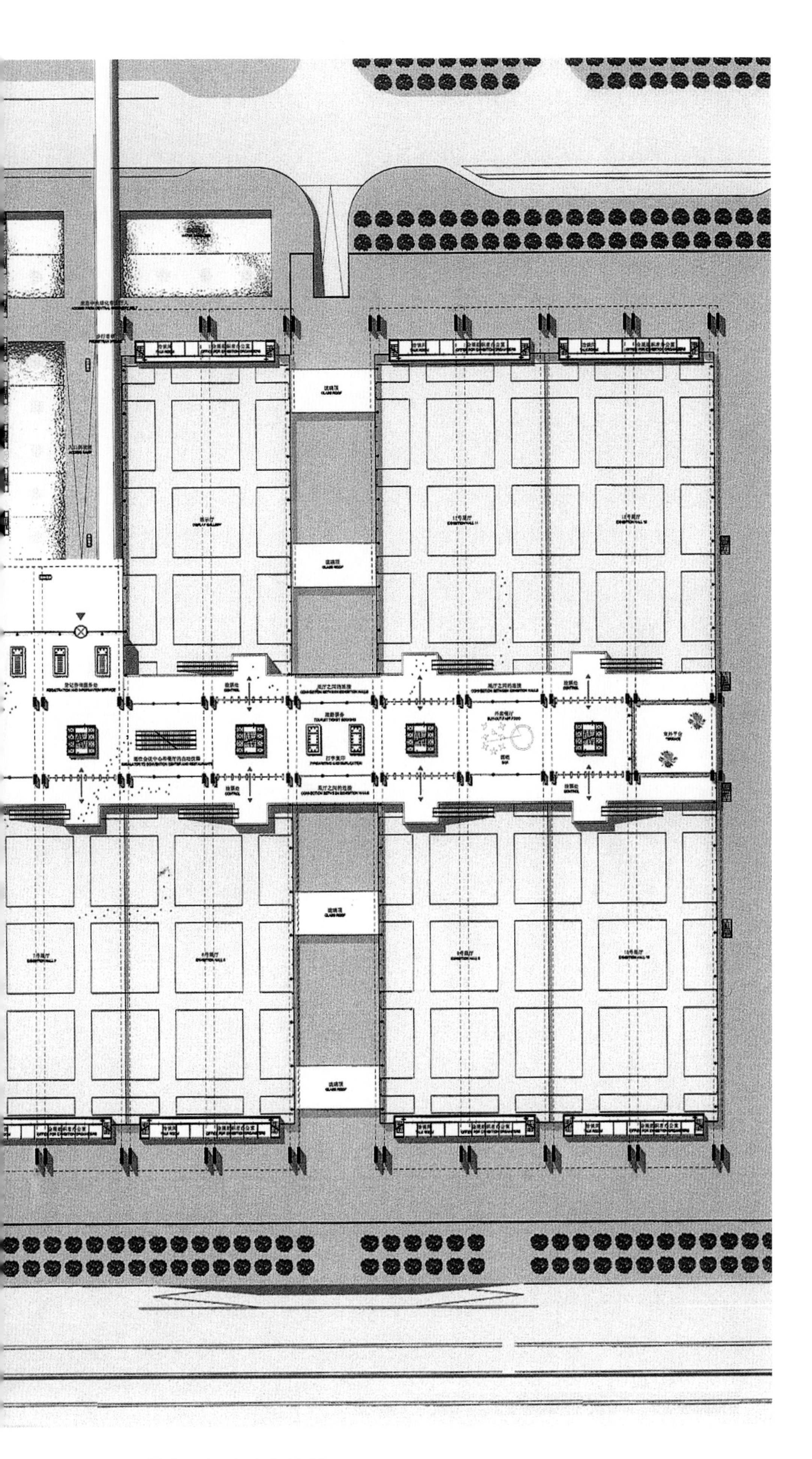

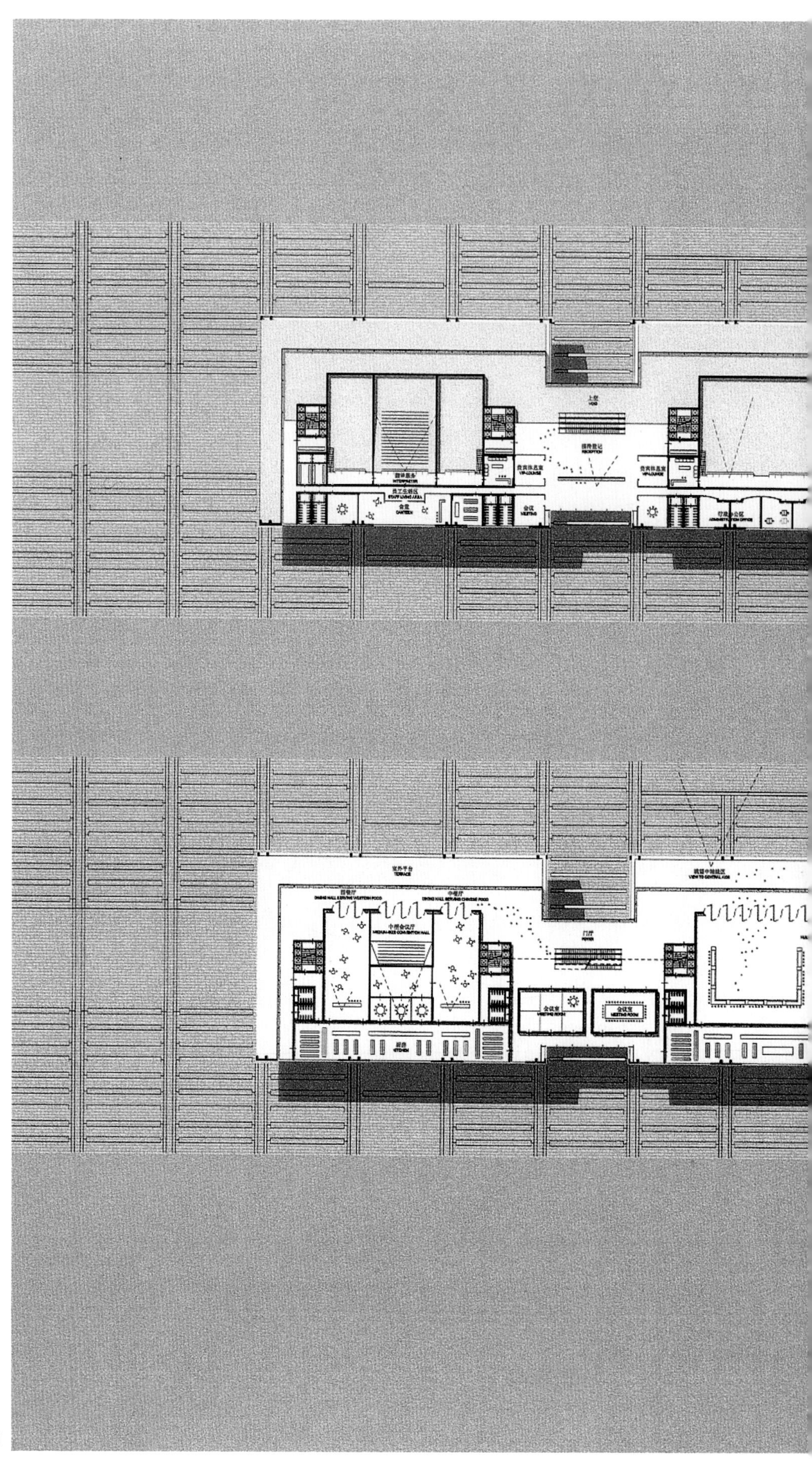

60.00m和65.00m会议中心平面图

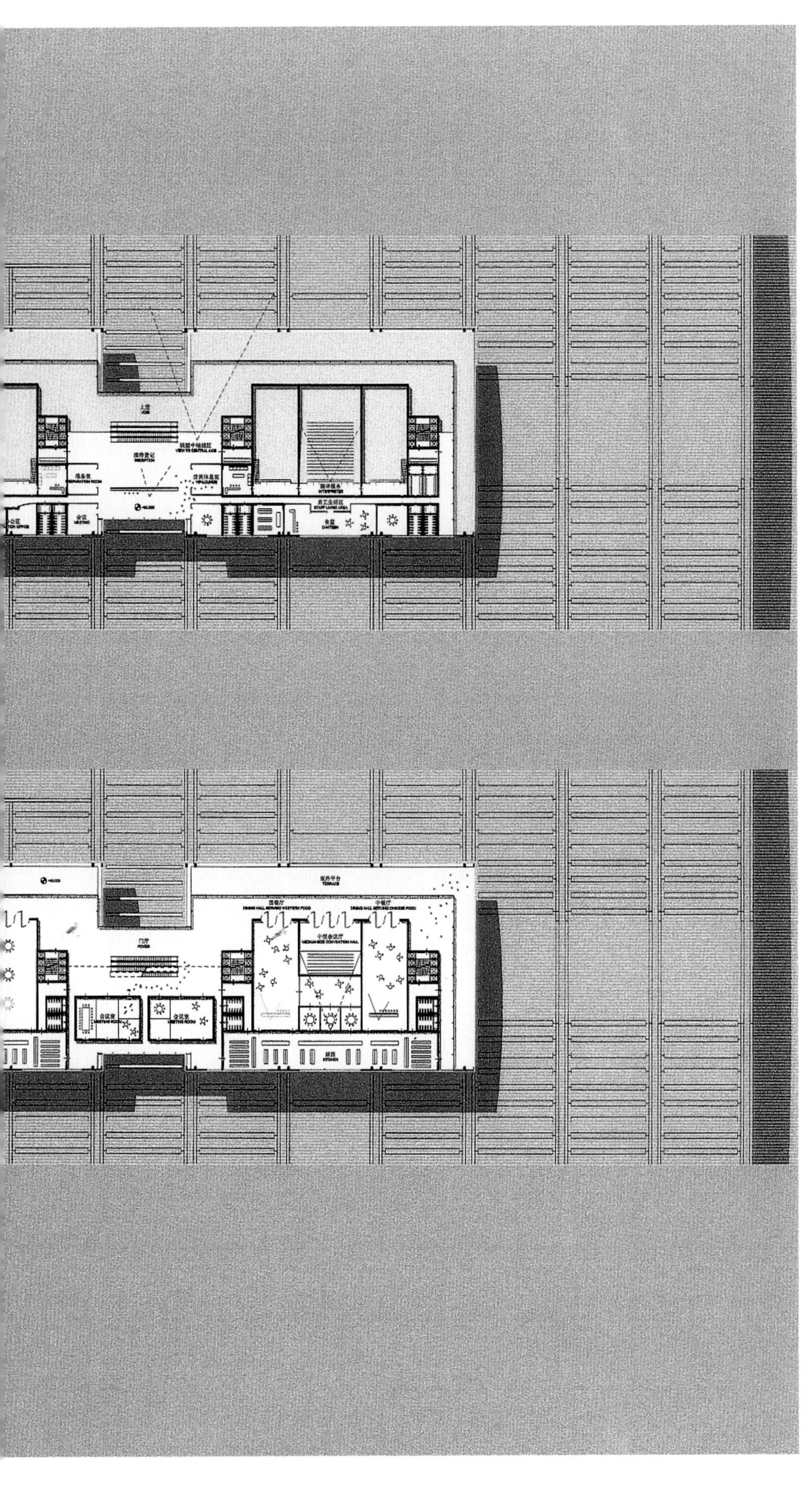
上空
VOID
接待登记
RECEPTION
准备室
PREPARATION ROOM
贵宾休息室
VIP LOUNGE
翻译服务
INTERPRETER
员工生活区
STAFF LIVING AREA
会议
MEETING
食堂
CANTEEN
室外平台
TERRACE
西餐厅
DINING HALL SERVING WESTERN FOOD
中餐厅
DINING HALL SERVING CHINESE FOOD
中型会议厅
MEDIUM-SIZE CONVENTION HALL
门厅
FOYER
会议室
MEETING ROOM
厨房
KITCHEN

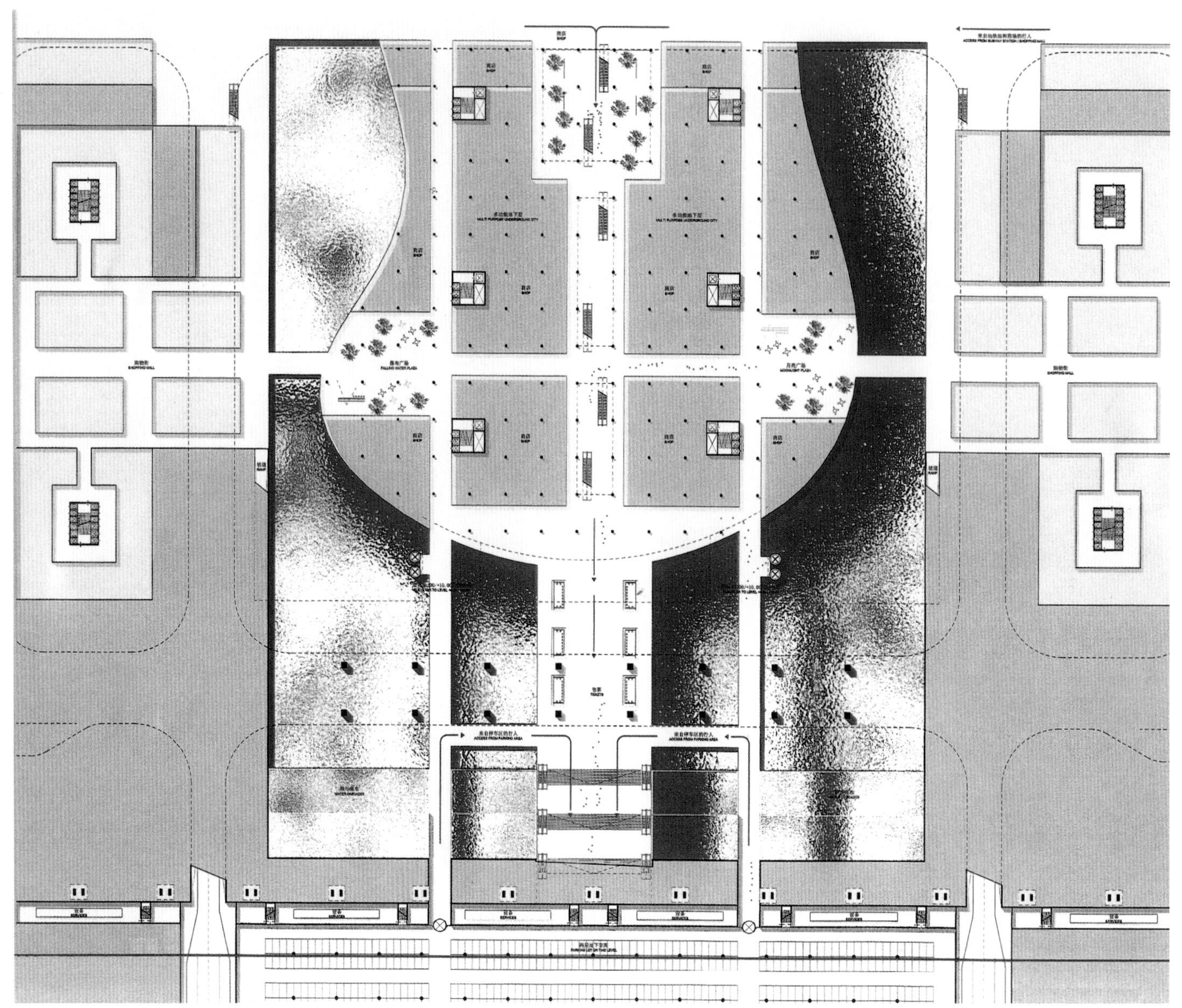

与中央绿化带的衔接设计 -6.00m 平面图

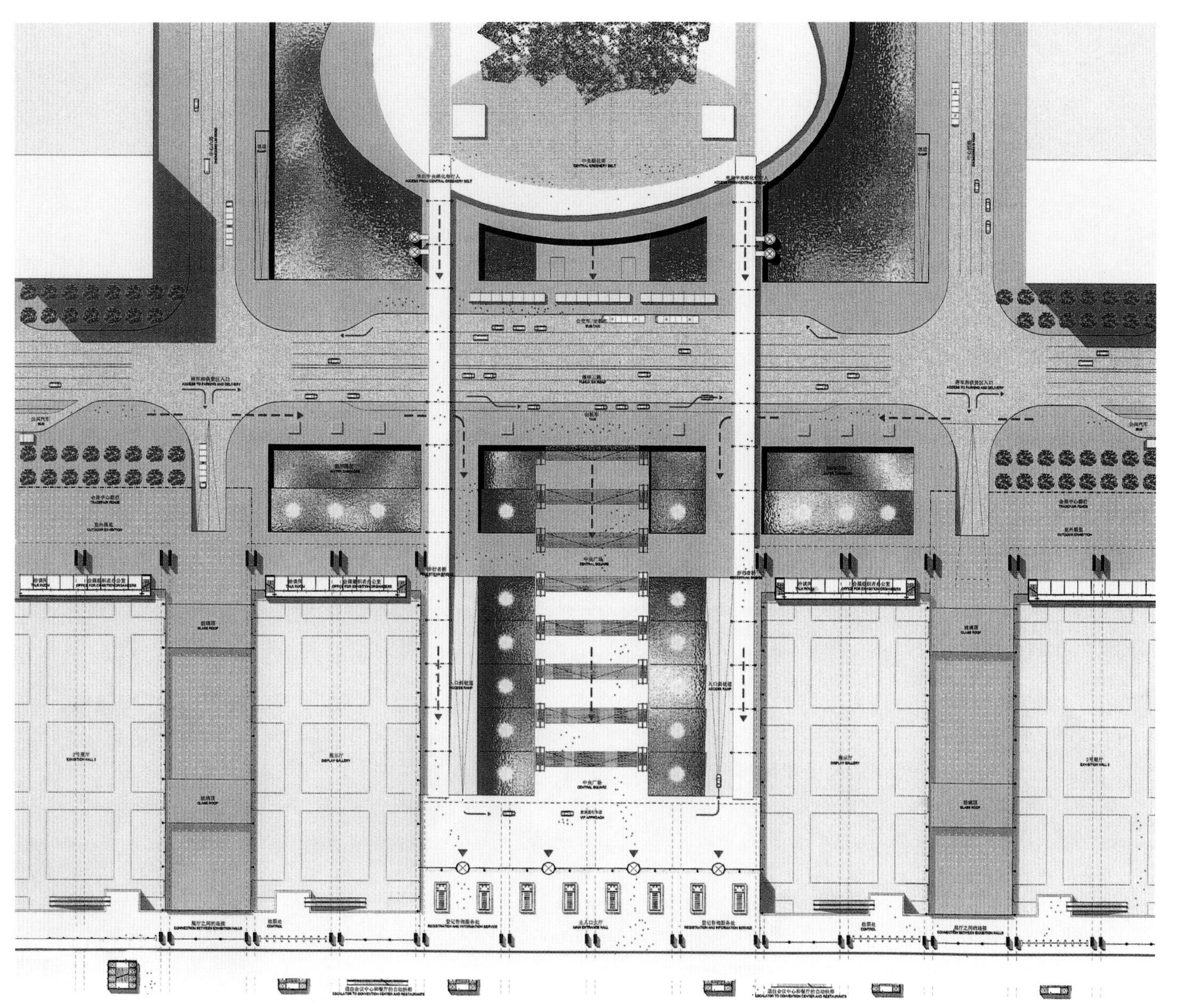

与中央绿化带的街接设计 +10.00m 平面图

北侧模型照片

面积指标

楼层	−2	−1	0.0	+1	+2	+3	+4		面　积
展览区		31 788.00	125 428.00	36 000.00				193 216.00	193 216.00
展览厅			118 331.00					118 331.00	
入口平台层				30 750.00				30 750.00	
设备／服务用房		29 994.00	7 097.00	5 250.00				42 341.00	
要道		1 794.00						1 794.00	
会议中心						18 312.00	8 320.00	26 632.00	26 632.00
会议／费宾区						12 162.00	1 314.00	13 476.00	
办公区							4 578.00	4 578.00	
职工生活区							2 428.00	2 428.00	
餐饮区						6 150.00		6 150.00	
停车区									
地下		26 848.00							26 848.00
建筑总面积(展览区，会议中心，停车区)									246 696.00

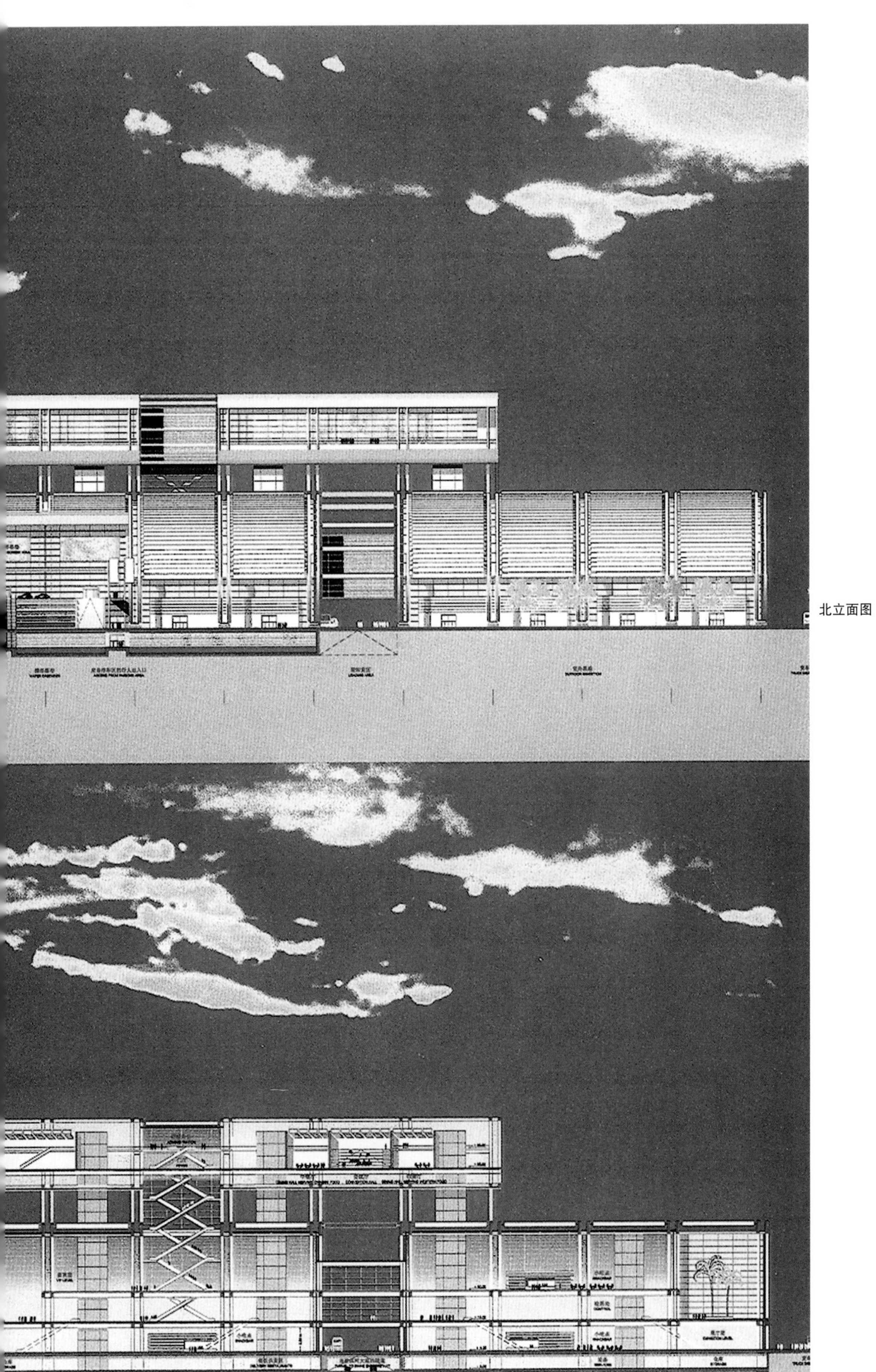

北立面图

剖面图 1–1

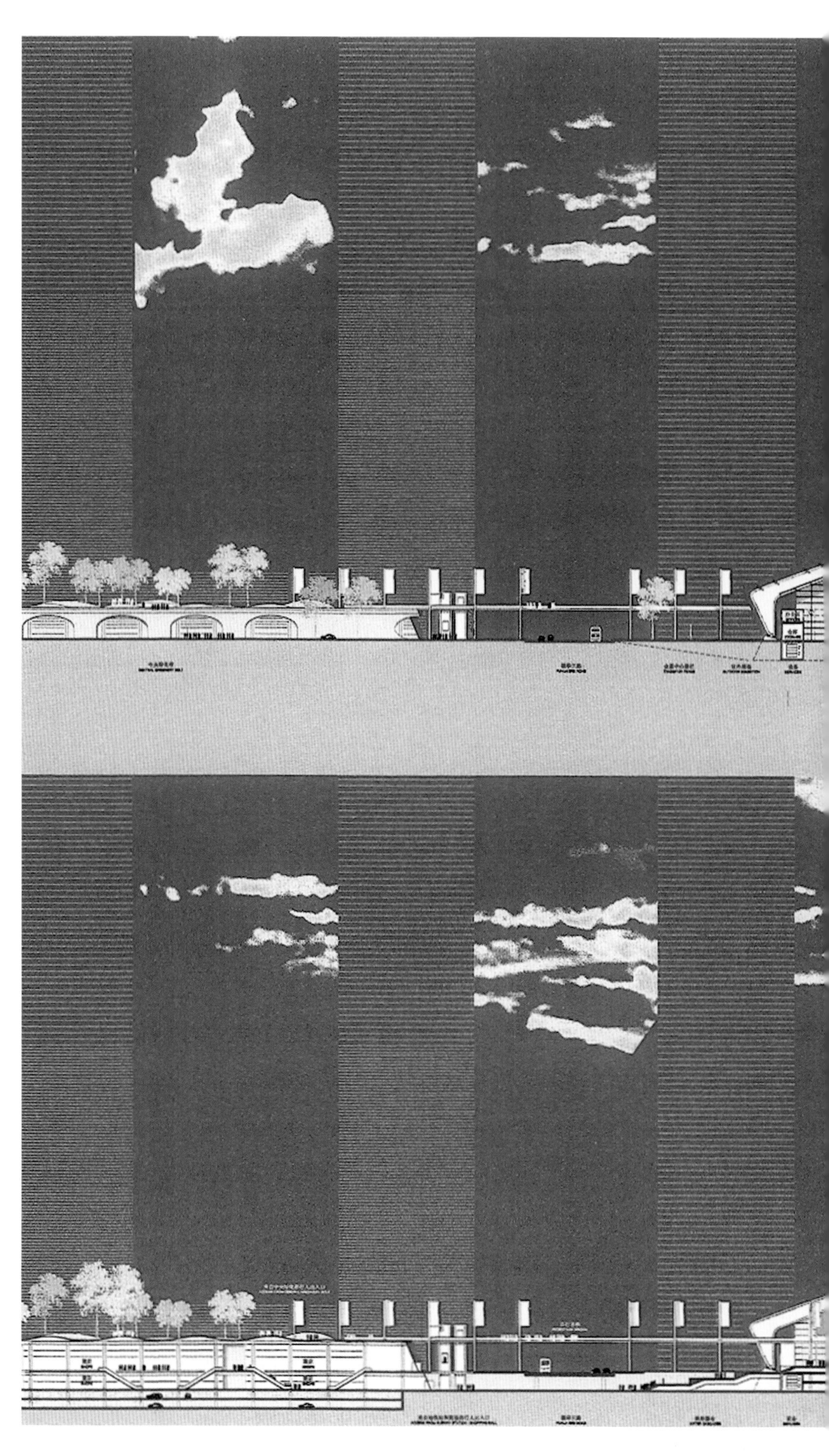

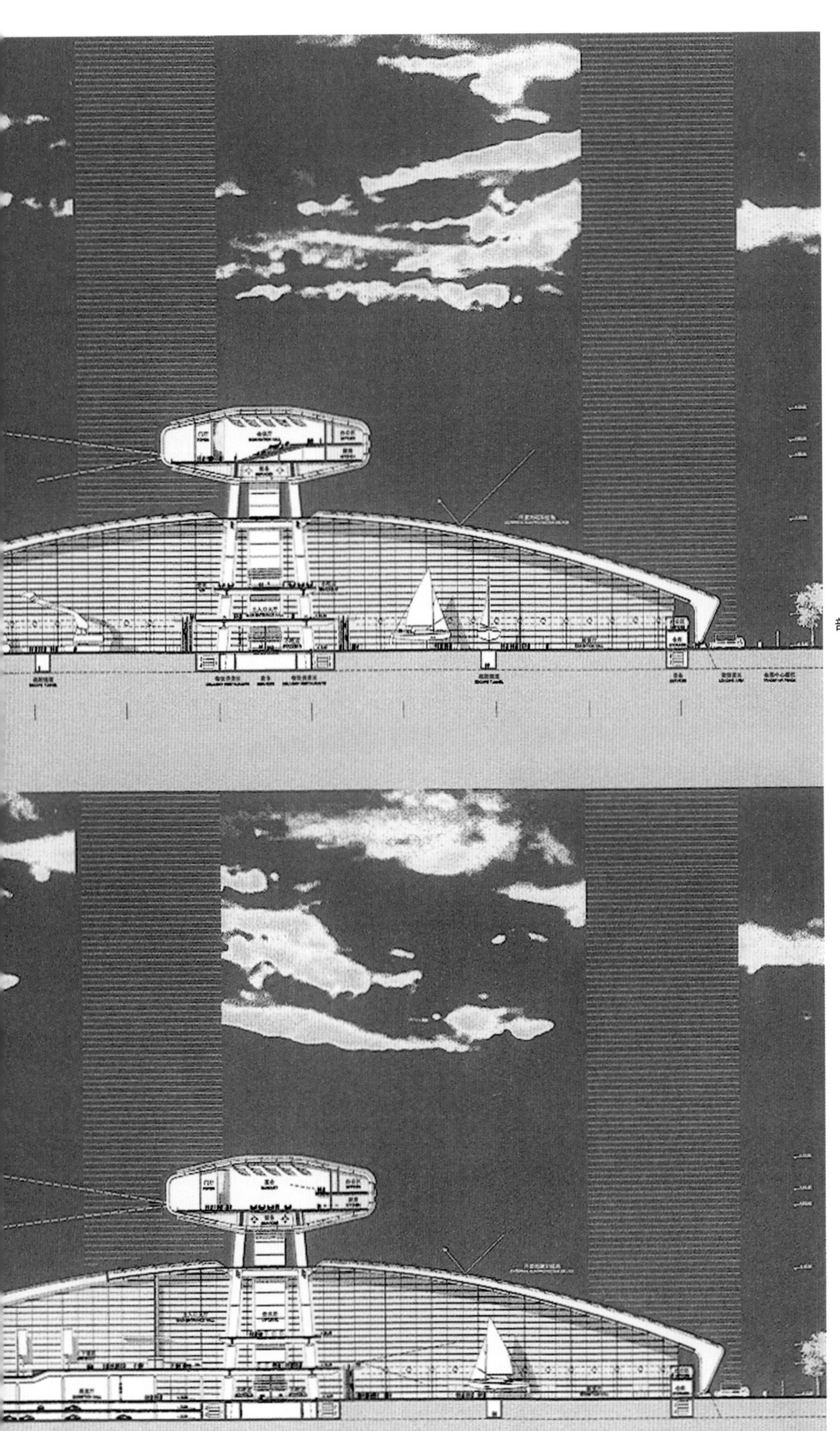

剖面图 2–2

剖面图 3–3

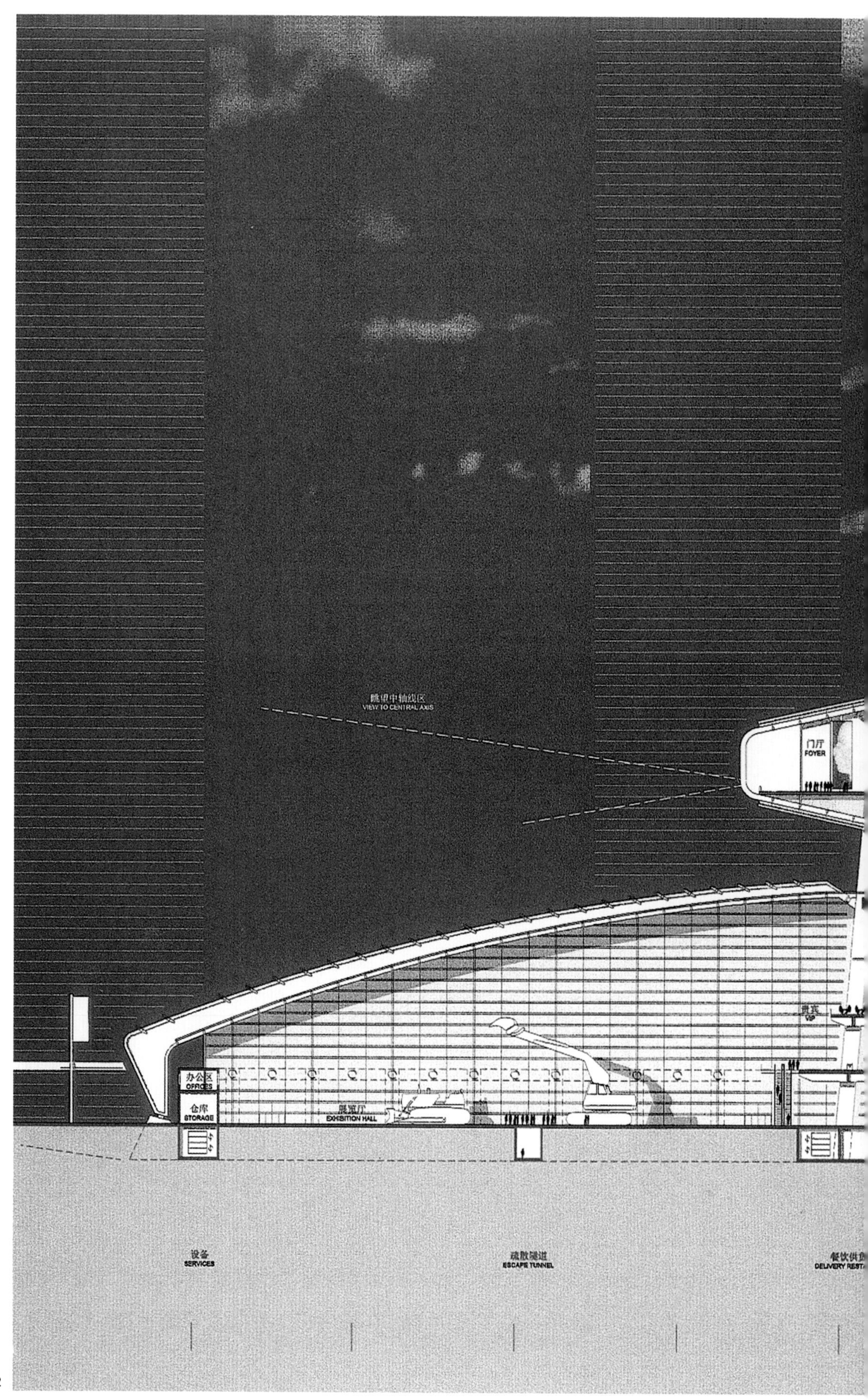
眺望中轴线区
VIEW TO CENTRAL AXIS
门厅
FOYER
贵宾
VIP
办公区
OFFICES
仓库
STORAGE
展览厅
EXHIBITION HALL
设备
SERVICES
疏散隧道
ESCAPE TUNNEL

剖面图 2-2

办公区
OFFICES
厨房
KITCHEN
外置的遮阳措施
EXTERNAL SUN PROTECTIVE DEVICE
小吃点
SNACKBAR
展览厅
EXHIBITION HALL
办公区
OFFICES
仓库
STORAGE
餐饮供货区
疏散隧道
ESCAPE TUNNEL
设备
SERVICES
装卸货区
LOADING AREA

展厅室内空间透视图

展厅室内空间透视图

2.加拿大蔡德勒公司方案

深圳会义展览中心设计构思

深圳会议展览中心势必在深圳向国际都市发展过程中扮演突出的角色，其优美独特的建筑形象将为这个重要的城市创造一个崭新的标志。

设计构思的灵感来源于蝴蝶，蝴蝶的双翅甚至它的一对触角都在建筑造型中得到表达。蝴蝶的优美和机灵启发了建筑师对这个综合体的意义和功能的理解。

在会展中心的中部，起伏流畅的屋顶在中央大厅上空戏剧性地上升到60m，清晰地表达了入口。它从各个方向，包括滨河大道，都可以看到。同时整体造型与位于深圳中心公园的另一端的市民中心遥相呼应。壮丽的中央大厅上方的戏剧化的屋顶将用卡沃屋面板覆盖。这种独特的半透明屋面结构使大厅沉浸在柔和优美的光线下，同时其特有的光学性能使大厅免受可能过强的日照和亚热带的过热。屋顶在与展厅的交接处降至30m。

旗帜

会展中心两旁的200面旗帜为戏剧性的空间增加了一组特征符号。

建筑材料

展览大厅的屋顶和外墙上部均为莱茵锌板，下部为绿色玻璃和预制石块，从而与深圳市中心的主要现有建筑相协调。

交通与流线组织

参观人流的组织清晰明了。主要人流来自北面，他们可以在三个不同的层面(地面层，地下层及上层)进入建筑的核心位置。

设计构思的灵感来源于蝴蝶

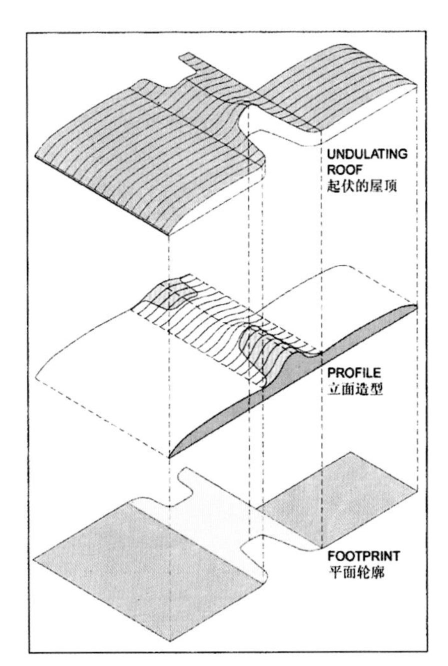

建筑体型分析图

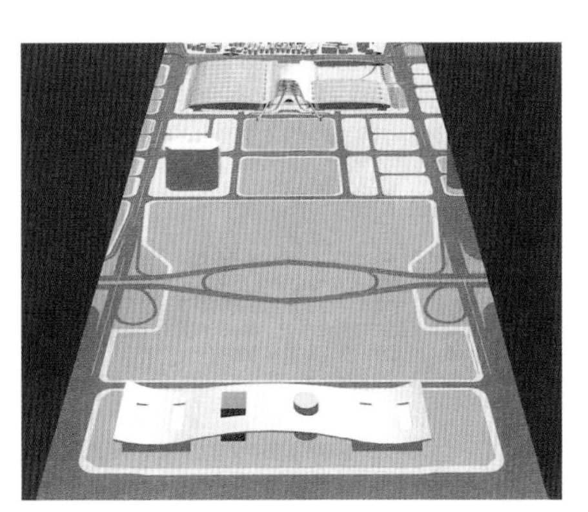

整体造型与市民中心遥相呼应

中央大厅，从这里观众可便捷地到达所有展览会议设施。乘公共汽车来的观众从南面进入，在大厅里与北面来的人流汇合。乘小汽车来的观众由4号和5号路进入地下层，经饮食园乘自动扶梯到达大厅。货运车辆从东西两个方向到达。食品货运从南面地下层进入。展览及会议设施环绕中心大厅布置。中央大厅是这个综合体的唯一核心，集功能与审美的高潮于一体。

在设计总体布局中，尽量将展览面积安排在地面层。也就是说，60 000m² 的单层展览厅，20 000m² 的展览厅及10 000m² 的展示厅都布置在地面层。另一个30 000m² 的展览厅位于第二层。地面层的三个展厅的组织自然形成中央大厅及其他辅助用房。这种布局也使小展览厅的后面有一块完整的面积作为室外展览区。观众可从中央大厅方便地进入室外展览区，它可以从南面的滨河大道看到。

地面层(±0.0m标高)

两侧展厅之间的中心广场延续了北面的城市中心开放空间。正是从这个开放的公共空间的边缘，弧形的玻璃外墙和起伏的屋顶缓缓升起，直至中央大厅的中部。广场的中心是一个玻璃结构，它和地下的饮食园相连。面向广场的电子屏幕向公众预告中心的各种活动。玻璃结构的前面是一个反射水面，其玻璃底板将光线引入地下的饮食园同时与电子屏幕相映成趣。玻璃结构的背面有类似的电子显示屏幕将信息传达到中央大厅和饮食园。

中心广场适合于举行与会议中心有关的各种活动。观众可以漫步其中，欣赏水景，从电子屏幕上获取信息并观看大厅和地下饮食区的活动。它也能满足展览中心的重大庆祝活动的需要。

观众可以从这个广场进入中央大厅和两旁的长廊。四组由楼梯、自动扶梯和电梯组成的垂直通道从大厅通向地下饮食园，以及停车场的出入口。东南侧有类似的通道将人流引向上层走廊和各餐厅。而西侧的通道通向上层的展览厅。沿大厅东西两侧布置了通向各个展厅的入口和其他辅助用房。南侧是会议中心的两个分别为800座和600座的会议厅、贵宾室。

人们穿过一个前厅便可进入能容纳3 000人的多功能大厅。各种辅助空间布置在这些设施的附近。会议中心的西部是40间会议室，它们可以由2间、4间或6间重新组合成不同大小的空间，以满足不同的需要。它们也可以用作办公室。

起伏流畅的屋顶在戏居性地升高

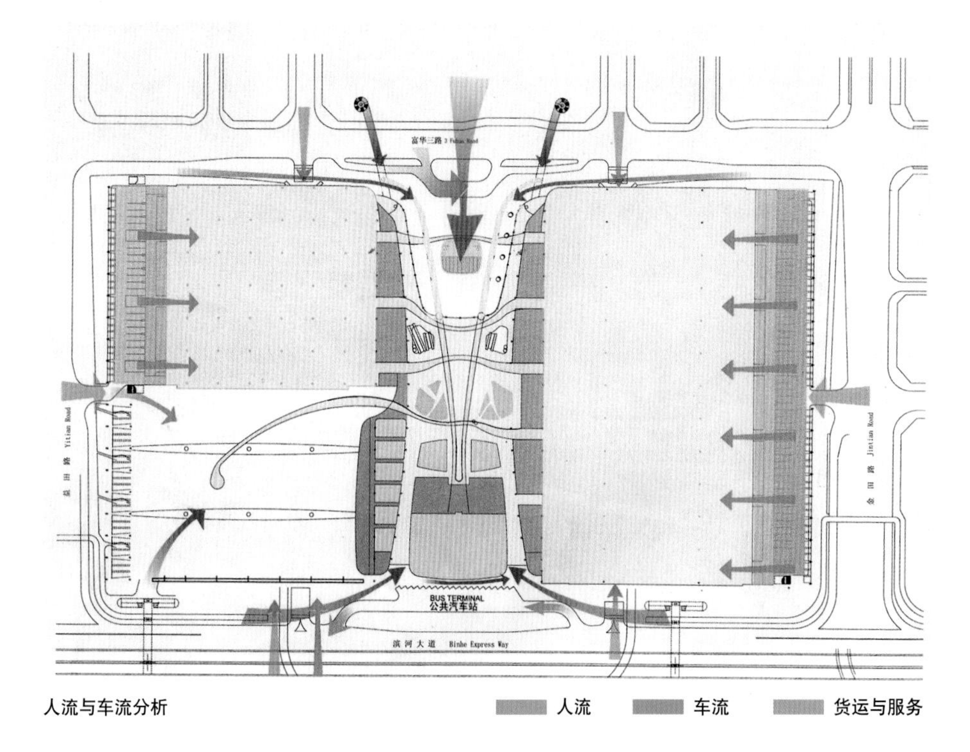

人流与车流分析　　人流　车流　货运与服务

中央大厅将会展中心各种活动联系在一起，形成一个充满魅力的空间。半透明的起伏连绵的屋顶把天然光引入室内，又避免了有害的太阳辐射，为观众提供了一个高效而宜人的空间。作为建筑的外围护材料，卡沃(Kallwall)屋面板具有良好的光学性能和使用寿命。它的光透过率可以降低到3%，散射的光线将形成一种柔和宜人的视觉环境。在白天不需要背景照明，因而也降低制冷能耗。室内紫外线强度只有0.10，低于同样气候下用不透明屋顶覆盖的建筑。

中央大厅宽敞的空间将可用于举行特别活动。生动的室内庭院，通向地下层的宽阔的楼梯井为大厅平添了活力，更使空间在视觉上符合人的尺度。在地板上利用光学纤维组成的光带构成生动活泼的图案，并由此将观众引入各展厅的入口。

地下层(-6.0m标高)

由于和城市主要地下商业街，地铁金田站(将改称会展中心站)以及地下停车场联成一体，地下层充满了活力。

地下层的中部是通向上述设施的枢纽，这里的饮食园可供1万人同时用餐。北面与市中心地下商业街相连，商业街的东部便是地铁站。来自北面的人流由两侧的自动扶梯直接引向上面的中央大厅。东南西三面是围绕着中部就餐区的快餐柜台。就餐区中心的大型采光井建立了饮食园与上面广场之间的视觉联系。而南部的两组垂直通道及宽阔的楼梯井使饮食园与中央大厅的中心在交通和视觉上有紧密的联系。柔和的绿色庭院把这个空间划分得轻松宜人。

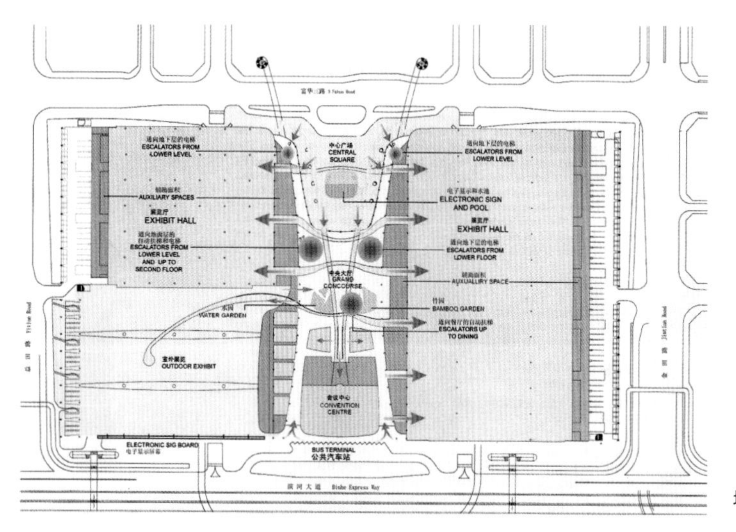

地面层的交通组织

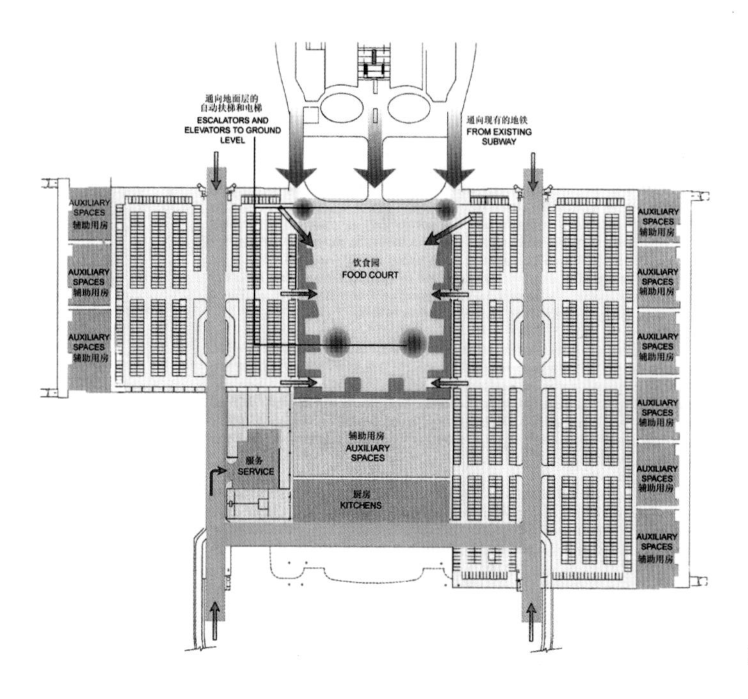

地下层的交通组织

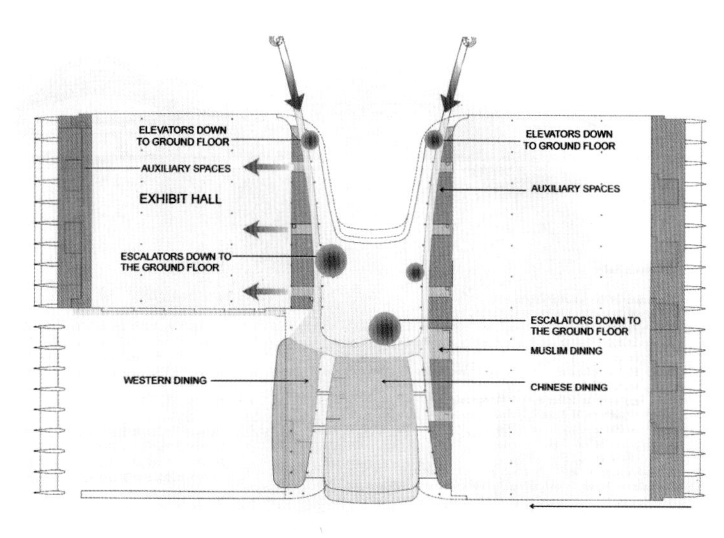

第二层的交通组织

饮食园的南面是服务于本中心所有饮食的初级加工厨房，以及食品卸货区。

夹层(+6.0m 标高)

参展单位的办公室及行政管理办公室都布置在这一层。这样使工作人员与中心各部分有方便的联系，同时避免了与参观人流的交叉干扰。这一层的其他面积作为设备用房。

第二层(+12.0m 标高)

在第二层有一个连续走廊环绕着中央大厅的三面。东南和西北两组由自动扶梯、楼梯和电梯组成的主要垂直通道把它和地面层的大厅联系起来。

东南通道将人流引向各餐厅。位于中部的中餐厅，可供2 000人同时就餐。它也可以根据需要灵活地分割成不同大小的空间，适合于1 000人，500人，300人，200人，100人或50人用餐。现加工和服务厨房位于餐厅南面，通过货运电梯与地下层的初加工厨房相连。西餐厅位于西侧，可供1 000人就餐，也可以根据需要分隔成三个小厅。位于南面的服务厨房也有货运电梯与地下层的初加工厨房相连接。100座的穆斯林餐厅布置在东面，并设有专用厨房。

西北通道把观众从大厅直接引到30 000m²的二层展览厅。与地面层的各大展览厅一样，这个展厅也有自己的辅助用房。

沿东侧走廊布置了邮局、银行、海关、复印等综合服务设施。

顶层花园(17.0m 标高)

围绕着中央大厅有一个室内屋顶花园。可以用作一个闹中取静的休闲园林。

展览厅、展视厅

各展厅的高度：

60 000m²的单层展览大厅，19.8～23.7m

30 000m²的上层展览大厅，8.0～11.7m

20 000m²的底层展览大厅，11.0m 至楼板下表面，9.0m 至柱冠的下表面

10 000m²的底层展示大厅，11.0m 至楼板下表面，9.0m 至柱冠的下表面

各展厅的柱距：

60 000m²的单层展览大厅，81.0m 和 54.0m

30 000m²的上层展览大厅，81.0m 和 54.0m

20 000m²的底层展览大厅，27.0m。

10 000m²的底层展示大厅，27.0m。

所有展览、展视大厅都经由中央大厅进入，并适合于布置标准展台。这些展厅

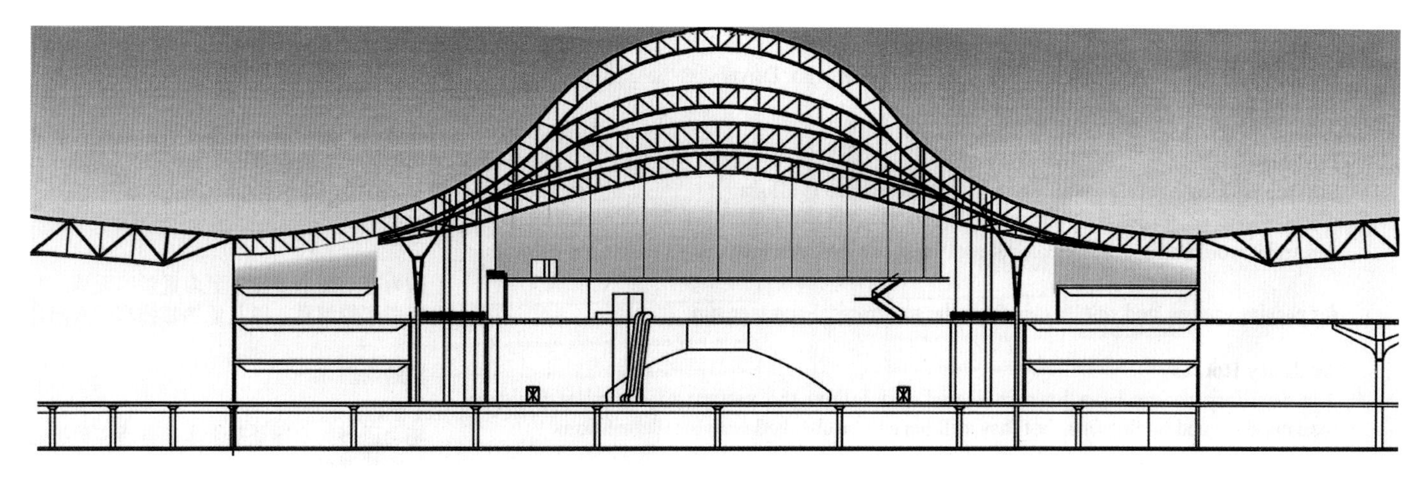

屋顶花园

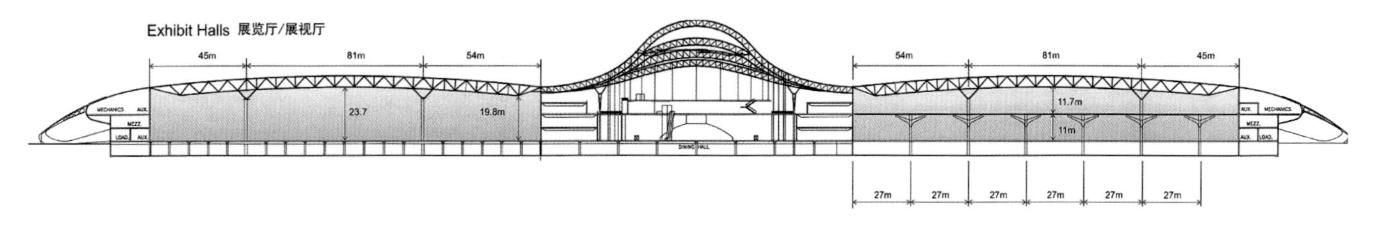

展览厅、展视厅

可以根据需要，用活动隔断分割成12个可以独立使用的展览空间。展品和设备由两边的卸货区进入展厅，卸货区设有卸货平台，卡车也可直接驶入展厅。需要运到二层展览大厅的货物可以在底层卸货，用大货运电梯运进展厅，或者利用两个卡车电梯将卡车直接开进二层的展览大厅。

室外展览

室外展览区位于用地的西南角，它也许并不常用。这个位置既不影响北立面的完整，也使参观者从中央大厅由西南角方便地进入。从滨河大道可以看到，室外展览区由框架构成的展厅的轮廓。在南立面上设置大型电子屏幕，使人们驾车路过滨河大道时便能看到会展中心的及时消息。

停车场

因为在地面层要布置更为重要的设施，故而将所有停车场设在地下。这样避免了地面停车场引起的混乱，以及亚热带强烈的太阳光对汽车的照射。

储藏

卸货平台可供40辆卡车同时装卸。根据现有的交通系统，车辆可以方便地进入卸货区。附加的储藏面积设在卸货平台之下，可以通过货运电梯方便地进入。

公共汽车站

公共汽车站设在南面，车辆从滨河大道驶入。观众可由这里进入中央大厅，使会展中心的南面更为活跃。

工作人员入口

工作人员有自己独立的入口，位于西南角，靠近工作人员生活区。

未来扩建

未来扩建用地位于基地的西侧。30 000m^2的展览大厅及15 000m^2的辅助用房设在用地的中部。一个过街长廊与首期工程的中央大厅直接相联，沿着长廊还可俯视室外展区。一个服务面积为40 000m^2的会议旅馆服务设施和一个25 000m^2，300床位的旅馆设在北面，而一个办公塔楼和公寓大楼，共35 000m^2布置在南端。

行人交通

中央大厅是整个会展中心的交通枢纽。参观的人流从室外直接进入中央大厅，然后便捷地到达各个设施或区域。来自北面地面的人流通过中心广场进入大厅，而来自地铁站的人流由三条通道进入会展中心的地下层，通过自动扶梯到达大厅。乘小汽车的观众自地下停车场，进入会展中心的地下层，通过分布于四个角落的四组自动扶梯到达大厅。人流进入中央大厅以后，分别被引入到东西两侧的展厅，或通过自动扶梯到达上层展厅，或继续向南到达会议中心，或经过西南角到达室外展览空间，也可以经东南面的自动扶梯到达位于上层的各餐厅。

小汽车交通

所有小汽车由4号、5号路的中部进入地下停车场。这种布置简洁明了，唯一集中的停车场避免了寻找停车位的混乱。

结语

一个生动活泼的外部造型，涵盖了最为逻辑的内在组织，使得这个综合体中的各个组成部分都清晰明了，合理高效，最终将功能的需要化为振奋人心的城市标志。

①室内环境调节

为了使会展中心所有部分的空气质量都保持优良的水平，将安装一套高换气率和高效过滤的空气循环设备。室内气候实行全智能化控制。所有环境调节系统都由一个中心站自动地调节。不同区域的温度可以根据各自的需要来决定。空调设备能满足高峰状况的要求。

②能源供应

会展中心各个区域都有完善的能源供

应系统，保证照明、制冷、动力、换气、空调、供水等系统的正常运行。这些系统都具有合适的容量以满足会议和展览的要求。

③照明

设计的照明系统将会满足会议和展览的各种不同的要求，包括营造气氛、改善展览效果、创造良好的视觉环境。为了提高整个照明系统的效率和质量，全面地选用光电效率高、光学特性优良的灯具。

④安全

由于人员众多，疏散距离长，而且可燃材料使用量大，会展中心将采取以下安全保护措施：

通过排烟设备延长疏散时间；

安装天棚自动喷水设备；

通过直接对话系统提供疏散引导；

通过地下疏散通道缩短疏散到安全地带的距离；

通过比较疏散时间和烟火作用来检验安全设计；

计算机模拟烟火的产生和运动；

灭火设施和救火安排；

紧急疏散计划和训练；

建筑结构的防火保护。

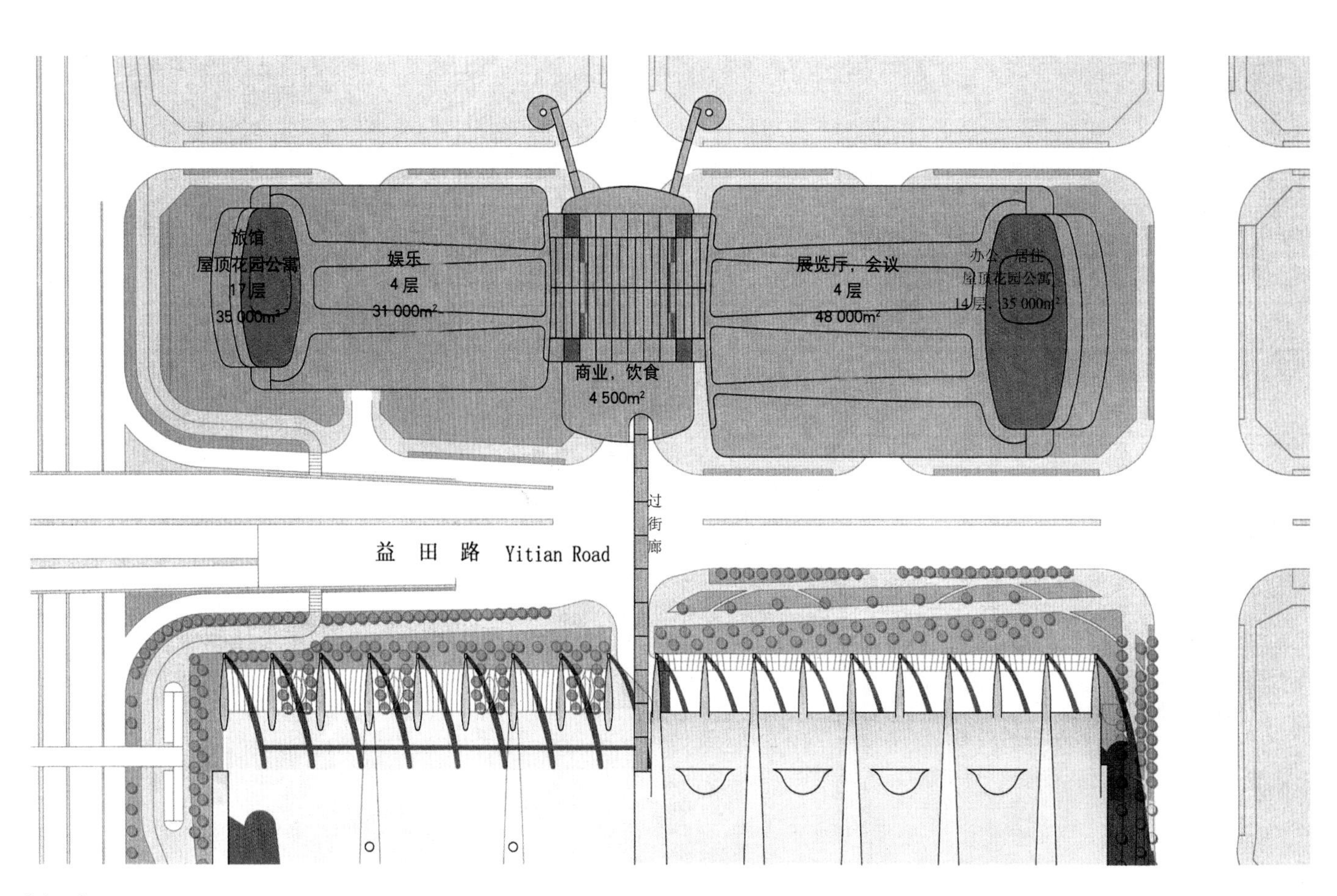

未来扩建

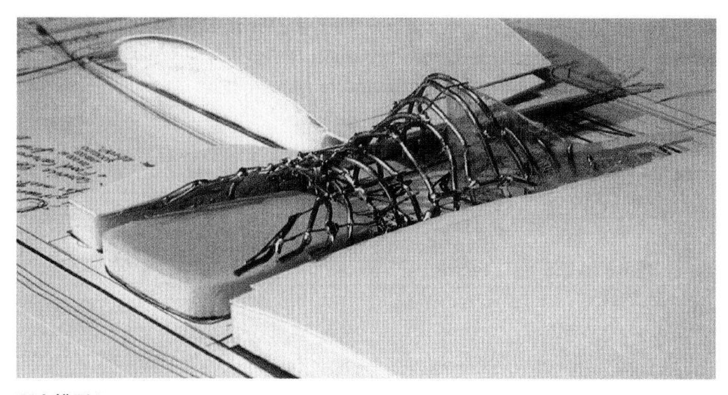

研究模型 1

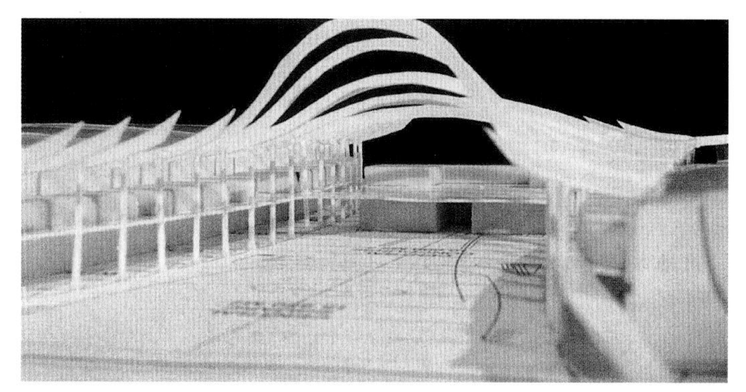

研究模型 2

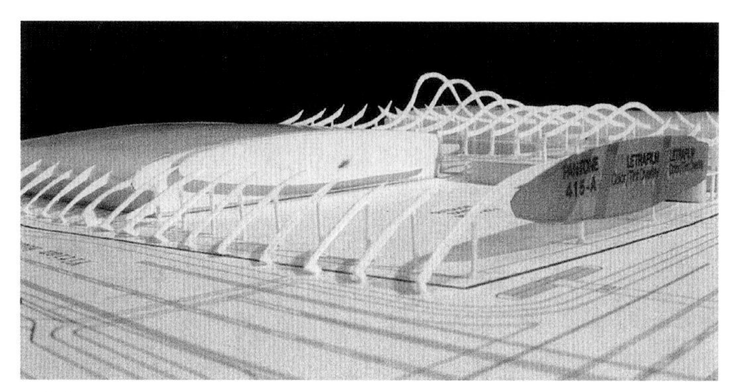

研究模型 3

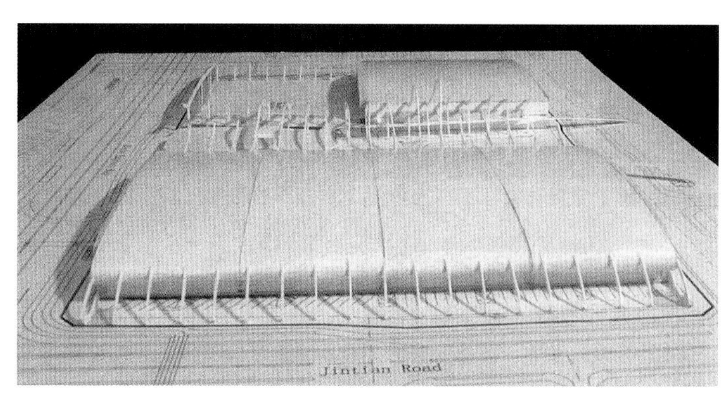

研究模型 4

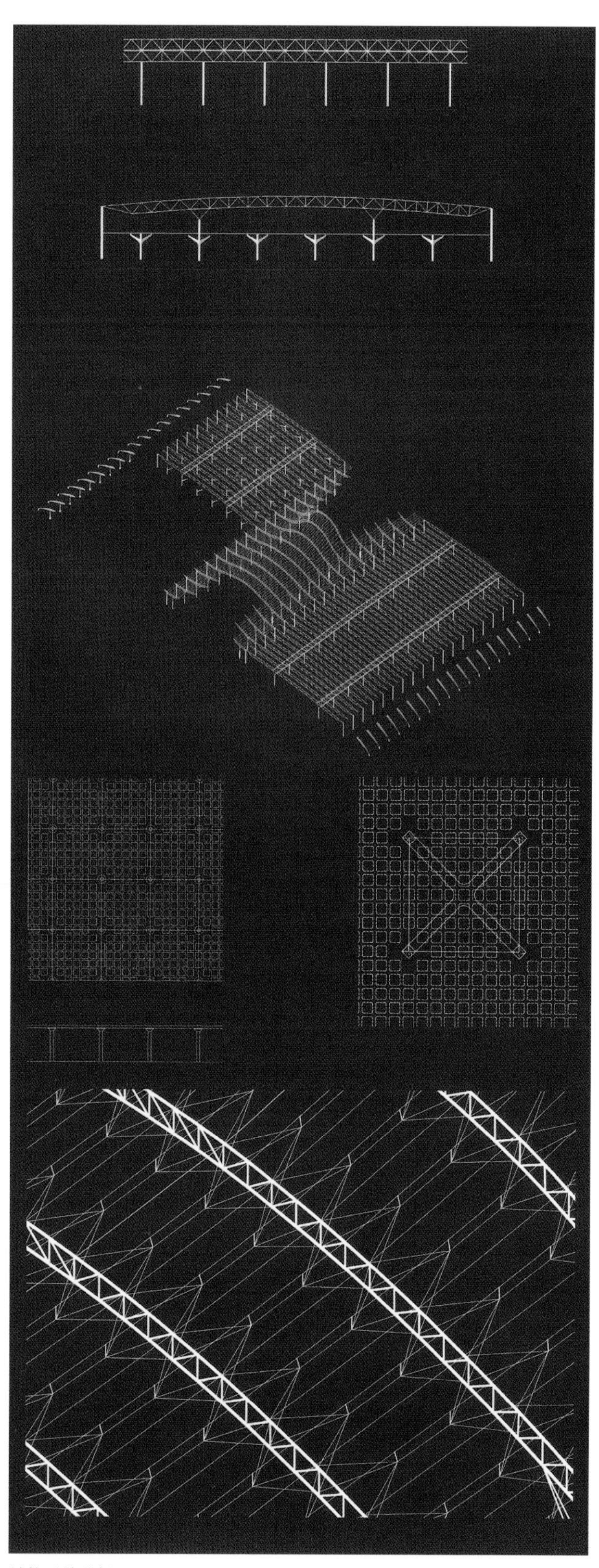

结构系统分析

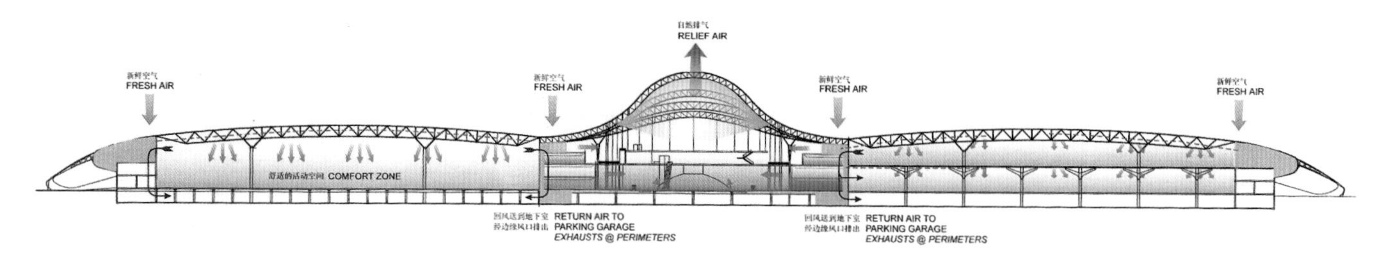

通风空调分析

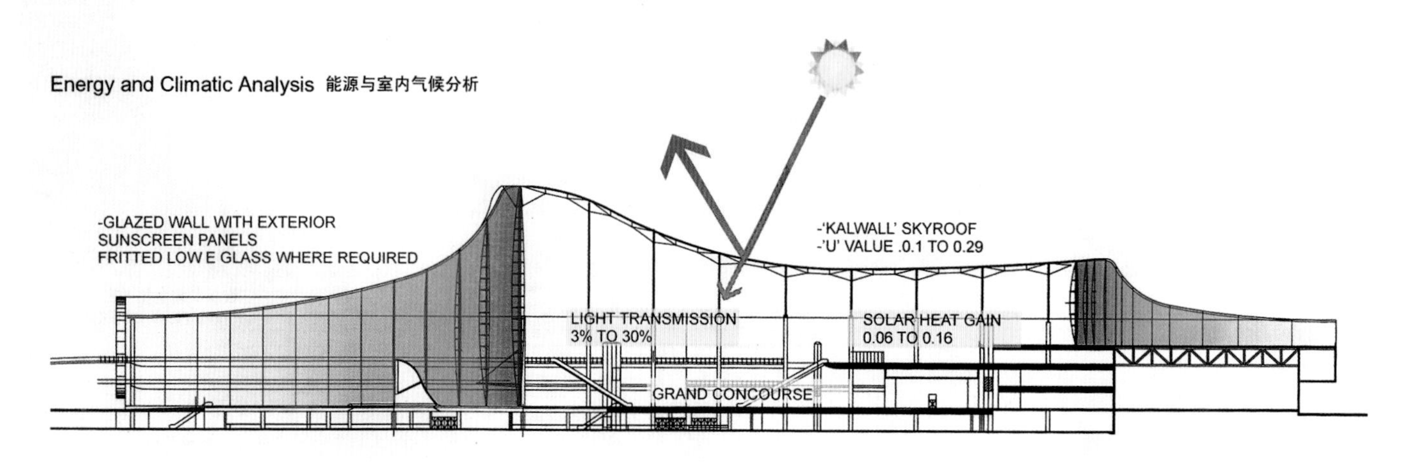

能源与室内气候分析

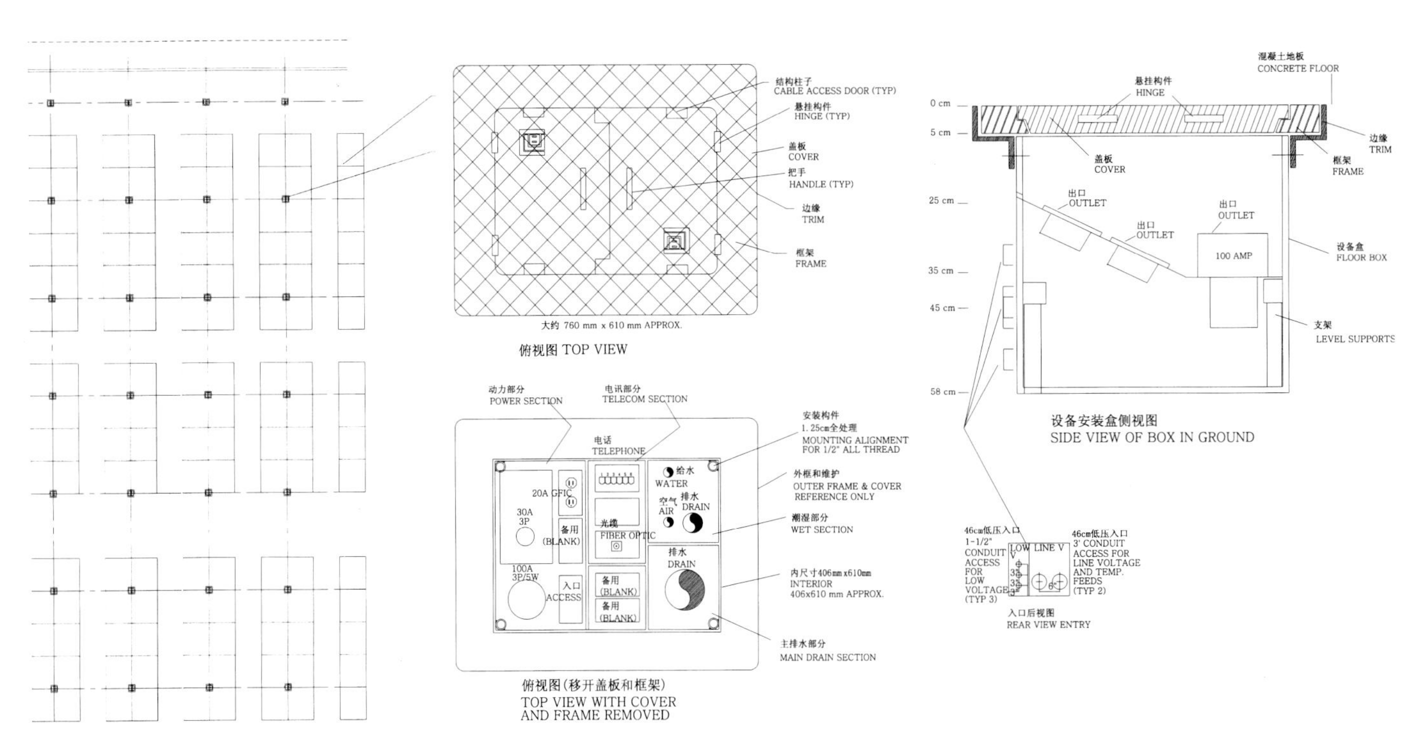

展厅地板接点详图

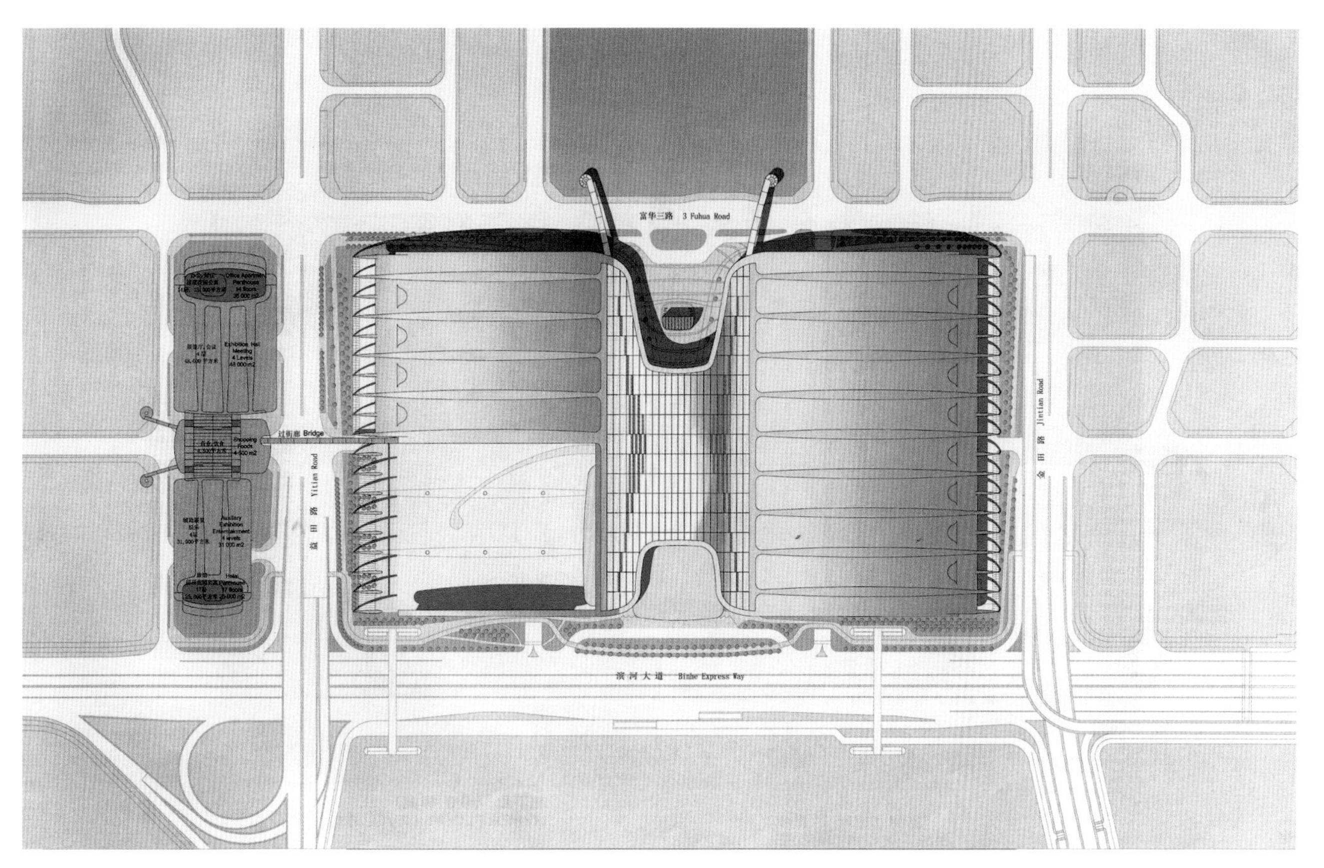

总平面

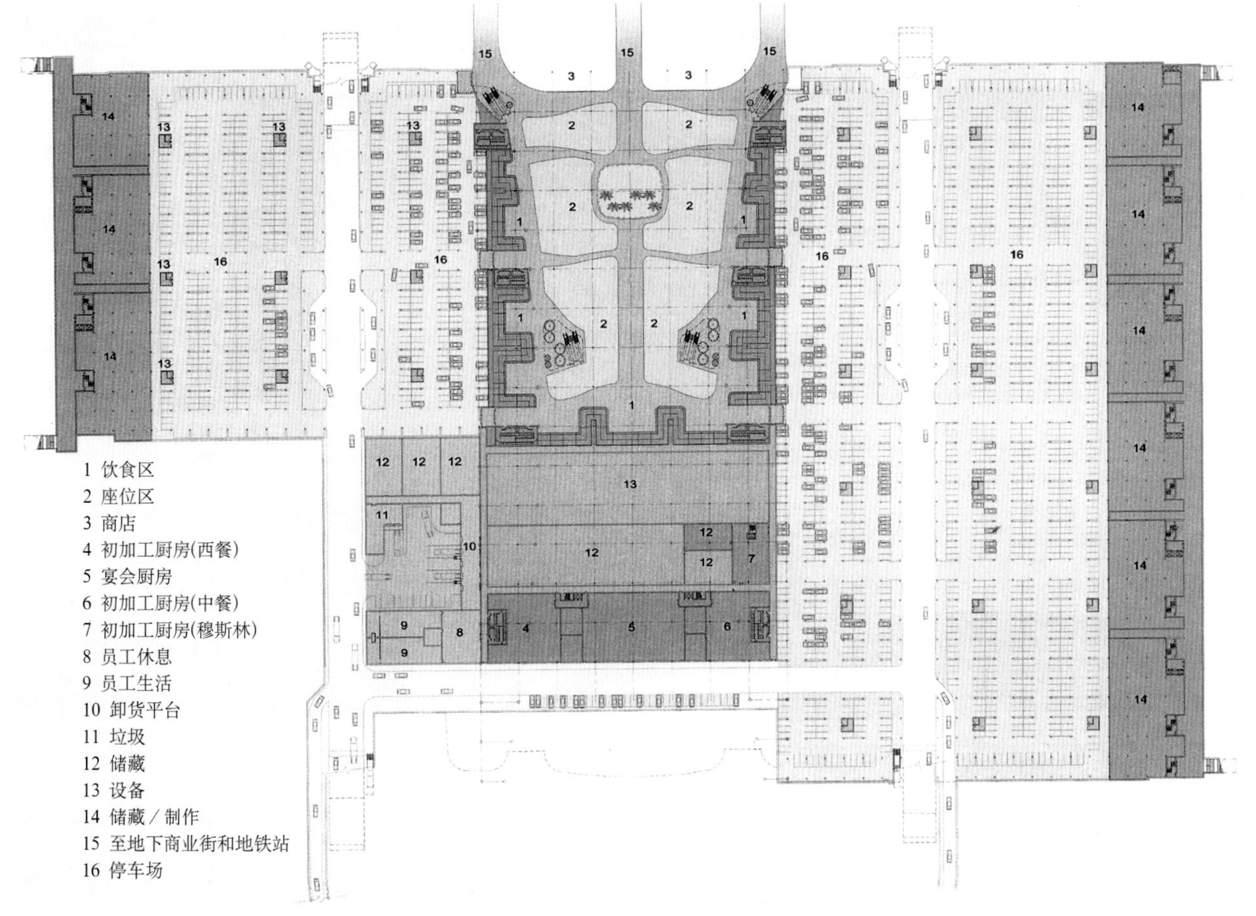

地下层(-6.0m)标高

模型照片

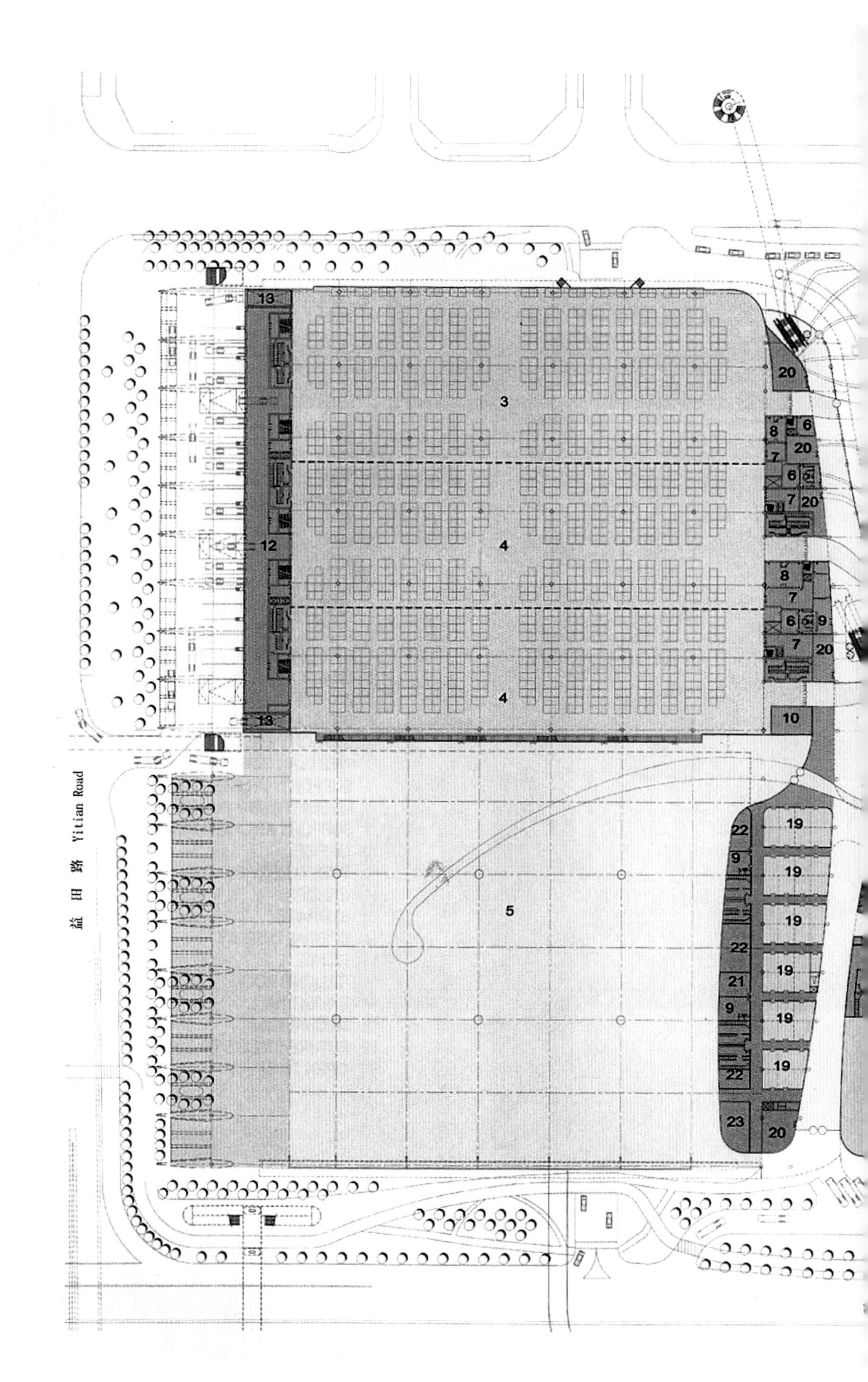

1 中心广场
2 中央大厅
3 展示厅
4 展览厅
5 室外展览
6 办公室
7 储藏／制作
8 洽谈
9 贵宾室
10 特别展示
11 入口服务台
12 卸货平台
13 卡车电梯
14 600座会议厅
15 800座会议厅
16 前厅
17 多功能／宴会大厅
18 备餐
19 小会议室
20 商店
21 储藏
22 技术室
23 行政管理
24 公共汽车站
25 水园
26 竹园

地面层(±0.0m标高)

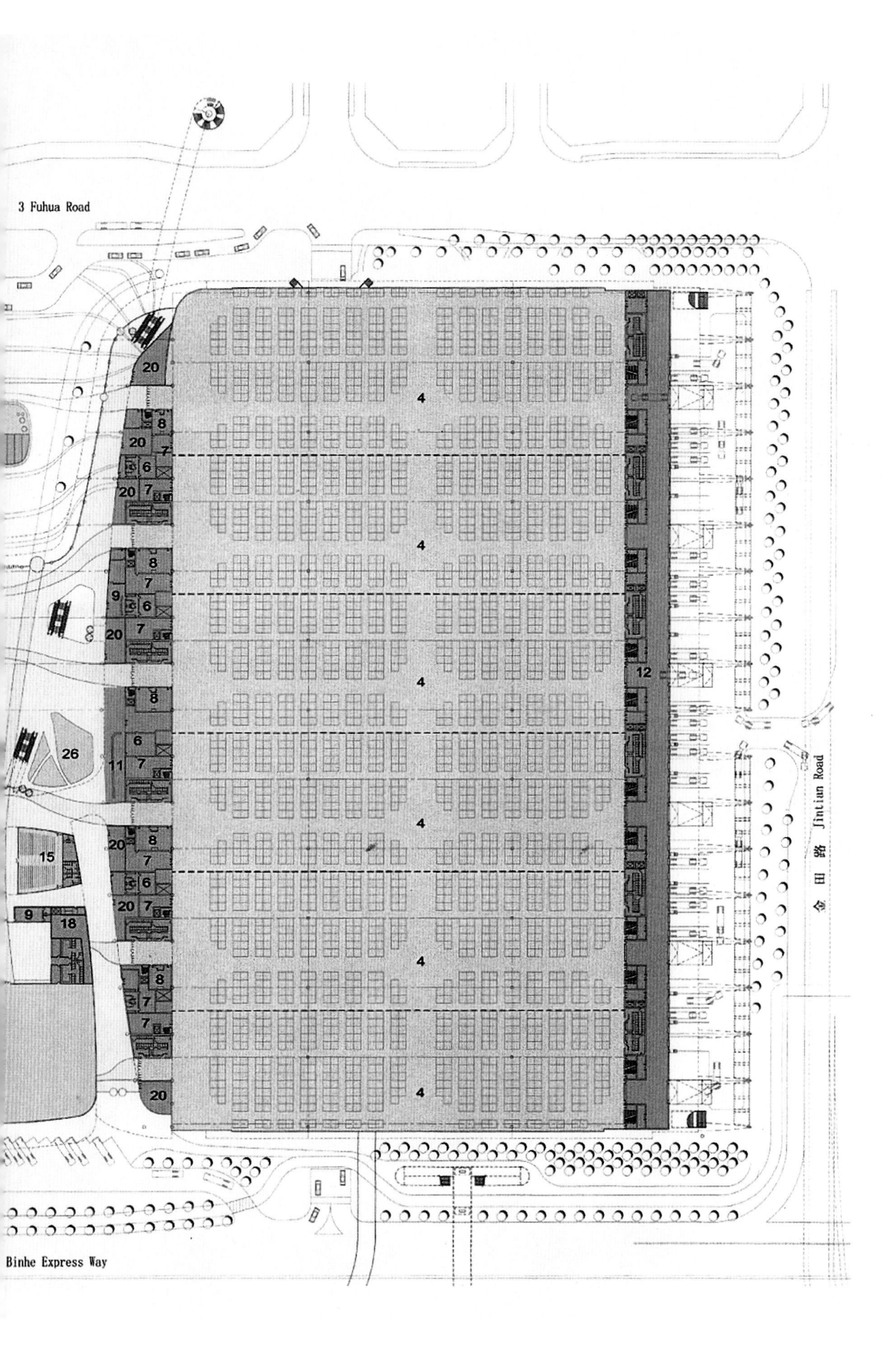
3 Fuhua Road
Binhe Express Way
Jintian Road
金田路
4
4
4
4
4
4
12
20
8
7
6
9
11
26
15
18

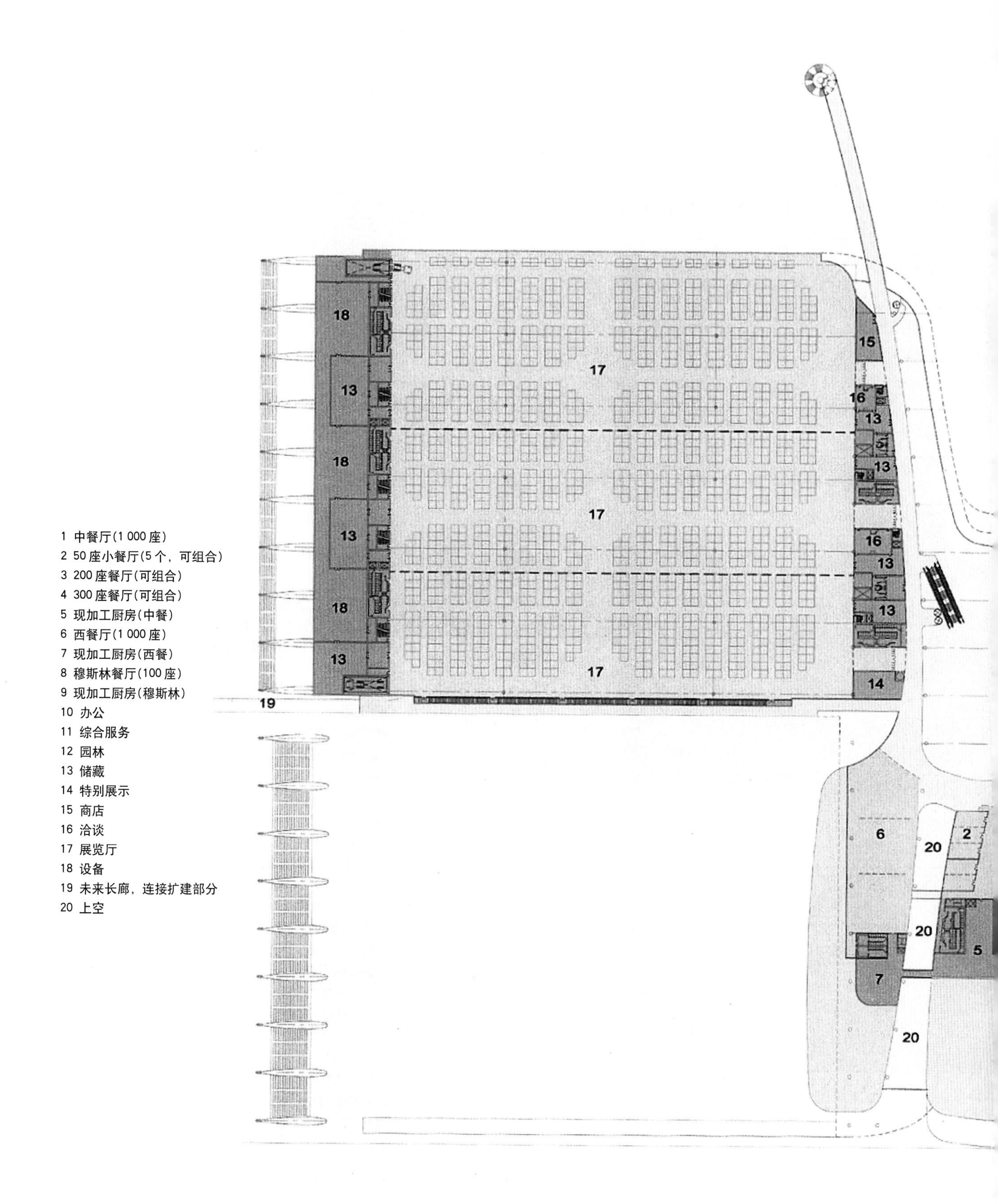
1 中餐厅(1 000座)
2 50座小餐厅(5个，可组合)
3 200座餐厅(可组合)
4 300座餐厅(可组合)
5 现加工厨房(中餐)
6 西餐厅(1 000座)
7 现加工厨房(西餐)
8 穆斯林餐厅(100座)
9 现加工厨房(穆斯林)
10 办公
11 综合服务
12 园林
13 储藏
14 特别展示
15 商店
16 洽谈
17 展览厅
18 设备
19 未来长廊，连接扩建部分
20 上空

第二层(+12.0m标高)

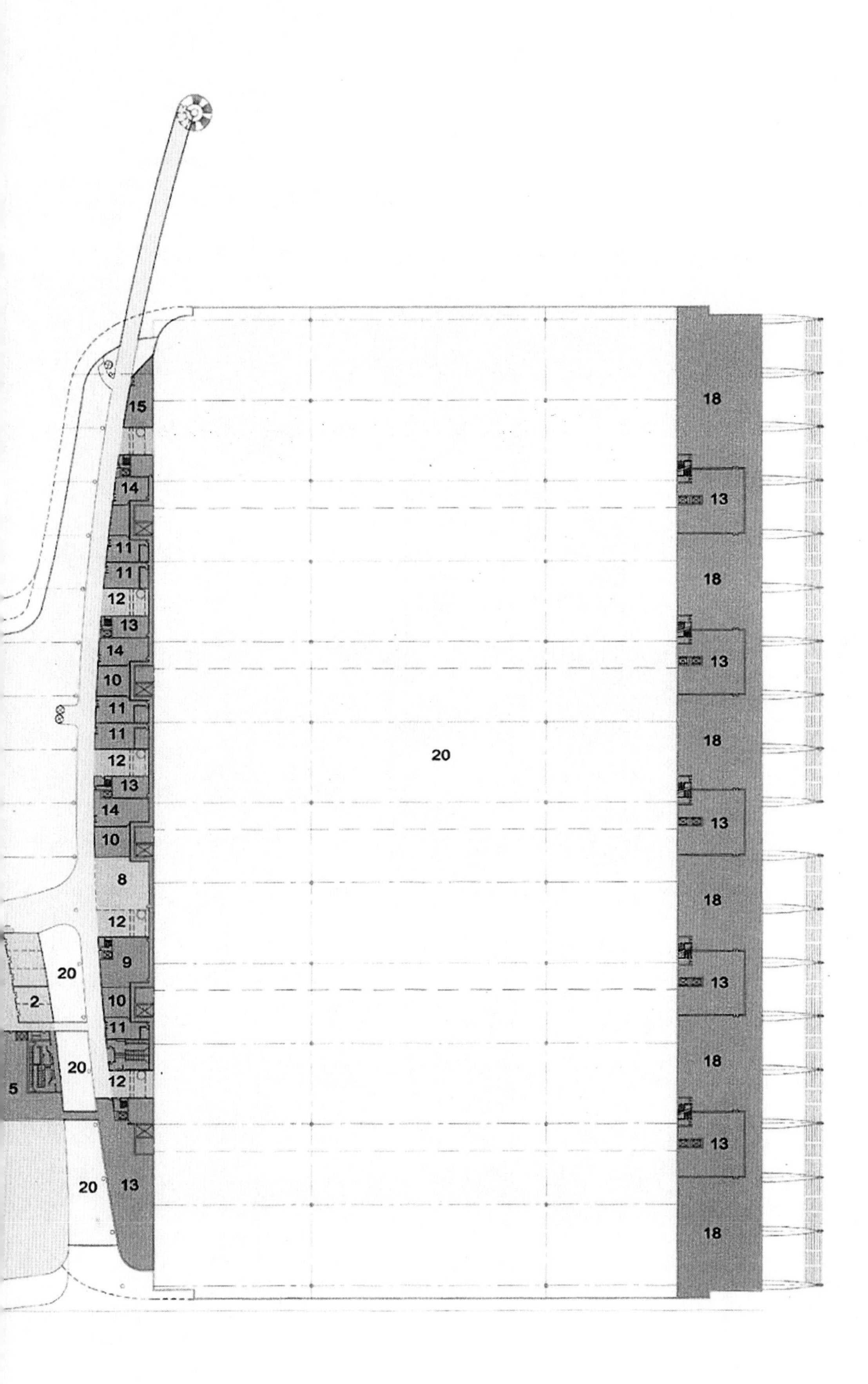
15
14
11
11
12
13
14
10
11
11
12
13
14
10
8
12
9
10
11
12
13
20
2
20
5
20
20
18
13
18
13
18
13
18
13
18
13
18

横剖面

北立面

东立面

南立面

主入口透视图 1

主入口透视图 2

主入口透视图 3

主入口透视图 4

透视图

主入口透视图5

中央大厅内透视图

透视图1

3.美国墨菲/扬设计公司联合中国建筑东北设计研究院方案

设计构思

总体规划

邻近的3号地块和4号地块的总体规划被设计成与会议展览中心在高度和尺度上相一致。45 000m² 的展览和后勤空间以及 40 000m² 的商业和娱乐设施被规划在基本构架内。25 000m² 的旅馆和 35 000m² 的办公楼和公寓则被规划在为强化基地西边界的平台内。

基地

总体规划的中央轴线和福华三路组织着基地，建筑物被平行于福华三路以及基地南端的滨河快速路放置于基地内，这符合市中心区的规划要求。从福华三路进口的入口大道为会议中心和展示厅，以及地面的276辆停车提供便捷通道，通往金田地铁站(将改为会展中心站)的通道被安置在地下层，它将与展览综合体和商业街构成明显的视觉联系。

中央广场和室外展场等主要开放空间被置于基地的东西两侧。

1 708个停车位的停车场被安置在地下

层，它方便快捷地连接着福华三路和滨河快速路，而为展示厅服务的大卡车通道则从滨河快速路入口。

景观构思

景观构思重点在于加强屋盖下各个建筑之间的联系。由不规则图案的块石铺设的铺地连接着景观元素和建筑元素。位于中央广场和室外展场的黄色的砾石大圆环为庞大的开放空间提供视觉缓冲和尺度感。沿着滨河快速路和福华三路的行道树被排作如此样式是为掩饰小汽车和大卡车。而中央轴线则由“一线红色光带”及其一侧的高耸树列得以强调。黑色和白色的同心圆铺路标示着出入口。它延伸过街道，明显地展示了主入口。

比照室外，室内的公共空间和展示厅将分别利用红色的花岗石和点缀着红点的水泥地面作为铺地，会议中心的公共空间

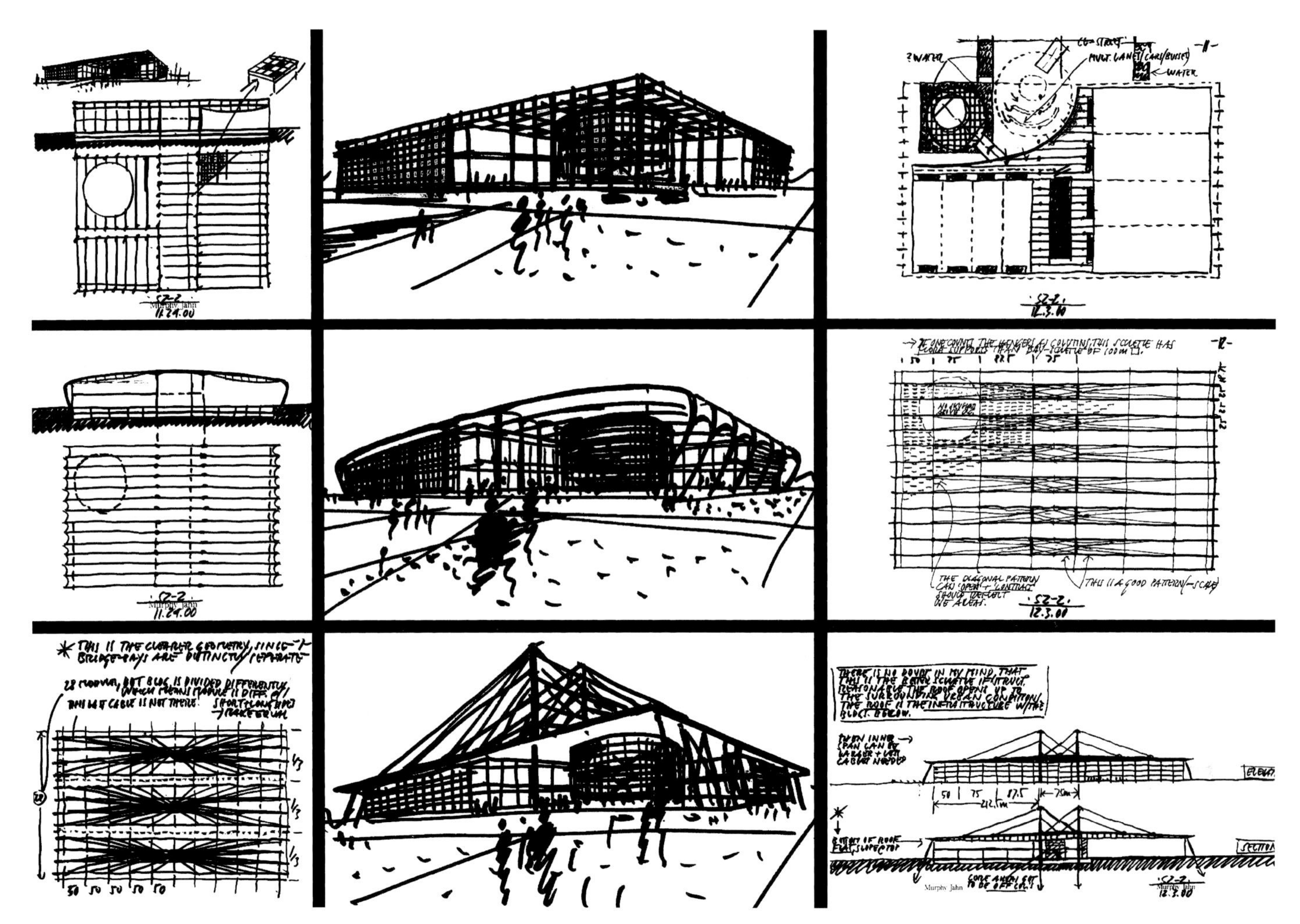

方案构思草图

透视图 2

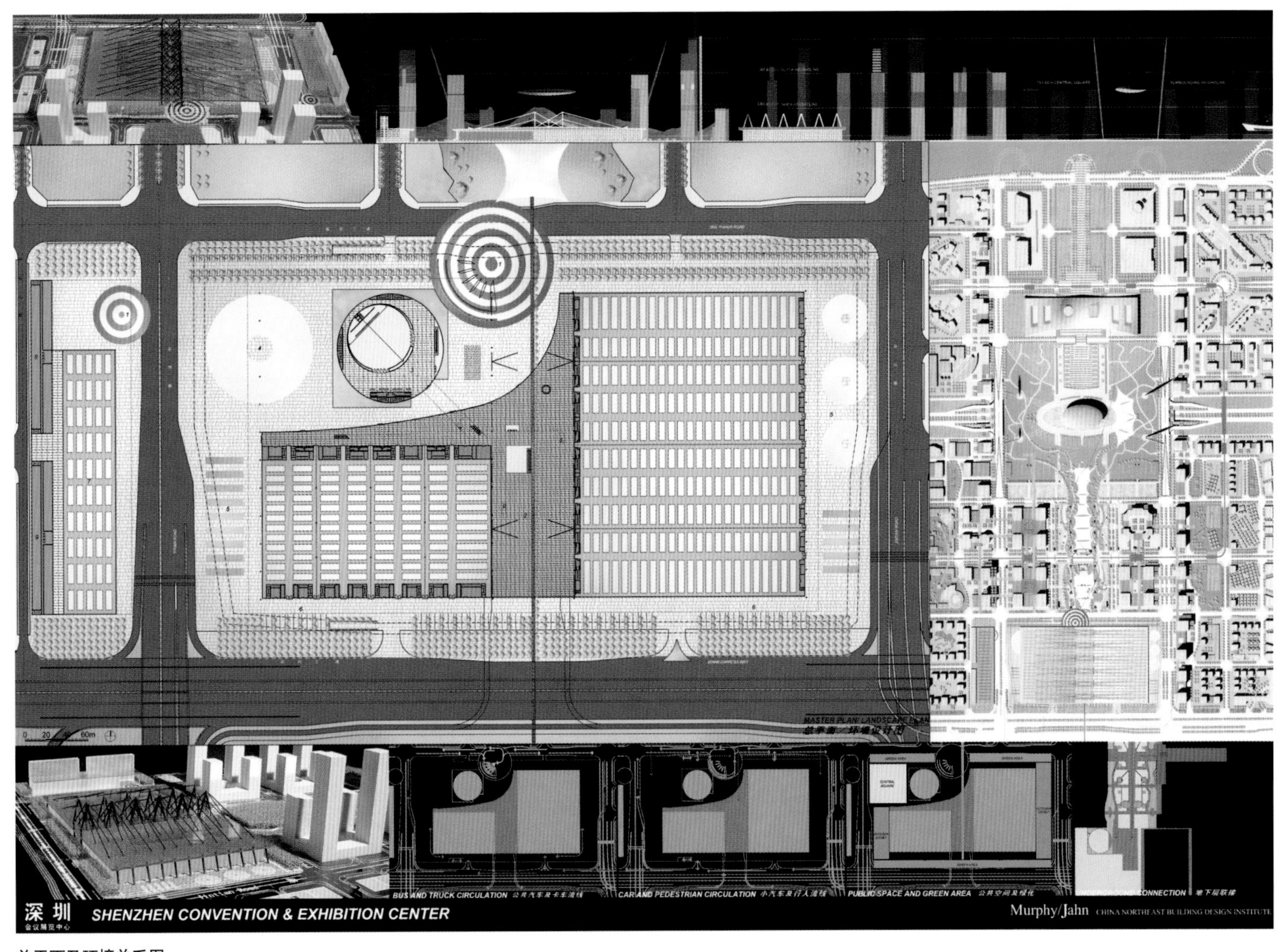

总平面及环境关系图

则选用黄色铺地。

总体规划的水体联系着地下层，并且可以从会议中心和中央广场观赏。

楼层±0.0m　一层平面

入口的圆形标志着为能到达建筑物各部位所提供的直接、可识性高的通道。一条长而曲的玻璃幕墙封盖着展览休息厅和展示厅。它把从东面的60 000m² 大展览厅到西面的25 000m² 展览厅连接起来。会议中心被处理成一个独立的大帐篷，从视觉上与其下层联系起来。2 600m²的主会议厅就坐落在这一层上。

大展厅为无柱空间，其净高为35m。小一些的展厅的柱网为51m × 32m，净高为15m。服务通道设于南侧，并直接设有通往展厅的大卡车通道。西侧展厅还设置了通往8部装载卡车的电梯的通道，以服务于其上各层。

楼层0.5/0.5夹层～二层／二层夹层

本层会议中心包括两个分别容纳600到800观众席的会议厅。应急会议室也在本层及其夹层。

展览建筑之间由一座桥连接，展览厅中的核心空间提供了必要的设备用房

楼层1.0～三层平面

本层包括一个无柱的25 000m² 的3号展览厅。毗邻此厅的是行政用房。展览的其他用房诸如商务中心、银行等等皆位于毗邻展览厅的核心区域。通过8台卡车电梯服务于这些展厅。

会议中心的屋顶被设计成观赏市中心区的观景平台。它也可以看作在中央广场进行户外活动时的指挥台。

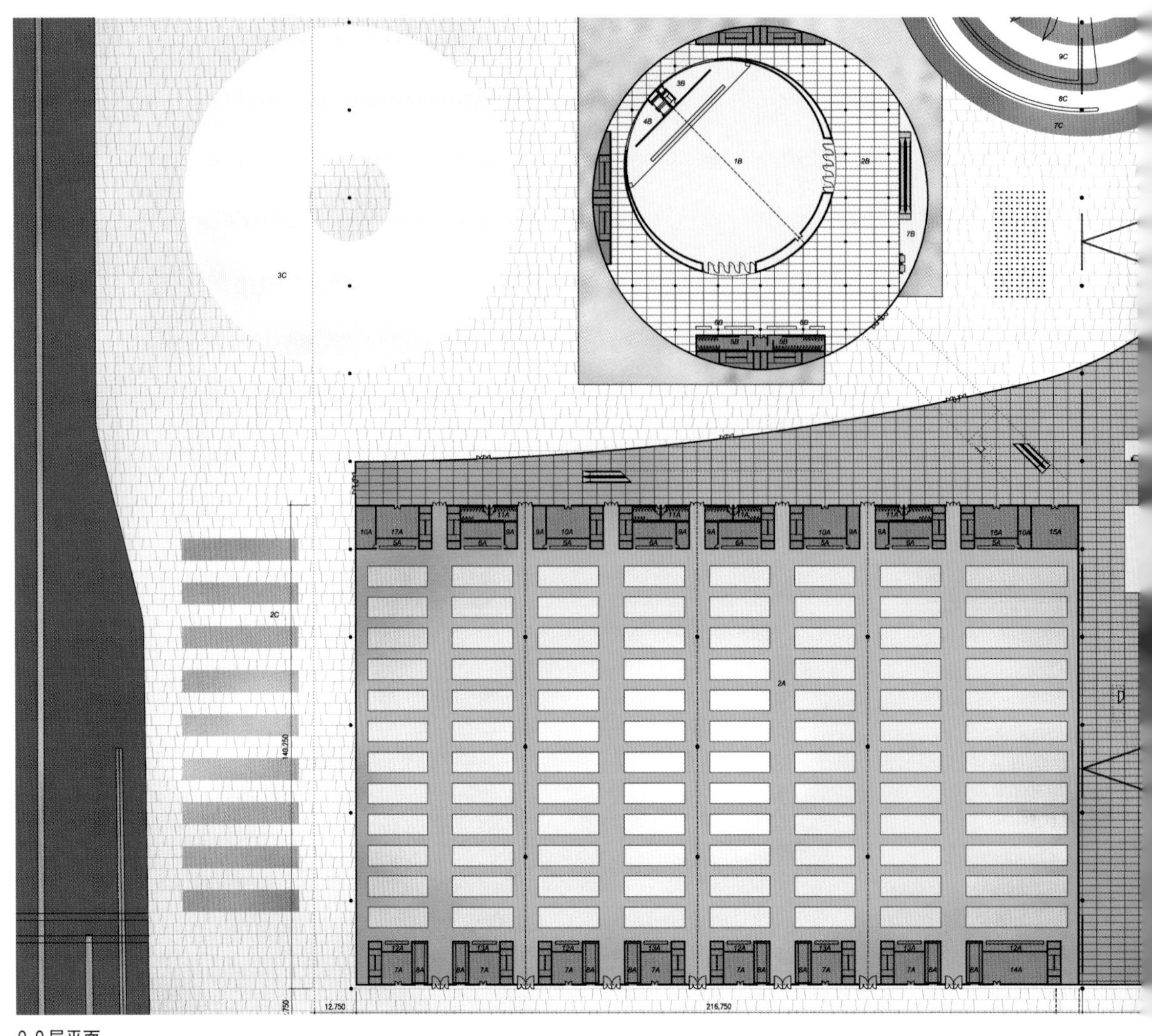

0.0层平面

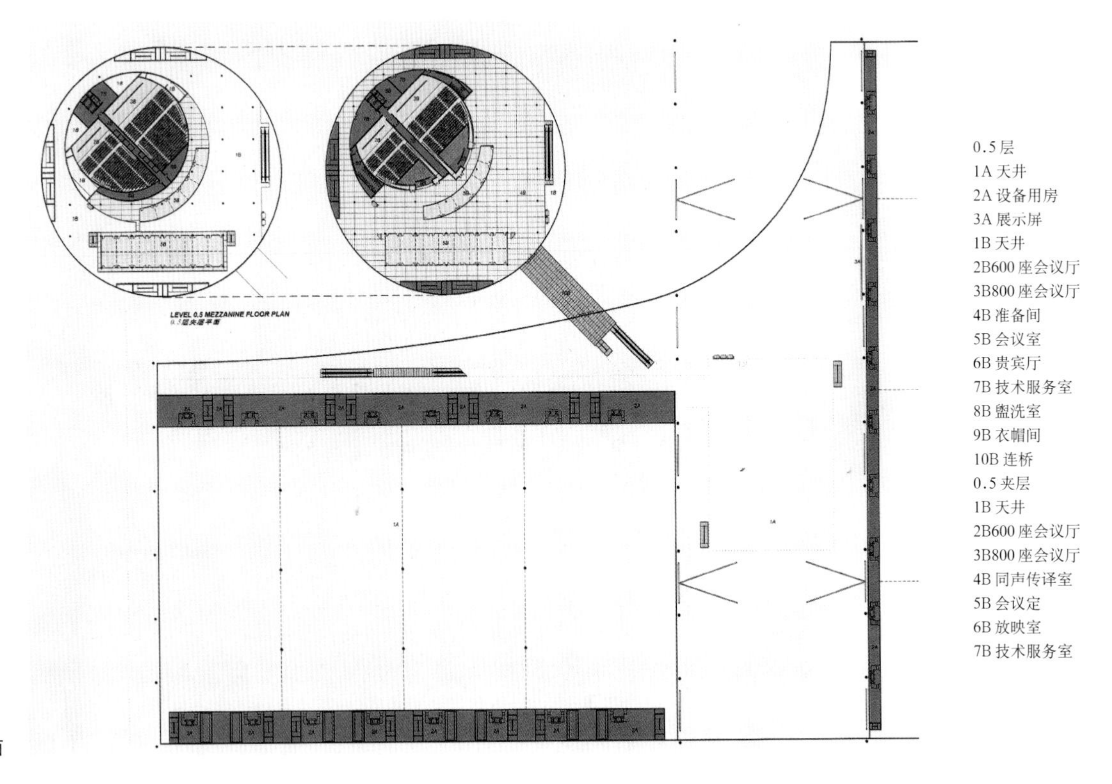

0.5层
1A 天井
2A 设备用房
3A 展示屏
1B 天井
2B600 座会议厅
3B800 座会议厅
4B 准备间
5B 会议室
6B 贵宾厅
7B 技术服务室
8B 盥洗室
9B 衣帽间
10B 连桥
0.5 夹层
1B 天井
2B600 座会议厅
3B800 座会议厅
4B 同声传译室
5B 会议定
6B 放映室
7B 技术服务室

0.5层平面

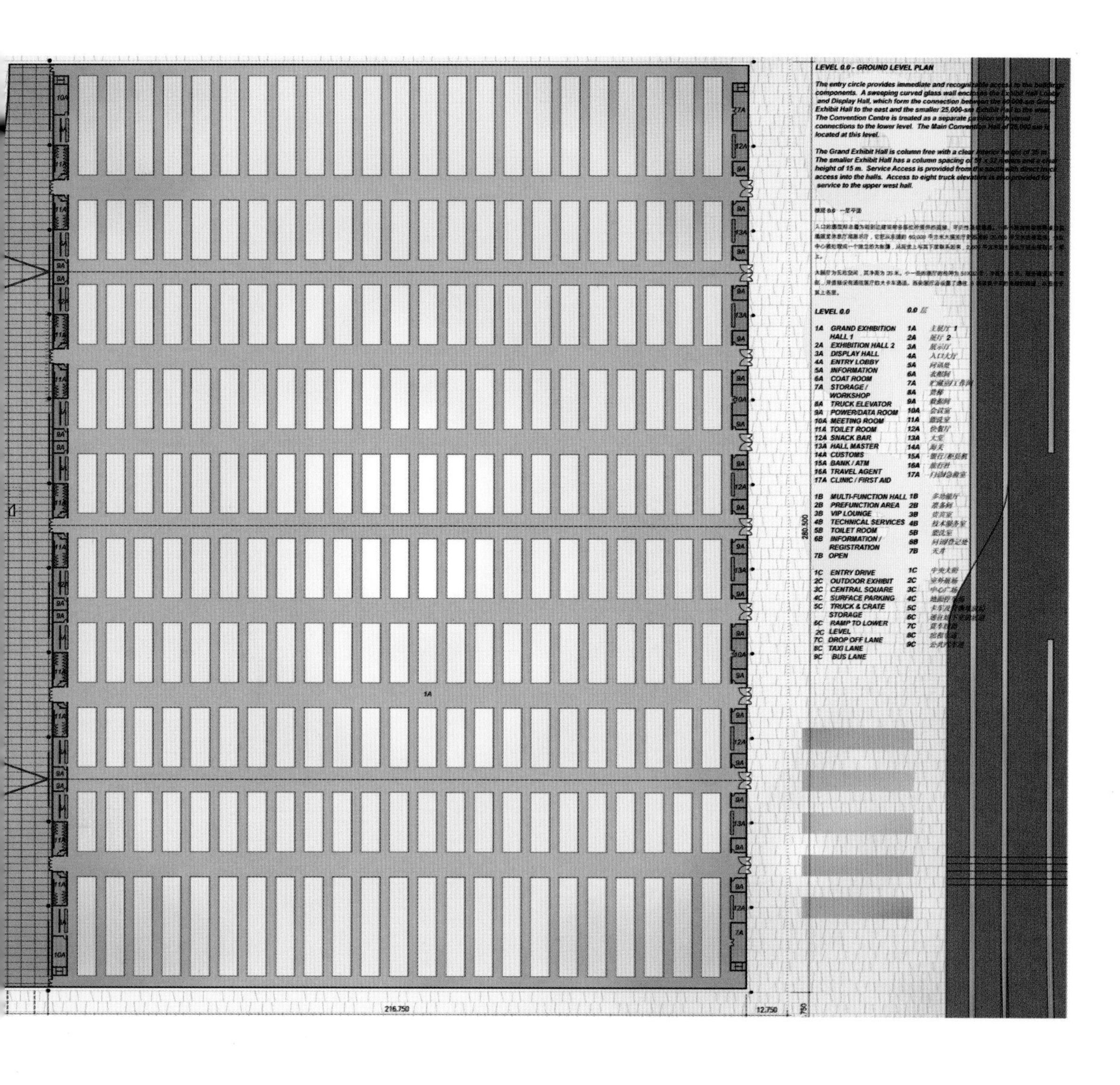
LEVEL 0.0 - GROUND LEVEL PLAN
LEVEL 0.0
0.0 层
1A GRAND EXHIBITION HALL 1
2A EXHIBITION HALL 2
3A DISPLAY HALL
4A ENTRY LOBBY
5A INFORMATION
6A COAT ROOM
7A STORAGE / WORKSHOP
8A TRUCK ELEVATOR
9A POWER/DATA ROOM
10A MEETING ROOM
11A TOILET ROOM
12A SNACK BAR
13A HALL MASTER
14A CUSTOMS
15A BANK / ATM
16A TRAVEL AGENT
17A CLINIC / FIRST AID
1B MULTI-FUNCTION HALL
2B PREFUNCTION AREA
3B VIP LOUNGE
4B TECHNICAL SERVICES
5B TOILET ROOM
6B INFORMATION / REGISTRATION
7B OPEN
1C ENTRY DRIVE
2C OUTDOOR EXHIBIT
3C CENTRAL SQUARE
4C SURFACE PARKING
5C TRUCK & CRATE STORAGE
6C RAMP TO LOWER LEVEL
7C DROP OFF LANE
8C TAXI LANE
9C BUS LANE
1A
280.500
216.750
12.750

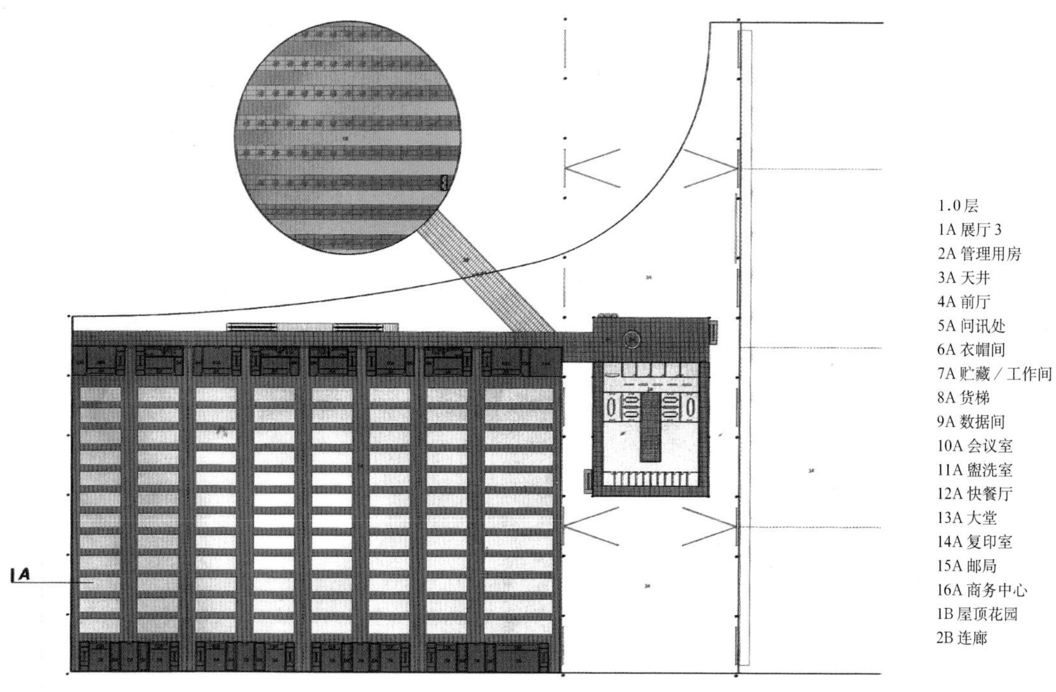
1A
1.0层
1A 展厅 3
2A 管理用房
3A 天井
4A 前厅
5A 问讯处
6A 衣帽间
7A 贮藏／工作间
8A 货梯
9A 数据间
10A 会议室
11A 盥洗室
12A 快餐厅
13A 大堂
14A 复印室
15A 邮局
16A 商务中心
1B 屋顶花园
2B 连廊

1.0层平面

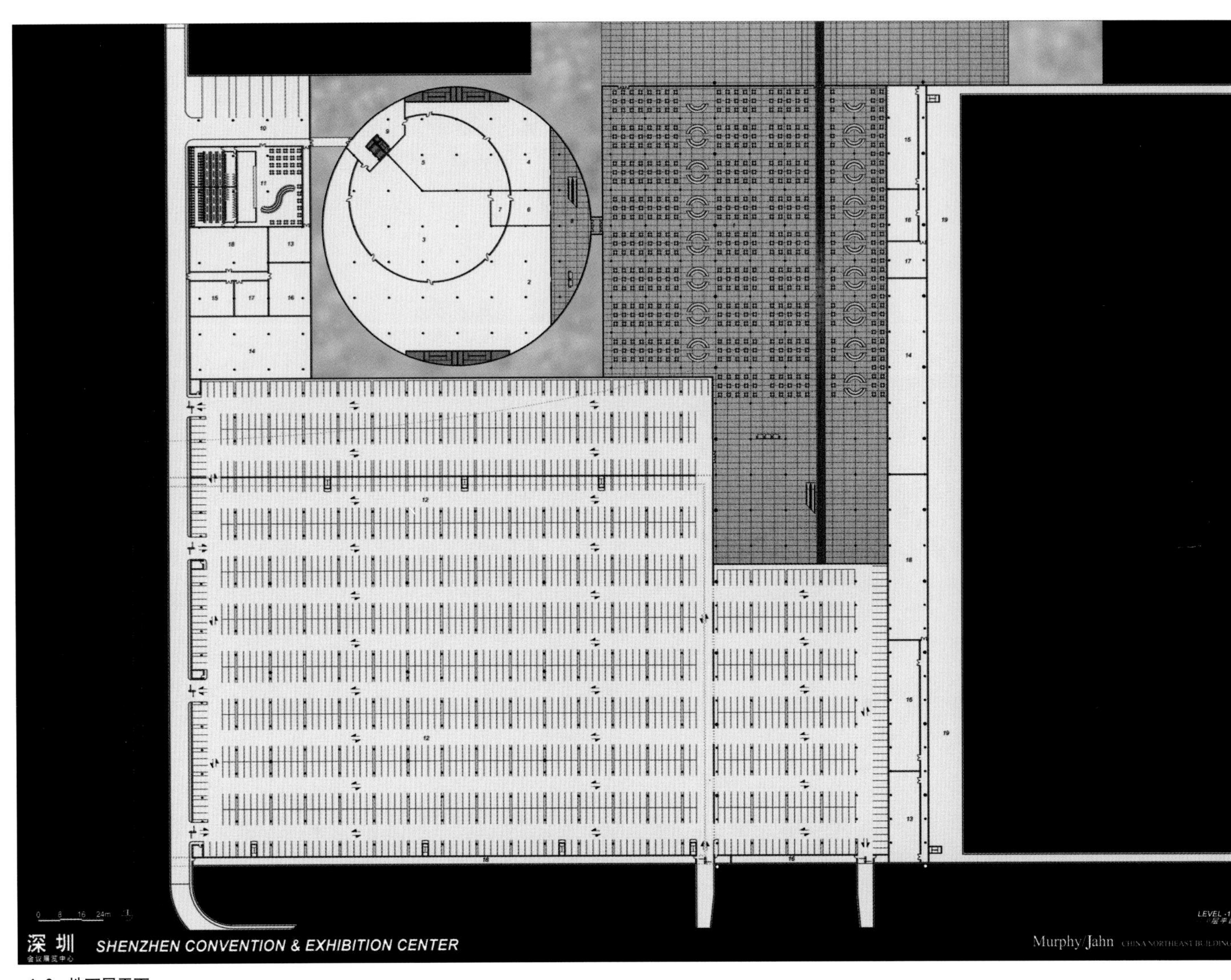

−1.0m 地下层平面

1.0层
1 餐厅
2 中餐厅
3 中餐厅厨房
4 西餐厅
5 西餐厅厨房
6 穆斯林餐厅
7 穆斯林餐厅厨房
8 服务通道
9 前厅
10 卸货区
11 职工用房
12 停车场
13 垃圾房
14 消防水箱间
15 变电所
16 空调机房
17 发电机房
18 制冷站
19 服务通道

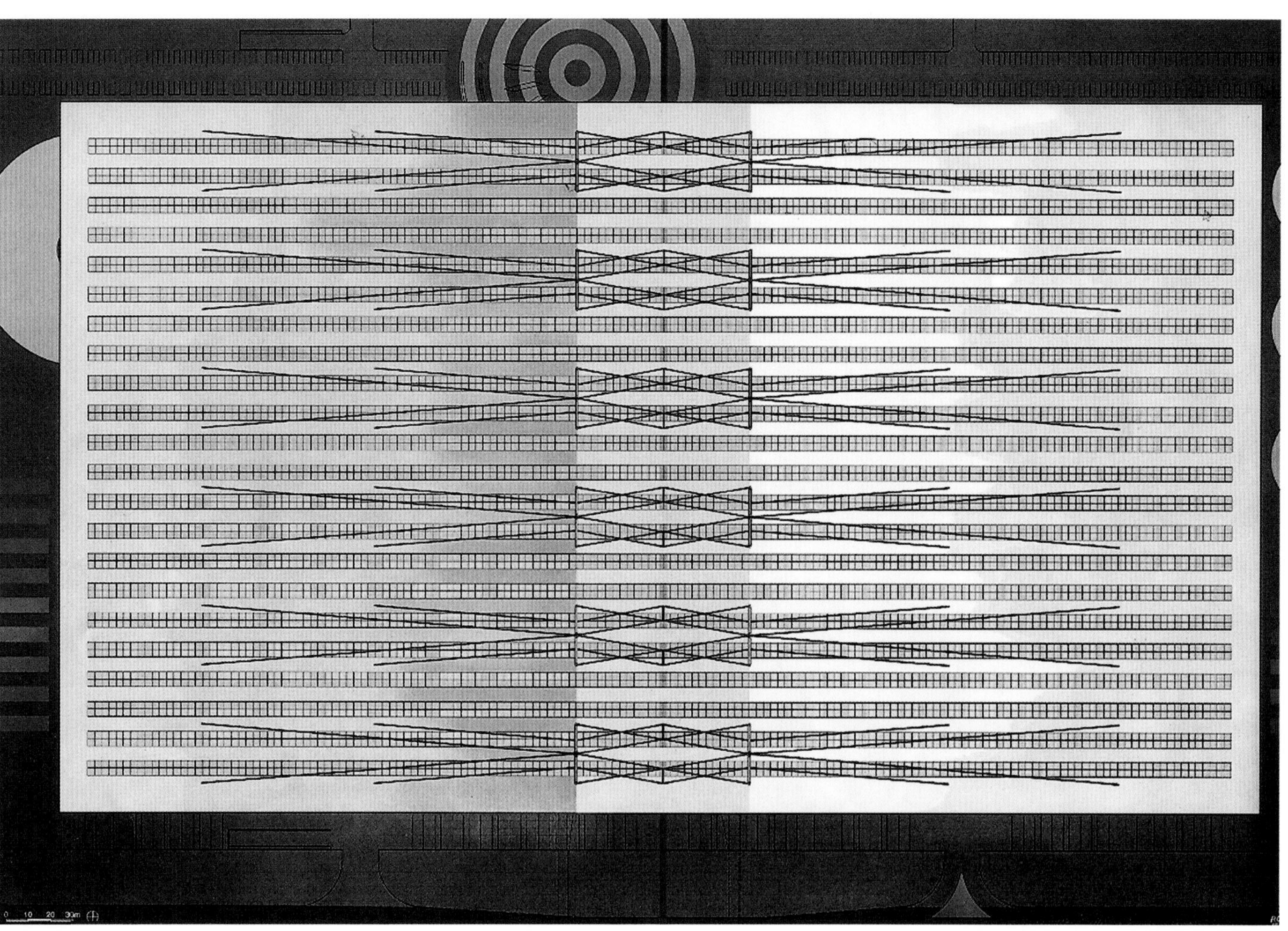

屋顶平面图

立面

建筑的形式以及外貌来源于屋盖的形式。悬浮式平顶统筹其下的亭阁及建筑物。天窗系统来源于结构形式，为屋盖下的封闭空间和开放空间提供光线。这个装配式建筑的基本围护结构是玻璃。由于玻璃具有透明性、遮光性和折射性，它使立面看起来更轻盈，而且，由于有室内的遮阳设施的控制，其对透过的自然光的质量的控制也很灵活。因为屋面出挑很大，遮住了立面，会议厅将很少有遮阳需要。除了需要自然光以外的核心区域皆为无光区。

透视图 3

节点透视图 1

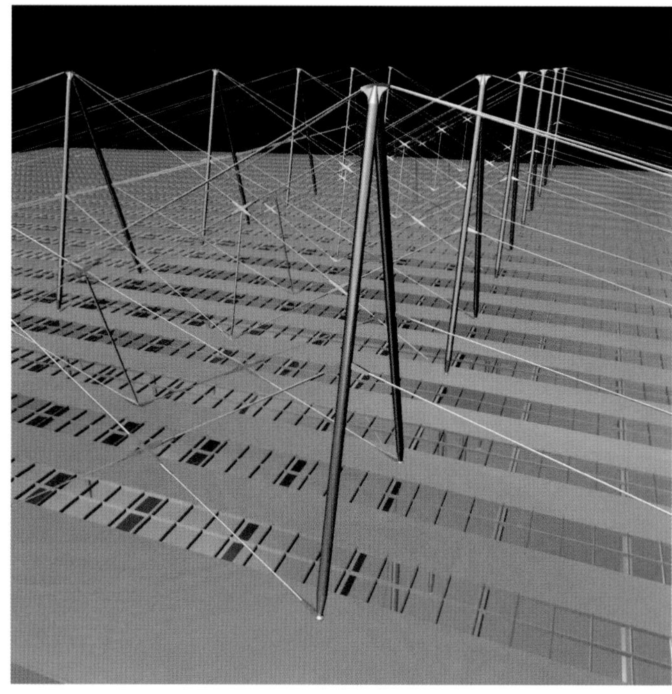

节点透视图 2

节点透视图 3

节点透视图 4

结构构思

以25m为模数，用六条独立索来吊挂展览大厅550m × 300m的屋面结构。

屋面结构共12根主梁，其纵跨之和即屋面的总长度，每跨由四根35m的优质钢柱来支撑，每根钢柱的直径由1.0m至0.8m渐变。其末端设有利于旋转的球结点，在两根金属柱之间安置一系列的吊索，吊挂在其上的一个43m高的A型框架结构下，主梁的大致形状根据弯距曲线图来设定，梁中矢高为6.3m高，梁端为2.3m高，在梁交叉的结点上梁宽为0.8m，由焊接的中空箱式结构构成。

在主梁之间横向方向由次梁连接。这些梁架支撑着屋面板，梁间距为25m，其两侧都有悬臂部分，交叉部位由2m高的中空箱式结构构成。

A型框架结构由金属柱组成，这些金属柱都落在主梁上。悬索由直径140mm的金焊接金属索组成。索与索彼此相交的地方立有悬空压力杆件，用于平衡每一对象的竖向荷载。

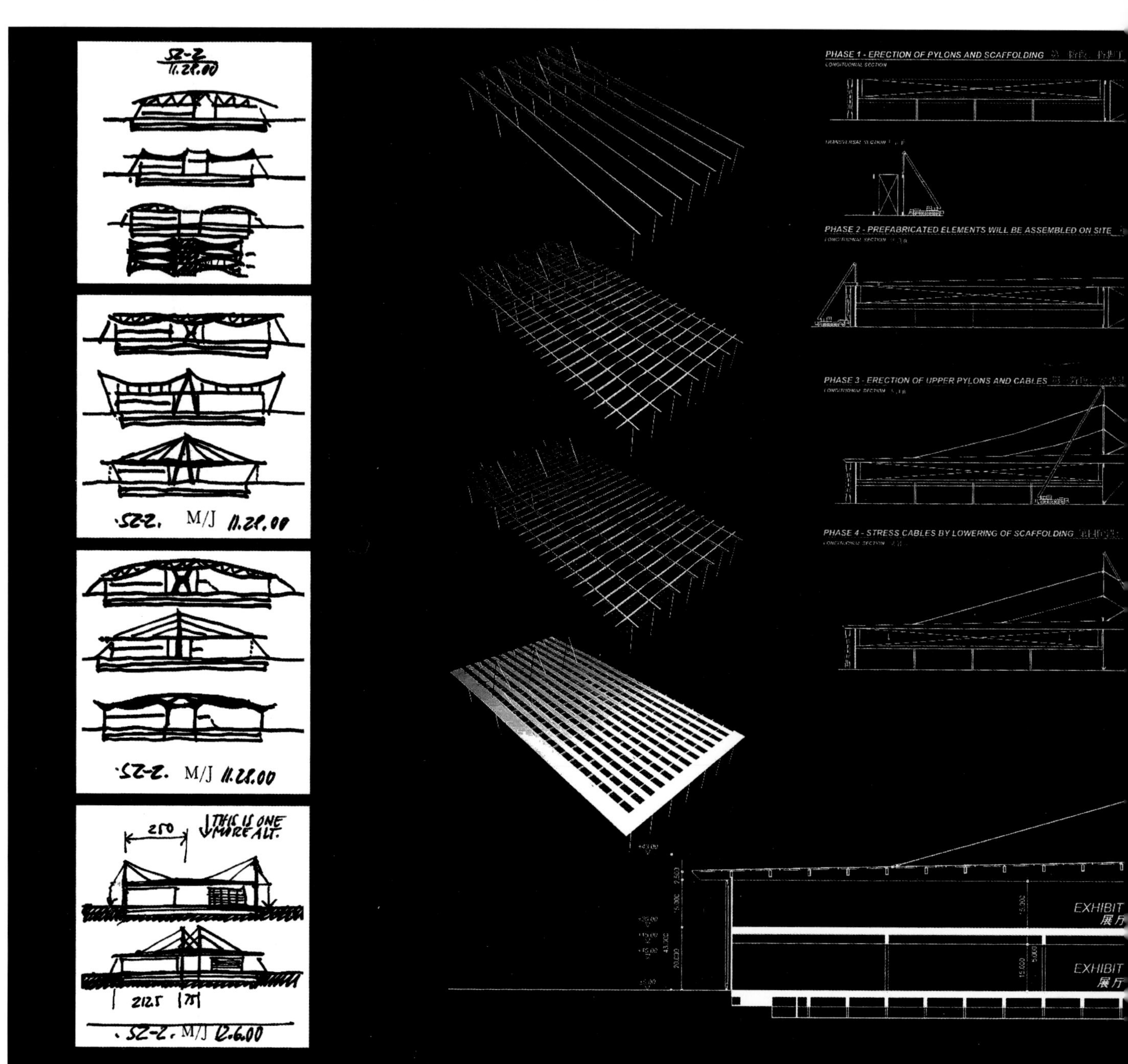

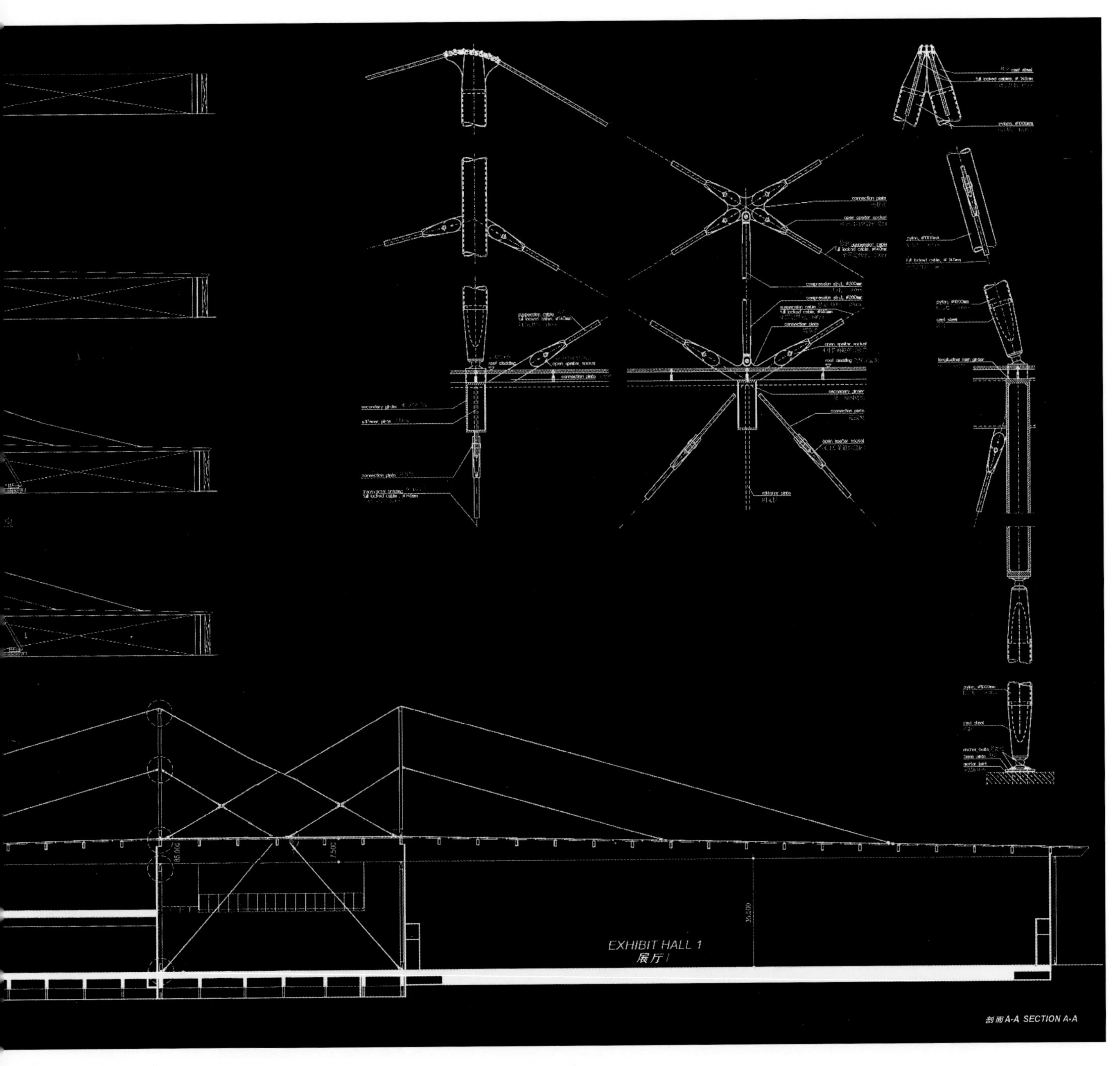

结构分析图

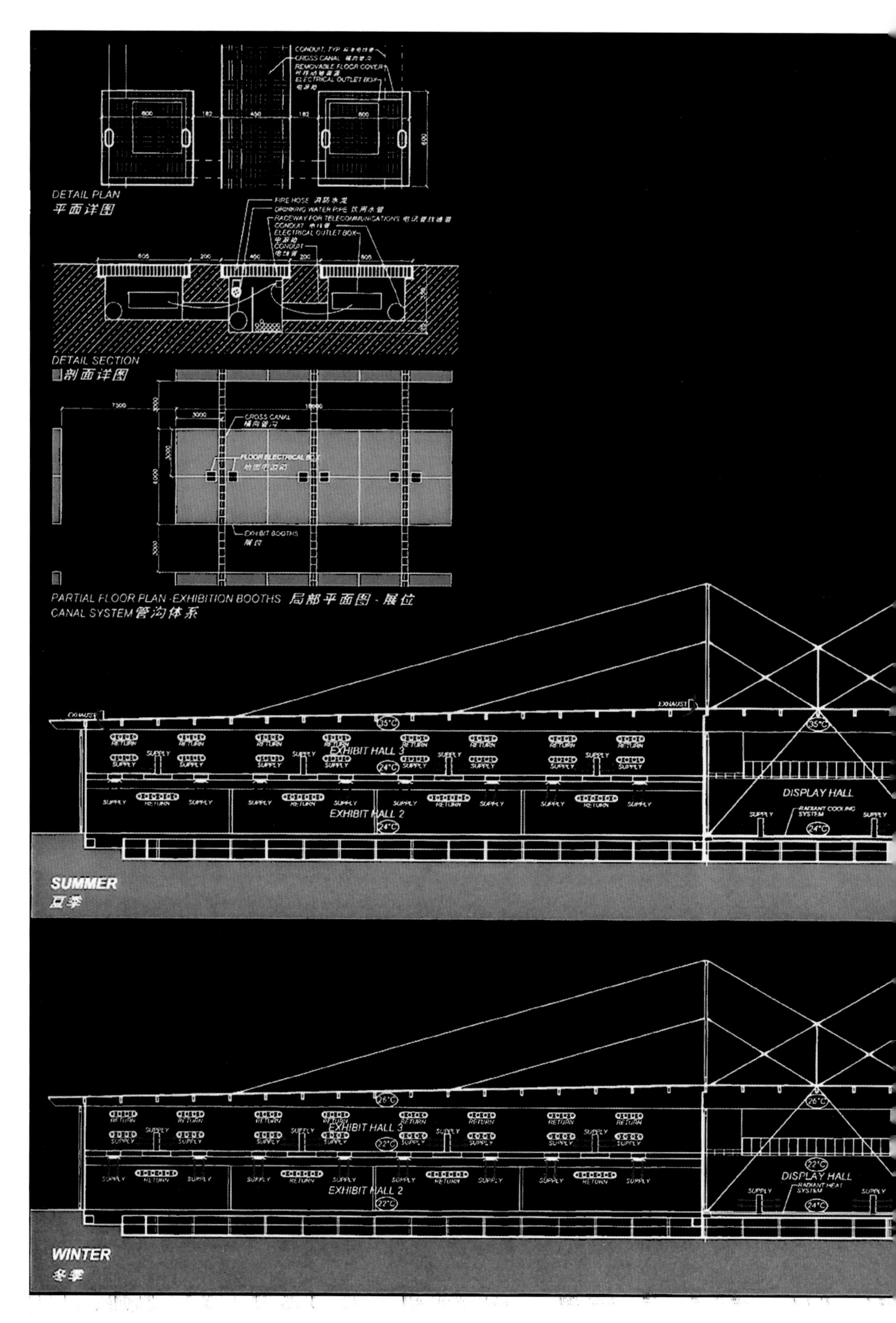
DETAIL PLAN
平面详图
DETAIL SECTION
剖面详图
CROSS CANAL
FLOOR ELECTRICAL BOX
EXHIBIT BOOTHS
PARTIAL FLOOR PLAN -EXHIBITION BOOTHS 局部平面图 · 展位
CANAL SYSTEM 管沟体系
EXHAUST
RETURN
SUPPLY
EXHIBIT HALL 3
EXHIBIT HALL 2
DISPLAY HALL
35°C
24°C
SUMMER
夏季
26°C
22°C
WINTER
冬季

节能　恒温

能源综合利用的概念的发展要求更好地适应功能和使用求，在各个展览厅中为了得到合适的温度不得不占用一部分筑空间给设备使用。在展览的开始与结束期间，在外墙的合位置上设置的自然通风系统就足够使用了，主要的消耗来自人员、阳光和展览设备，考虑到这些特殊因素，空调实际的源消耗一般大于物理性质上的消耗。

在深圳的展览厅的是空调在外墙上设置分体空调机，这分体空调机可以象中央空调一样传递鹇空气、冷气、暖气，每单全机都有一个与外界相连的出入口，可以输入新鲜空气及环利用空气，并有一组伸向内部大厅空间的空气喷口，在楼上，空气喷口设在展览大厅的中央，在长向立面的顶部设空排放口，可将废气排出。

分散式空调的优势在于无论对系统还是建筑都可以比较易地升降温度，因为每个区域用单独的空调来维持升降温，所局部温度的升降不用运用整个系统来操作。

会议空间与餐馆或其他的封闭的公共空间一样，其温度升、降是一个双向的系统，首先由一个光辐射屋面板加冷或热，板内管子的水直接将太阳能转化为热能，使室内的空气适度上升。

夏季方式

·低速空气供应系统可将过热及用过的空气送到不需要冷的热空气层，这将节省一定的设备必置空间。

·辐射楼板可以迅速排出太阳辐射热，与此同时辐射楼还可以给人以适宜的温度感受。

·由玻璃屋面覆盖的夹层办公室层可以保存一些由复合气系统提供的冷空气。

·玻璃背覆面上的保护层可以阻止受热的外表面产生的次辐射影响用空调的空间。

·在顶部的玻璃屋面，可以自然地将暖空气溢出。

·增设的光能效率转换系统可以中和掉一些冷耗。

冬季方式

·热辐射楼板即为理想的空调，可以产生更加适宜的温，减少空气供应系统的体积。

·低速处理系统可以避免污染，通过通风排气设备将用过的空气被排到顶部。

·屋面板

当屋面由简单的金属方格和玻璃天窗构成时，使屋面成为能源产生的发源地，并提供了艺术和技术发挥的机会，由于屋面板是标准的模数制，新技术可以在这些方格式“细胞”内来运用。

天窗内置的网格即设所谓的“细胞”，他们的每一个都有适合自身的模数，所以有一系列的不同型号的“细胞”，所有的网络均有相同的尺寸和相同的边缘细部，这样可以十分简便地更换、去掉、重置这些材料，只要开启焊接点和更换防水胶即可。每一个细胞被设计成可以完成一些相应的功能，例如：

·多种光的传播
·外部热吸收
·内部热吸收
·太阳能的光电转化
·通透空气装置
·减音的阻减吸收

所有的细胞单体都是防水和不透气的。这种特殊和标准化的细胞可用工业化的方式生产，这样可保证质量，控制成本，不同类型的细胞按不同的技术水平来生产，例如可根据情况，不同的光玻璃即可以被使用低技术含量的不透无散射的彩色玻璃，也可以使用高技术的可透光电玻璃，由于综合了不同类型的胞体，扔有自我调节能力的技术“皮肤”就诞生了，建筑的屋顶性质不同是一个一成不变的特性，现在它是一个自控的体系，可以根据温度、湿度、光通量、噪音分贝水平来自我调节。

建筑防火

这个设计要求近距的工程防火，首先是所有的支撑楼面由全自动喷淋系统来进行防火，设计。此设计的重点是减轻屋面重量和构造精巧，所以参考一些国家对屋顶的非防火设计的规范是重要的，例如1996年BOCA国家建筑规范就规定所有高于平台6米以上的屋面可不用防火设计，该项目的技术组与相关行政机关一起发展了这个概念，这样可以允许整个结构经济，快速地建造完毕。

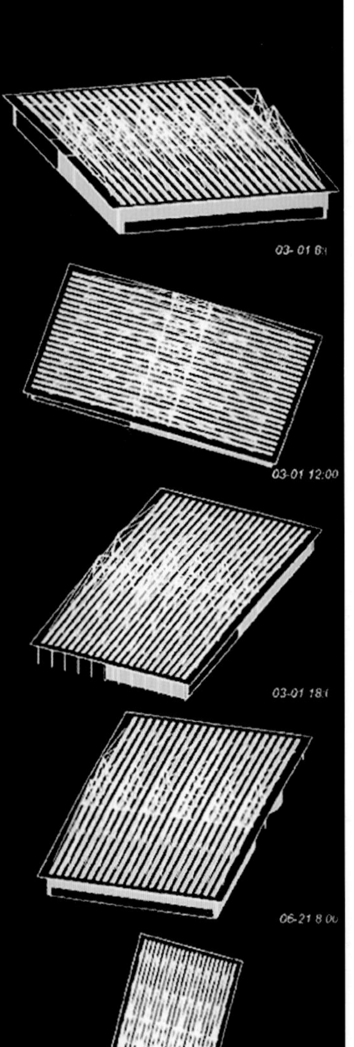

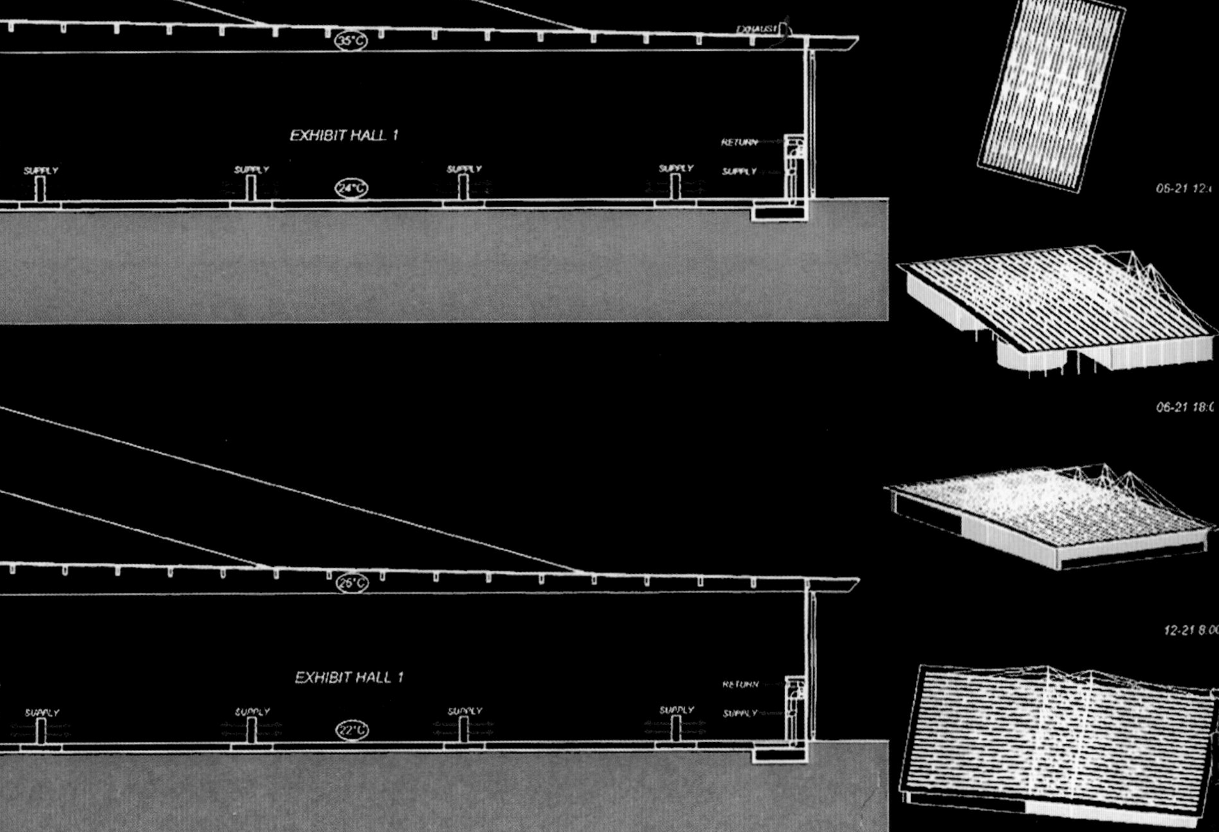

展厅室内透视图

室内透视图1

室内透视图2

单位：m^2

数　据	
1.0地上面积	
展鉴中心	160 729
会议中心	17 334
地上总面积	178 063
2.0地下面积	
公共区／餐饮	35 607
停车场	39 957
地下总面积	75 564
总面积(1.0+2.0)	253 627
3.0基地面积	
中心广场	15 740
室外展场	32 294
平台	7 854
卡车／货箱堆放场	10 550
基地覆盖率	54.3%
建筑高度	43m
4.0停车场	
地面停车	276 辆
地下停车	1 708 辆
总停车数量	1 984 辆
0.0层	
展览建筑	
展厅1	57 840
展厅2	25 729
陈列厅	10 319
休息厅	10 735
问讯处	334
衣帽间	577
快餐店	408
展厅组织者办公室	288
卫生间	863
机电设备	787
会议室	566
银行／柜员机	179
旅游社	125
门诊／急救室	125
工作间／储藏	733
海关	187
楼梯／电梯	1 390
展览建筑总面积	111 184
会议中心	
多功能厅	2 602
休息／准备区	3 703
问讯／衣帽	95
卫生间	180
贵宾室	89
技术服务／储藏	318
楼梯／电梯	539
会议建筑总面积	7 526
0.0层总面积	118 710

0.5层	
展览建筑	
机电设备	6 691
连桥142	
楼梯／电梯	1 390
展览建筑总面积	8 224
会议建筑	
600座会议厅	440
800座会议厅	659
会议室	896
休息／准备区	4 075
衣帽间／储存	347
贵宾室	71
技术服务	310
卫生间	189
楼梯／电梯	539
会议建筑总面积	7 526
0.5层总面积	15 750
0.5层夹层	
会议建筑	
600座会议室	144
800座会议室	121
会议室	896
休息／准备室	629
投影室	173
同声传译译	136
技术服务	136
楼梯／电梯	47
会议建筑总面积	2 282
0.5层夹层总面积	2 282
1.0层	
展览建筑	
展厅3	325 346
休息／连桥	2 967
问讯处	154
衣帽间	397
快餐店	138
大厅管理员用房	108
卫生间	338
设备／电气	232
会议室	383
新闻室	179
邮局	125
商务中心	125
工作间／储藏	1 184
行政办公室	2 926
楼梯／电梯	1 336
展览建筑总面积	35 937
1.0层总面积	35 937

1.5层	
展览建筑	
楼梯／机电设备	5 389
1.0层夹层总面积	5 385
地下室	
中餐馆	4 497
西餐馆	1 698
穆斯林餐馆	286
快餐厅	15 226
门厅／楼梯／交通	1 103
服务区	296
职工设施	1 231
装货区	1 157
停车场	39 957
机电设备／储藏	7 756
汽车环道	2 357
地下总面积	75 564
总建筑面积	253 627

注释

1.面积中不包括开室外楼梯间、自动扶梯。
2.根据《Banquel Seating 2000》会议厅净面积每人1.3m^2计算。
3.固定座椅剧院面积按每人0.7m^2，另加舞台，走道及放映室面积计算。
4.小会议室面积按每人1.4m^2计算。
5.快餐厅面积按每人1.2m^2计算，其中包括备餐间面积。
6.中餐厅和穆斯林餐厅面积按每人1.3m^2计算，厨房面积与餐厅面积相同。
7.西餐厅面积按每人1.3m^2计算，厨房面积是餐厅面积的50%。
8.职工设施按更衣室每人0.8m^2，食堂每人1.5m^2和休息室每人1.0m^2计算。
9.会议厅和餐厅的面积计算参照《建筑师数据手册〈国际板〉》。
实施中可按照业主的要求而进行缩小。

4.澳大利亚COX公司方案

深圳会议展览中心设计

整体的综合体

深圳具有良好的契机，充满活力地创造一个崭新而独具创意的会议展览场所。

当今，展览会议中心的设计已经不再仅仅是寻求合理性的功能和大尺度灵活性的空间，杰出的会展中心的建筑设计远远超越了这单一的设计动力。真正具有纪念价值的空间是由多层面的设计理念编制而成的，真正具有标志性的设计是从复杂关系中给予一种深层理解的回应。因而，我们的设计手法是将深圳会展中心视为一个"综合的整体"，而同样也是一个具有广泛契机的个体。这样的设计大大超出一般性功能和商业设计之外，它包括文化的、环境的、社会的、科技的和多种形态上的机会。在完成以上的设计目标时，深圳将不但拥有一个会展中心，它更将成为"21世纪的市场空间"。

21世纪的市场空间

国际上著名的市场空间都是激动人心的而又多尺度性的。货品的交易只是其中的一项活跃因素。一如既往，城市或集市具有重要的文化象征，因为它们同时代表着知识与意念的交流，这一切的活动穿梭于休闲与娱乐之间，在饮食和节目观赏的陪衬下形成了强烈而多姿多彩的社会经验。

我们将深圳会展中心设计成一个"21世纪的市场空间"，在其间通过高度刺激而生动有效的市场体系来完善贸易活动。深圳不仅提供了一个有形的实体会展空间，更是提供一种真实的为民众而服务的社会体验。

明确的标识

通过这个设计，深圳可以更好地展示给全世界。通过国际化的建筑语言，构筑的形式体现了全球性的设计本质、科技的革新和建筑成就。大型而舒展的屋面形式，一个明亮的民众聚集和交往的地带和一个结合了利用天然能源及多姿多彩的节目表演舞台于一身的节能塔，富有动感的讲台及凸出来的设计空间如明珠一般汇聚立面。各自独立的形态显示出各自特定和独特的功能。

一个持续发展的未来

在为深圳会展中心订立设计构思时，我们寻找一种与其标志性建筑体系不可分割的重要的环保启动概念。通过建筑体现未来的环保科技是极其重要的。主轴线上的能源塔是对环保理念的最根本的陈述。通过广泛地利用主动及被动节能系统，其中包括置于屋盖上的太阳能收集翼板的主动节能系统及有盖的平台区域的被动节能系统。

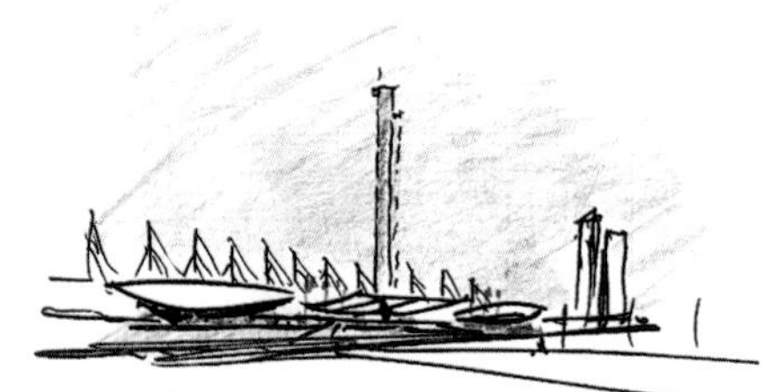
方案构思草图

模型照片1

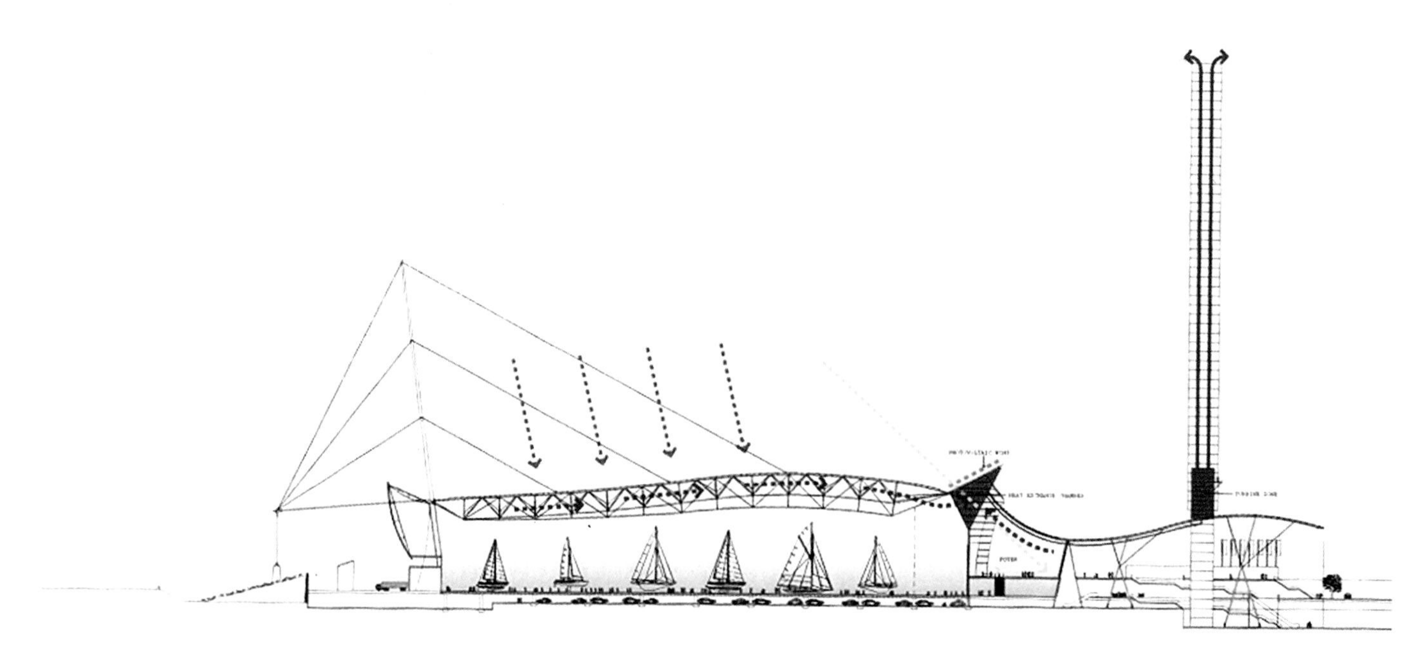

节能通风示意

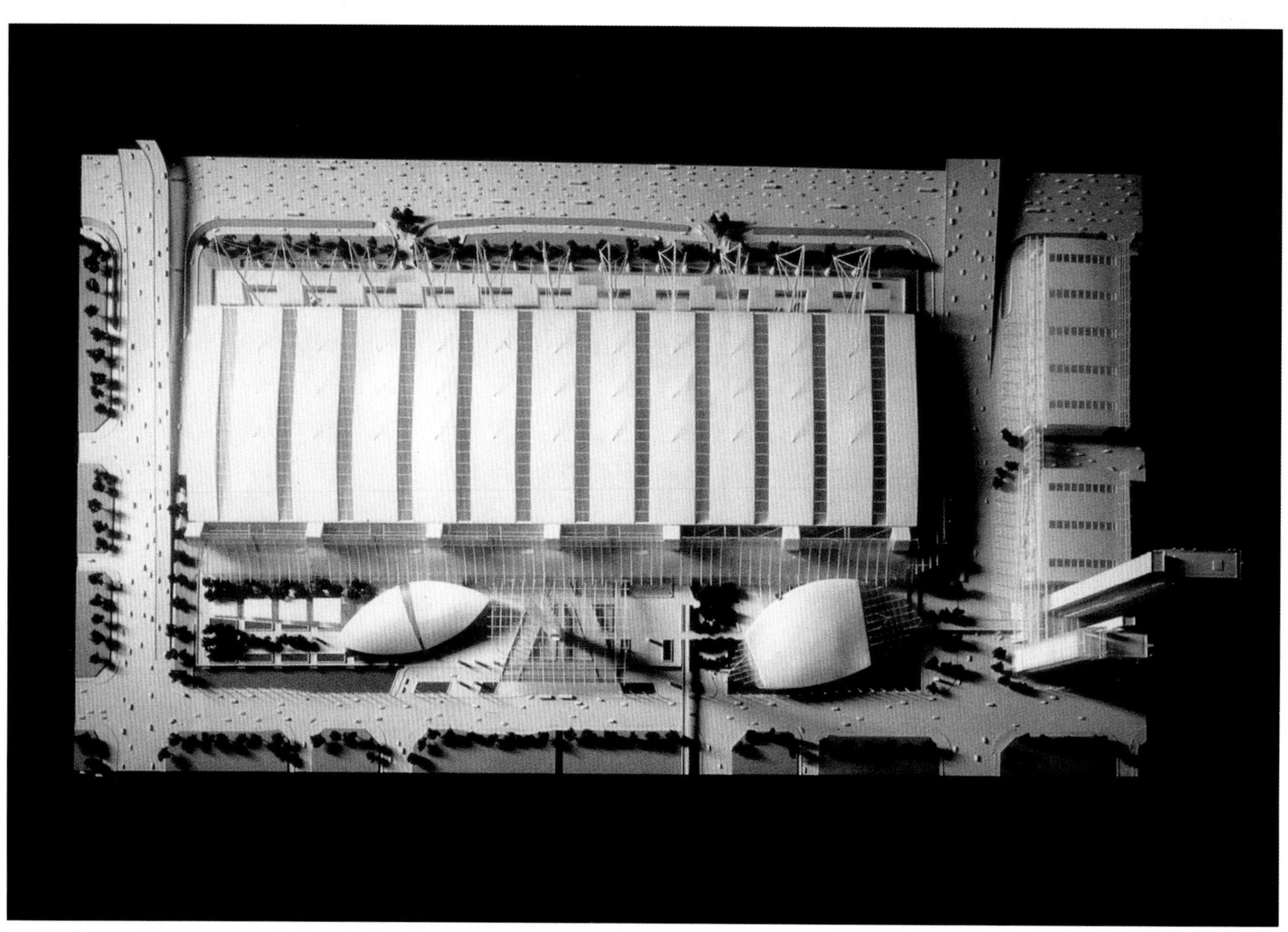

模型照片 2

文脉的综合性

用地的北侧，福华三路的北边是城市地铁线路，有四个地铁站点，再往北侧是正在建设的新市民中心。建筑物延续着远处的莲花山为对景的轴线，位于轴线上的是节能塔，与远处的山脊遥相呼应，它同时具有重要的功能性，延续着城市的轴线并界定为新的市民广场。

基地的南端是滨河路，在这一侧，人们乘坐驰驶中的车辆经过这一新的建筑群体，因其独特的外露屋顶结构，带来直接而强烈的城市感和雕塑感，而建筑顿然形成了一个庞大尺度的城市艺术品。

新市民广场

沿福华三路主展厅的北侧是主要的一个新型开敞空间，有一系列的自由灵活性的构筑物穿插其间。这些建筑物包括多功能厅和会议大厅，以及为界定新市民广场的服务空间。这个广场中包括能源塔，纪念表演空间和公众入口，以及室外展场。

无论从街道层，地铁站或从广场外的地下商场进入会展中心，都可以体验各种艺术、文娱和商业活动，这体现了多样化的全新的21世纪的市场空间概念。

活跃的边缘

我们力图在各种可能的地方为该建筑综合体提供活跃的边缘效应。

我们的设计策略，即将零售店、景观元素和滨水元素放置在福华三路的南侧。这个策略也延续到益田路的设计中，即将酒店和辅助会议设施安排在其侧。这些活跃的边缘提供了合宜的“人”的街道。

景观和都市

正在建设的新市中心和通过地铁与该基地的联系使得该基地具有编织景观主轴的契机。新的设施运用合宜的处理手法将景观主轴、空中广场及会展中心联合成为一个整体，并形成该中心重要的节点。这也是对远方二三公里之外的山峦景观的再次回馈。这个建筑综合体将为深圳提供一个优良的人行步廊和发展与建筑物的侧面空间相连的各类观景点的机会。

三门入口

我们设计了对称而规整的入口——能源塔位于轴线的中心，其间与一些元素（多功能厅和会议大厅）侧向相连，以一种精妙的方式，体现中国古代哲学的三门入口的原则，或利用对称安排的廊架结构体现。

尺度的叙述

设计的尺度较大，它将远处几公里之外的相对很平展的地域引入这个设计之中。深圳新市区的规划强调了非同一般的中央轴线效应，而这个轴线将以崭新的深圳会展中心为轴心。为解决缺乏定位标志的问题，我们建议利用标高150m的节能塔，给予总图一个明显的标志。

进一步而言，会展建筑中屋面的结构，通过11根100m的高桅杆在广阔的都市环境中形成一个明确的建筑语汇的表达，因而传统的桁架屋面不能成为解决方式。我们所建议的这种屋面结构形式同时也成为形成新的都市面貌的重要主导因素。

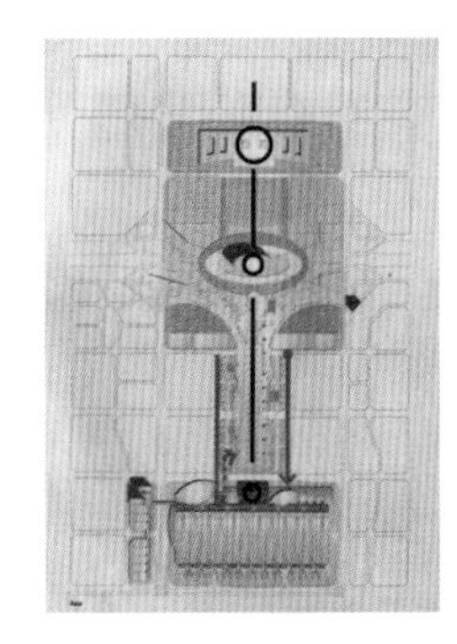

方案构思分析图1

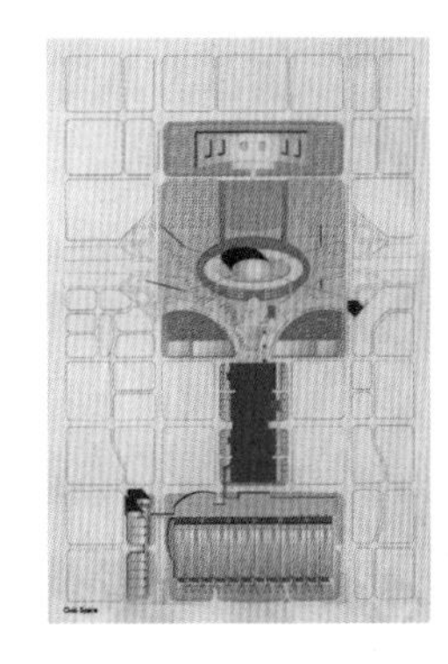

方案构思分析图2

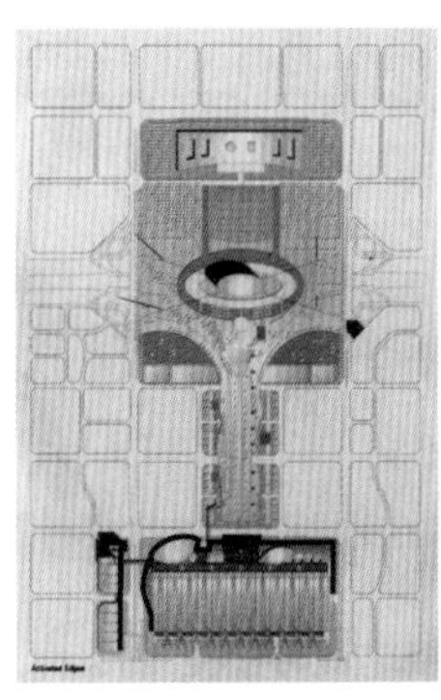

方案构思分析图3

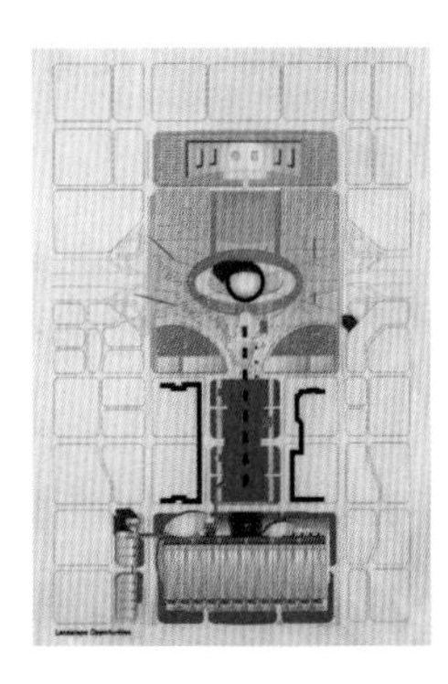

方案构思分析图4

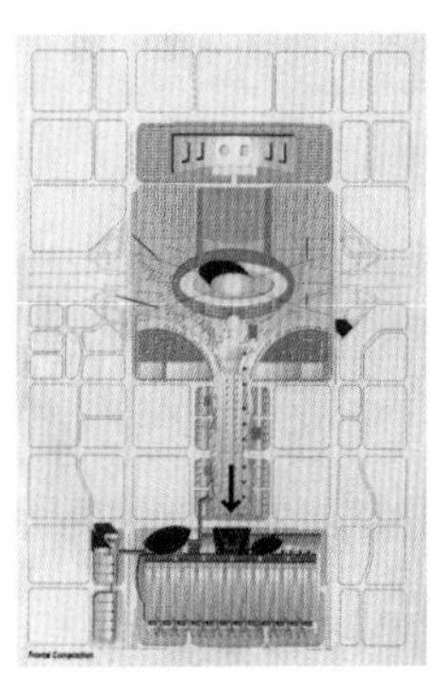

方案构思分析图5

总平面概念草图

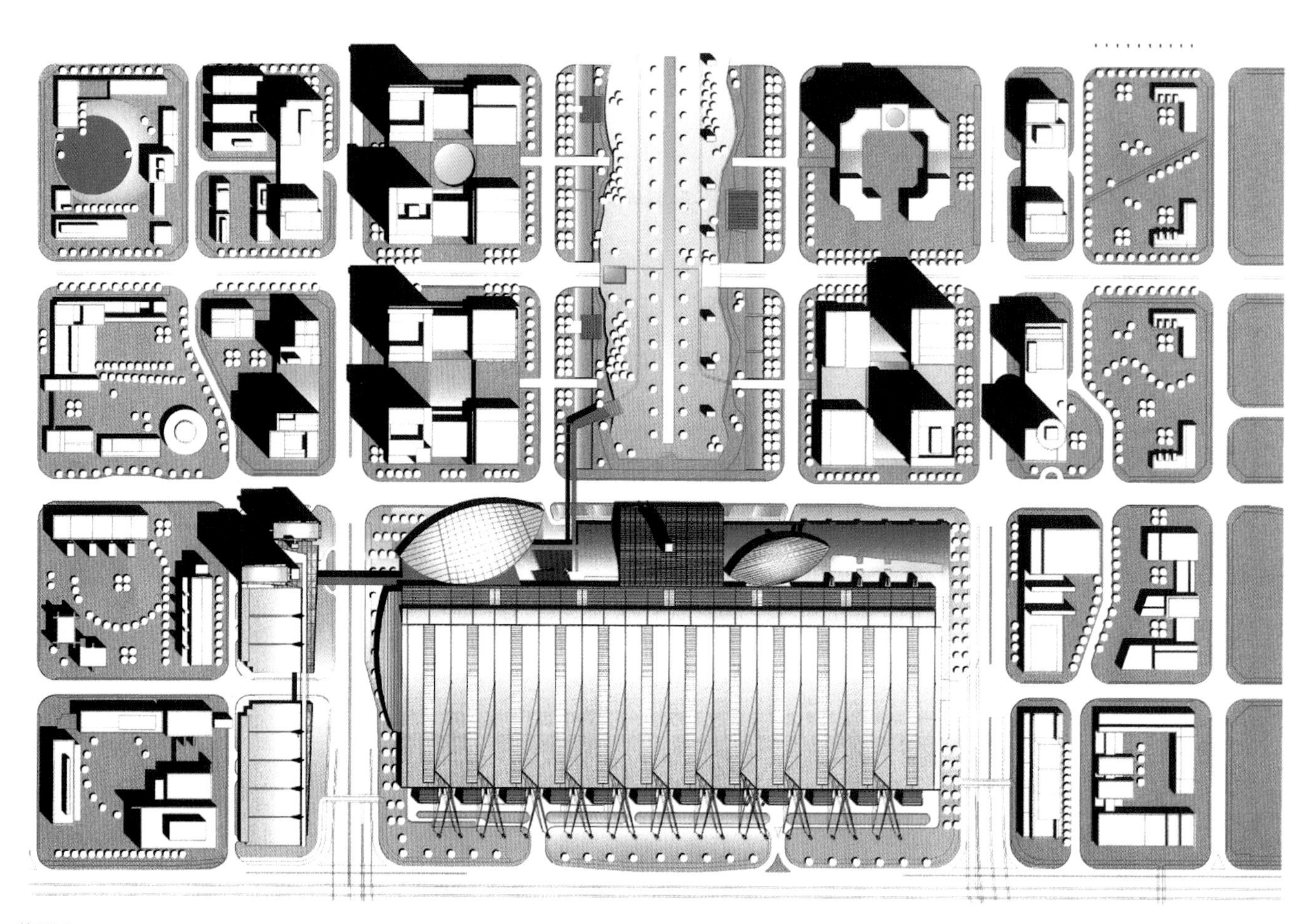
总平面

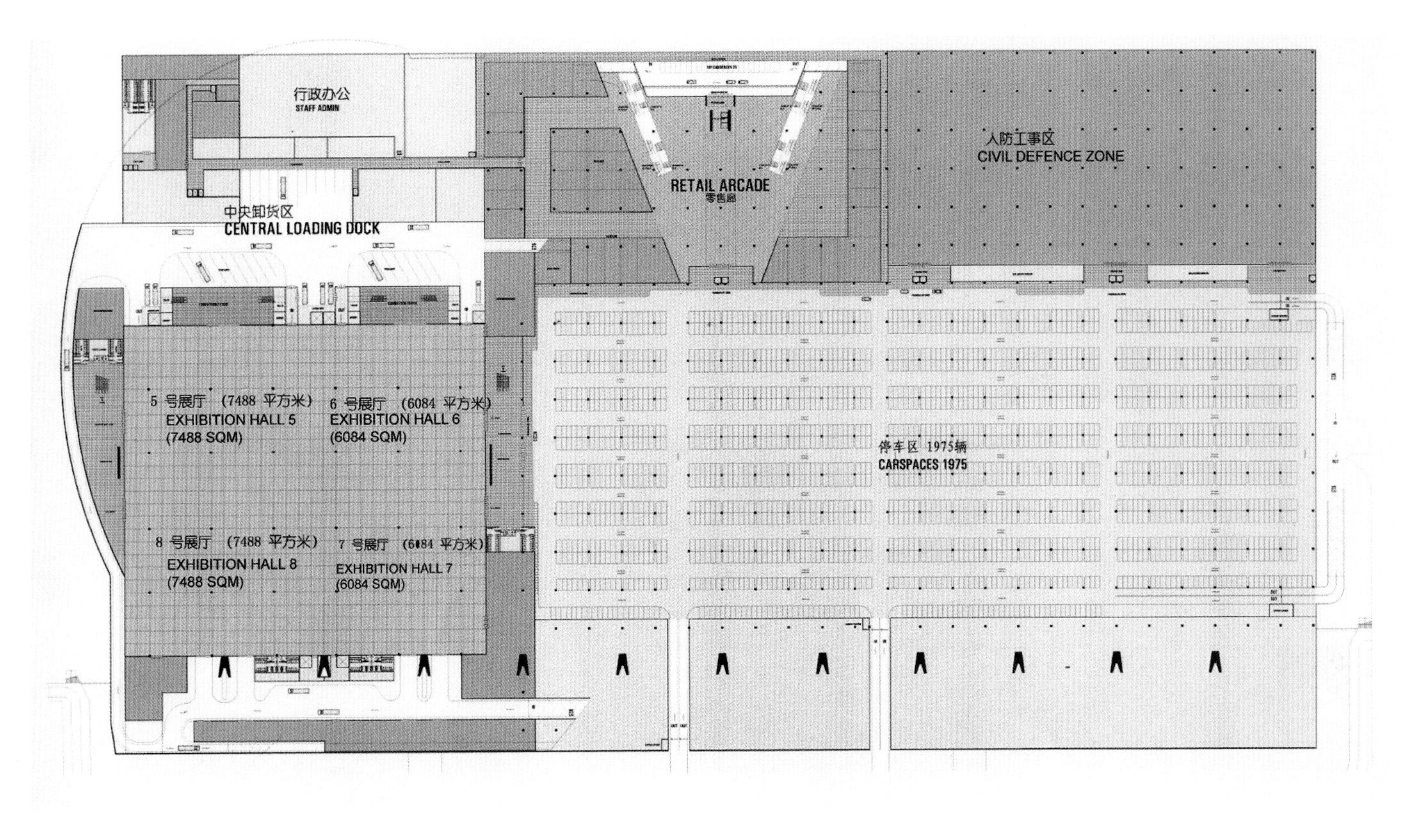

4.5m标高平面

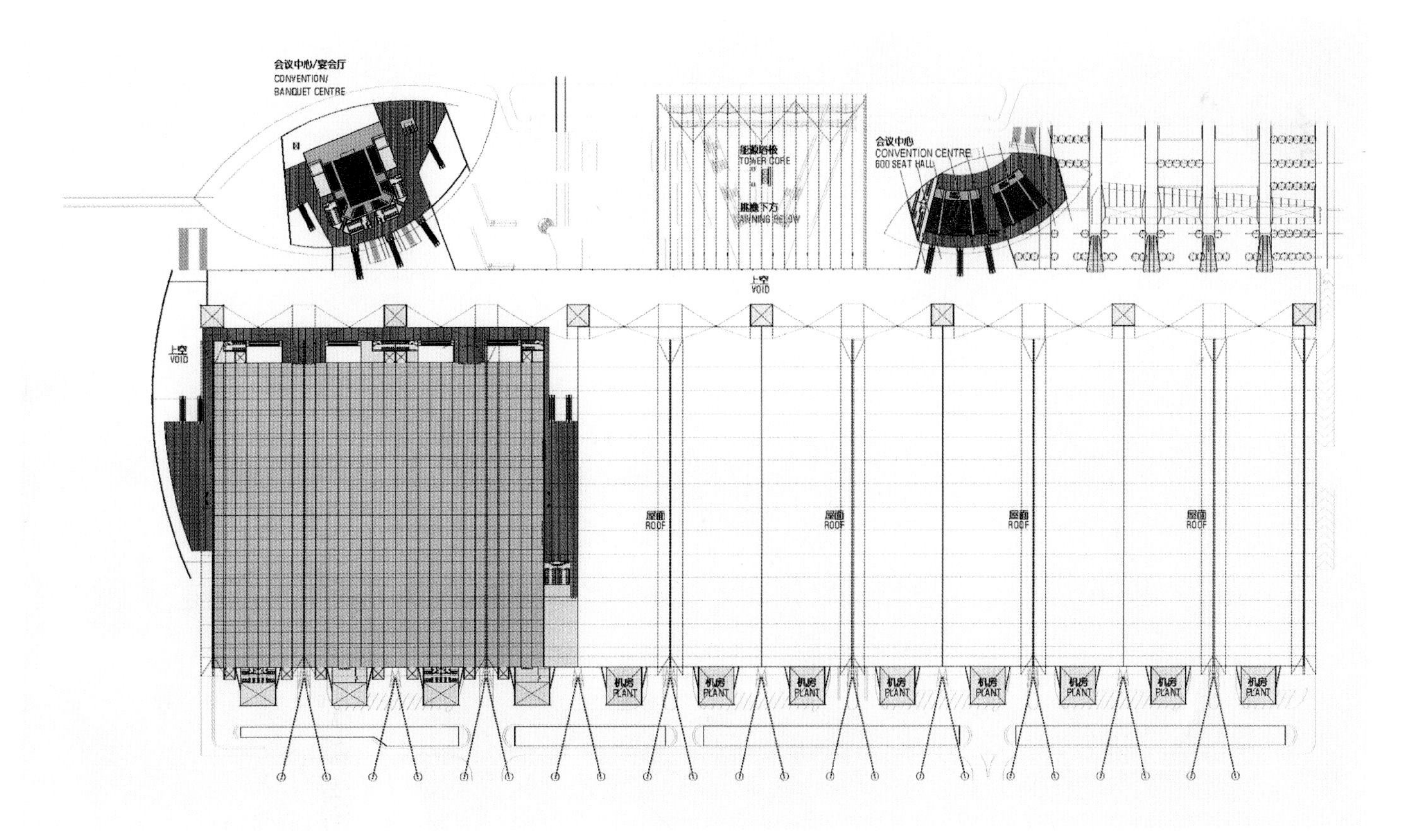

21.5m标高平面

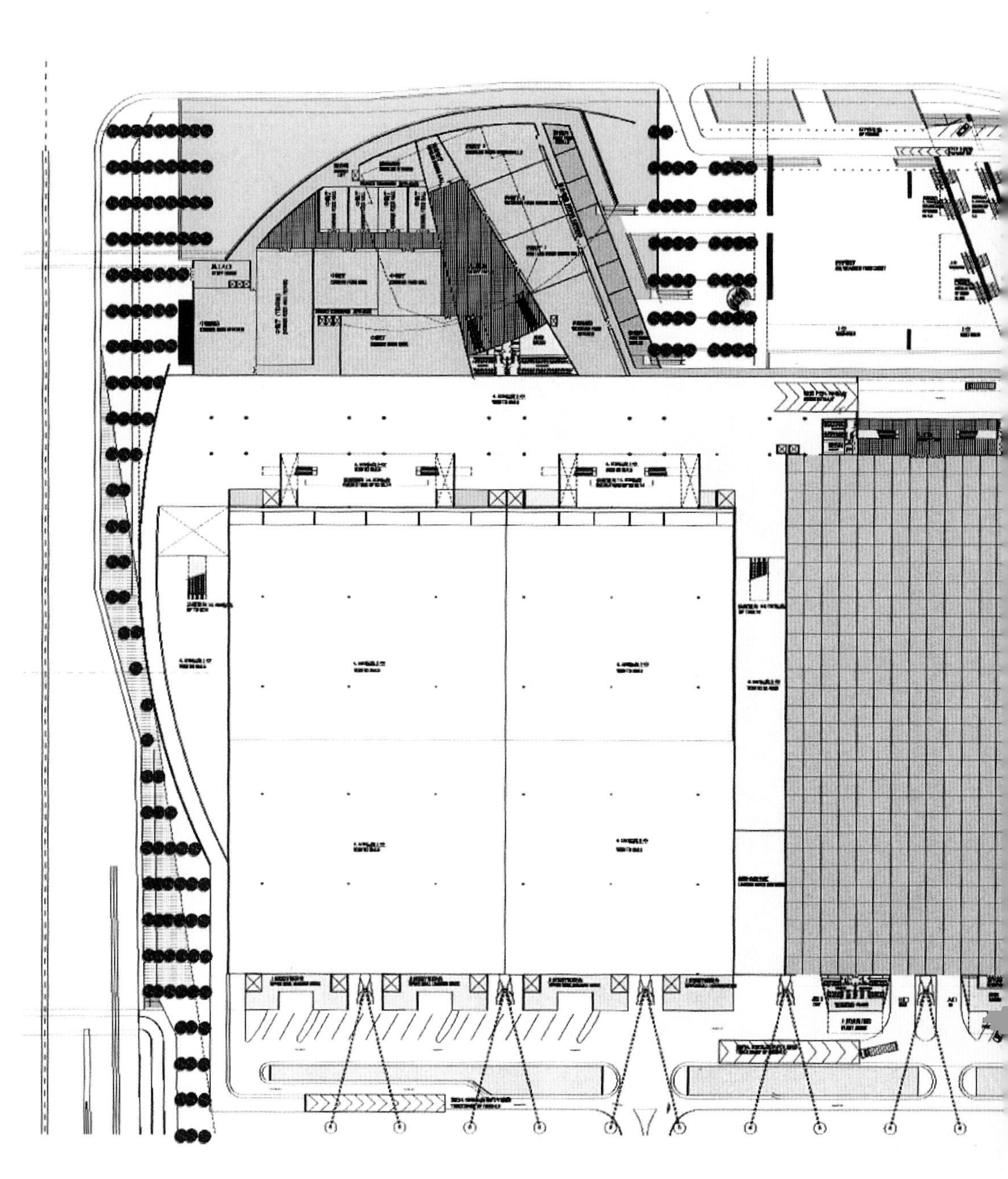

8m标高平面

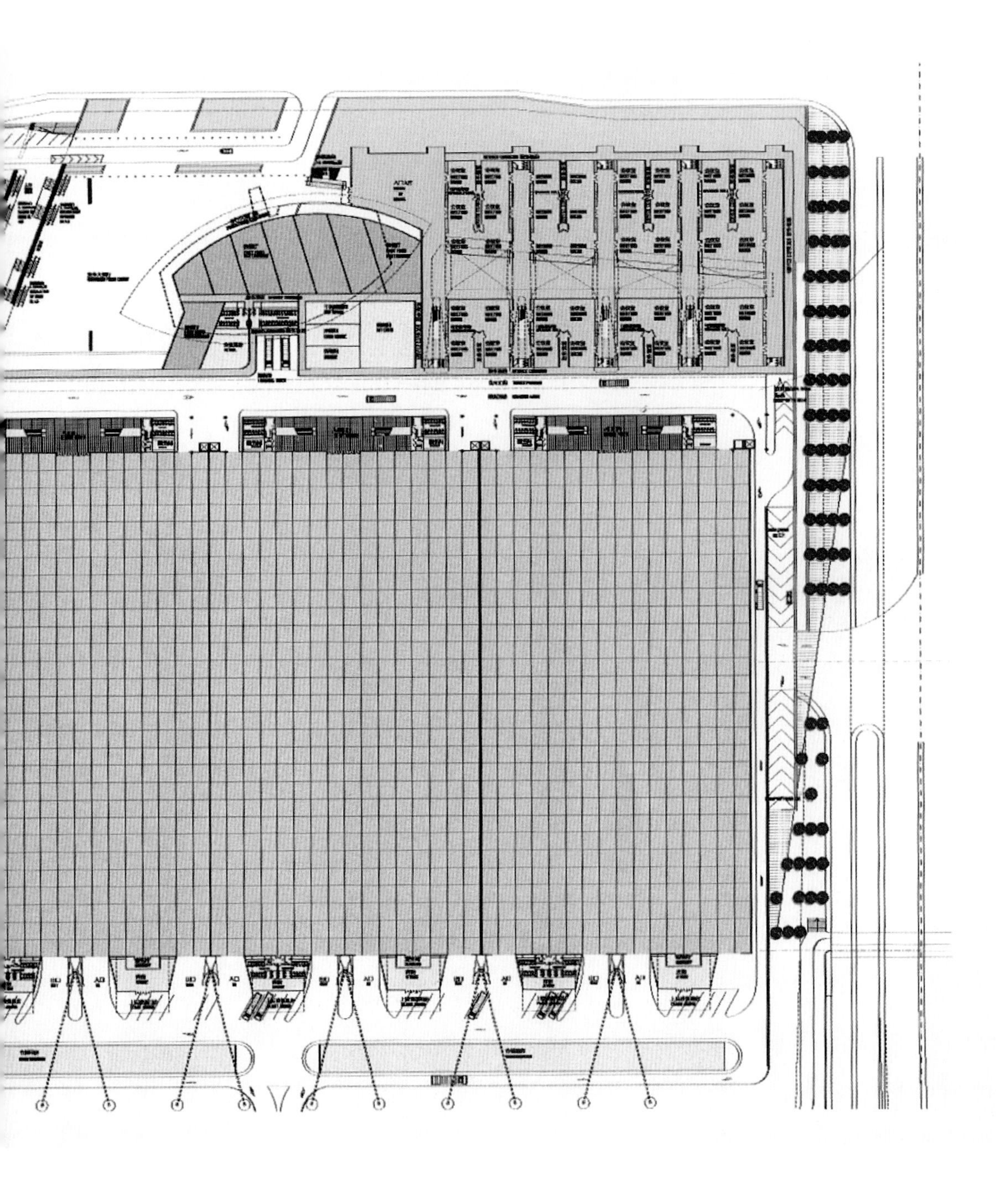

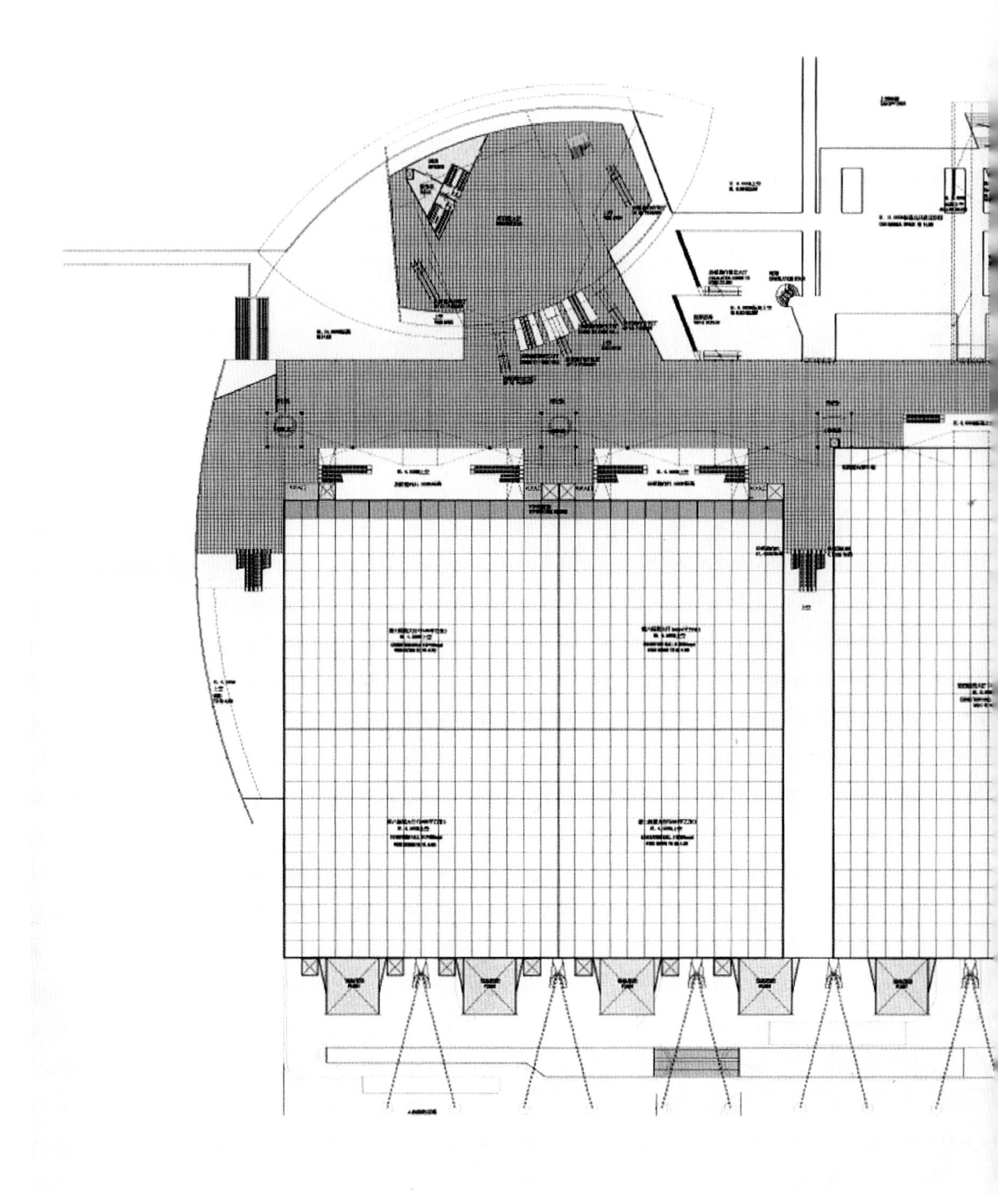

14m标高平面

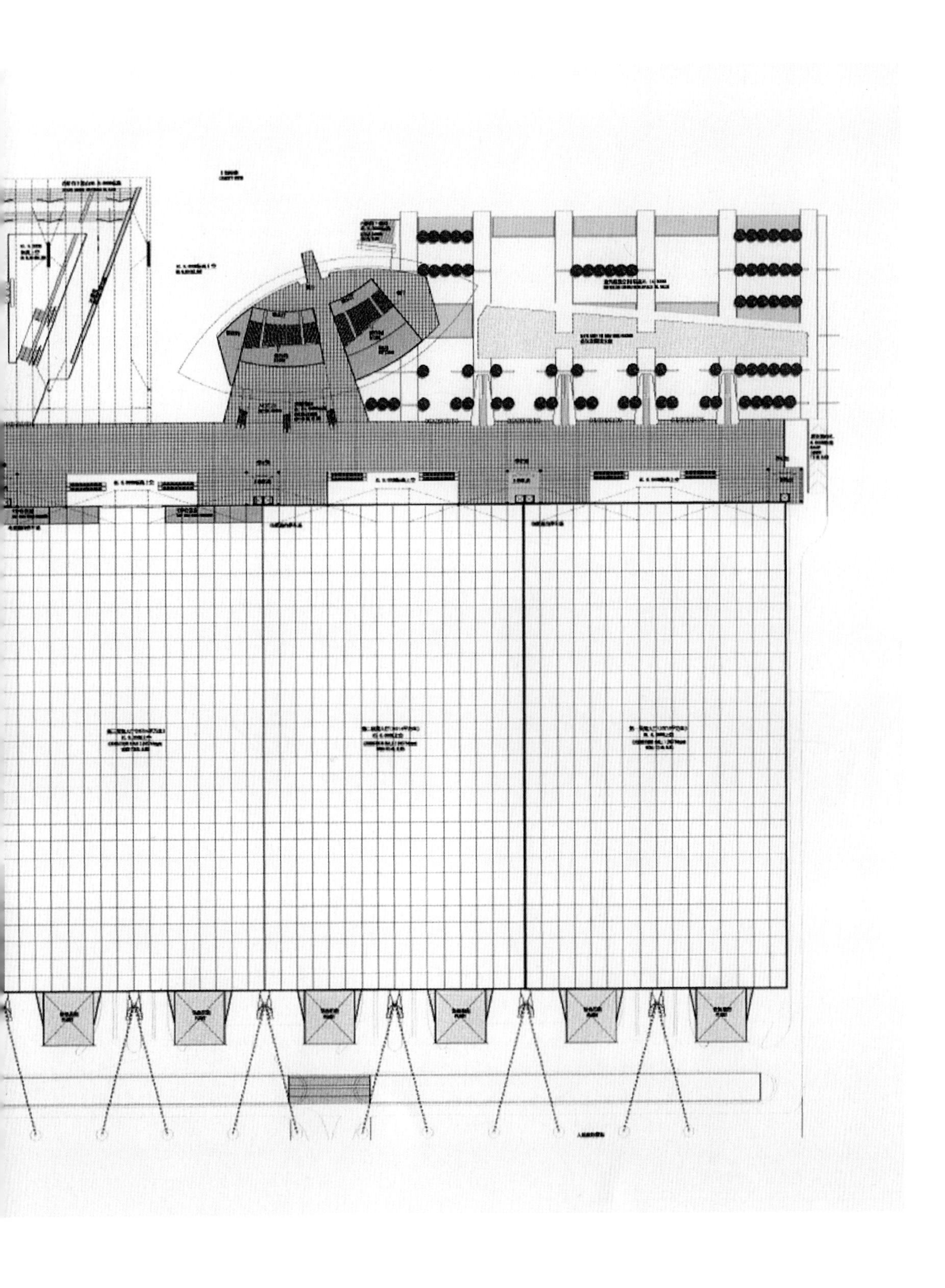

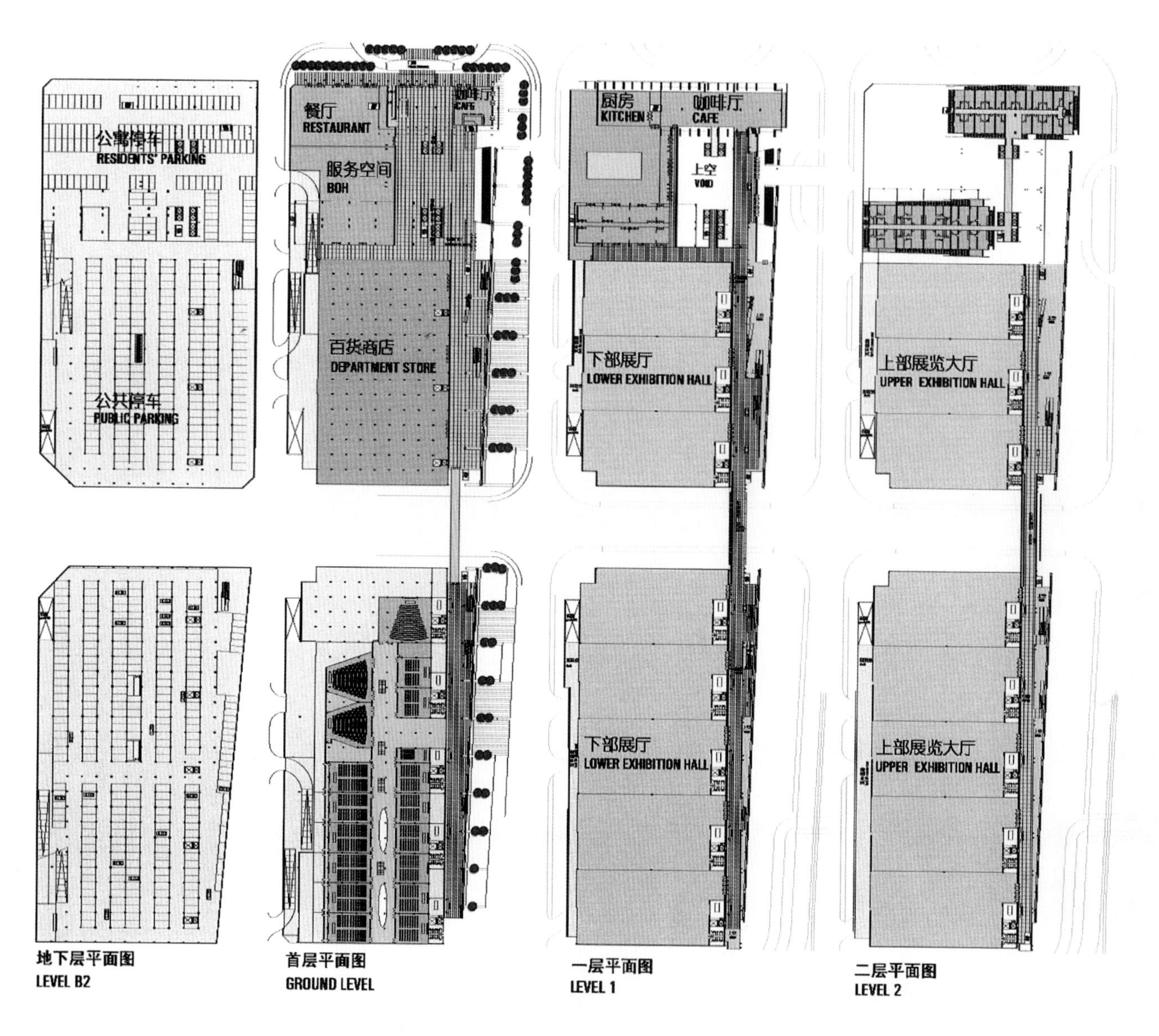

地块2酒店平面

庆典广场

到达该建筑物的人口是一个庆典广场。这个地区有为公共汽车、出租车服务的宽广的下客区，与地铁站里的零售空间层相连，并有各类小吃店与城市的街道在同一标高层上。从街道层经过一个庆典性的大台阶沿着景观的能源塔将人们引导至主要的轴线中，到达入口大厅层平面。翼状遮阳棚环抱节能塔，它界定了总图轴线的终止点。这些元素包括自动扶梯，大楼梯贯穿于建筑物的所有楼层中，并延续到地下层平面。它们同时也作为水体元素，其间包容了"200面旗子"。在入口大厅层平台上是宽阔的开敞空间为室外活动服务，如各种庆典和表演。这个区域的上空覆盖着舒展的玻璃雨棚。

展览大厅

展览大厅的功能、服务和建筑艺术水准都应达到国际最高的建筑设计水平。大厅的尺寸和各种服务要满足实际上各类展览的需要，内容广泛，从主要的年度项目，贸易展览到特殊专业展览，如计算机或珍宝类等。

总的来说，建筑的形式为线形，沿着建筑物的北侧连续排列公共空间和入口门厅。大厅位于入口门厅层之下，因此人们的视线被门厅层抬升起来，可以直接看到展厅的各类展示活动。这种安排也使得部分位于门厅层标高之下的地区作为每个厅的反空间来设置入口和卫生间及各种服务设施。

展览设施和主要的装卸平台位于南侧。由于展厅的宽度要求，装卸平台同时也在北侧门厅层平面之下。各展厅的主入口设置于北侧的中央，有着直接和明确与多功能厅之间的联系，并且与600人、800人的会议厅，各种会议室，宴会厅及酒店的联系都很方便。

单层展厅为174m长96m宽，可以以6m为进制分割成小展示单元，整个建筑有4个这样的大厅。四个展厅连在一起后可以扩展成384m长174m宽的巨型空间。整个建筑可以提供一个很大的巨型空间达到36 874m²。

厅桁架下最小净空15m，到展厅的中央地带逐渐增至19m，展厅之间的门高12m。上拉滑式自动门，使得门开启时，地面上平展无障碍。门向上提升后藏到两个隔墙间的凹槽处，与顶部的桁架设计一同考虑。这些隔墙在结构上作为在提升过程中的"静荷载"来处理。

每个单元或各个展厅都可以作为单体来运作，可以根据需要在中间区域关闭下来，每个

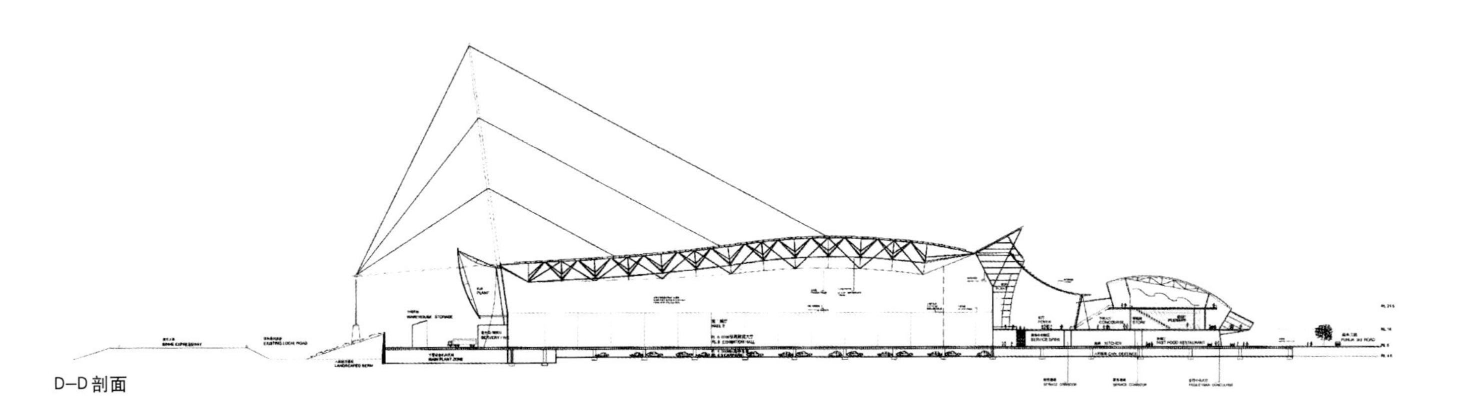

D-D剖面

北立面

展厅可以有独立空调，并有各自的门厅，独立的卫生间，装卸及展览设施。

每个大厅在中部提供给参展者9m宽的进出口。各类服务管线安排在展厅地面下特殊的凹槽中，表面覆盖彩色板以便从地面提供最便捷的接口。这些管线设施包括供水、排水、电缆线、电话、煤气和压缩空气。

双层罗列的大厅为70m长，宽度从78m到96m变化不等。支撑上层楼板的柱子模数间距为36m×30m，每层有四个这样的大厅，上层大厅的最小净空为9m增至中央地带的13m。这些厅的门高7m。底层的大厅净空从上层结构底算起为16m，门高8m。如单层展厅，门也是向上提升的。

底层大厅的服务和各项通道与单层大厅类似。上层大厅的服务通过液压电梯，通过门厅中的夹层平台引入。

服务地带

每个大厅有便捷的服务地带，服务卡车路径和大厅间有充分的装卸区域。服务地带被设计成可以容纳各类集装箱尺寸。到大厅的运载、卸货、装配的总体时间最多不超过3天，而拆卸完成的时间不超过2天。用于设置展示的时间之外，外部的装卸设施可以用来提供无限制的展示变动。为货运卡车而准备的货运卡车通道也提供了无限制的展览变换的可能性。货运卡车由双向通路到达各个展厅。

所有的服务地带通过沿边界有景观设计的小土丘而隐藏起来。

会议、宴会中心(多功能厅)

多功能厅设置于上层平面(RL21.500)，设计成3000人的大厅，可以用能移动的隔声墙板，分割成小的独立厅，这个厅的座位设计成可收缩的座椅，使得大厅既可用作会议空间也可以用作宴会大厅。备餐室、卫生间和储存用房都设计在这层，同时还有与位于下面两层的主要厨房相连的备餐室，在表演区，提供了翻译体系和视听设施。

多功能前厅

多功能前厅设置于中央集散大厅层(RL14.000)，直接在会议/宴会厅之下。前厅的功能主要是提供了一个为客人到达主会议厅和宴会厅前登记的空间。这个大厅也提供了卫生间、厨房和储藏设施，这些都可以通过电梯与会议/宴会厅相连。

南立面

西立面

东立面

展览大厅

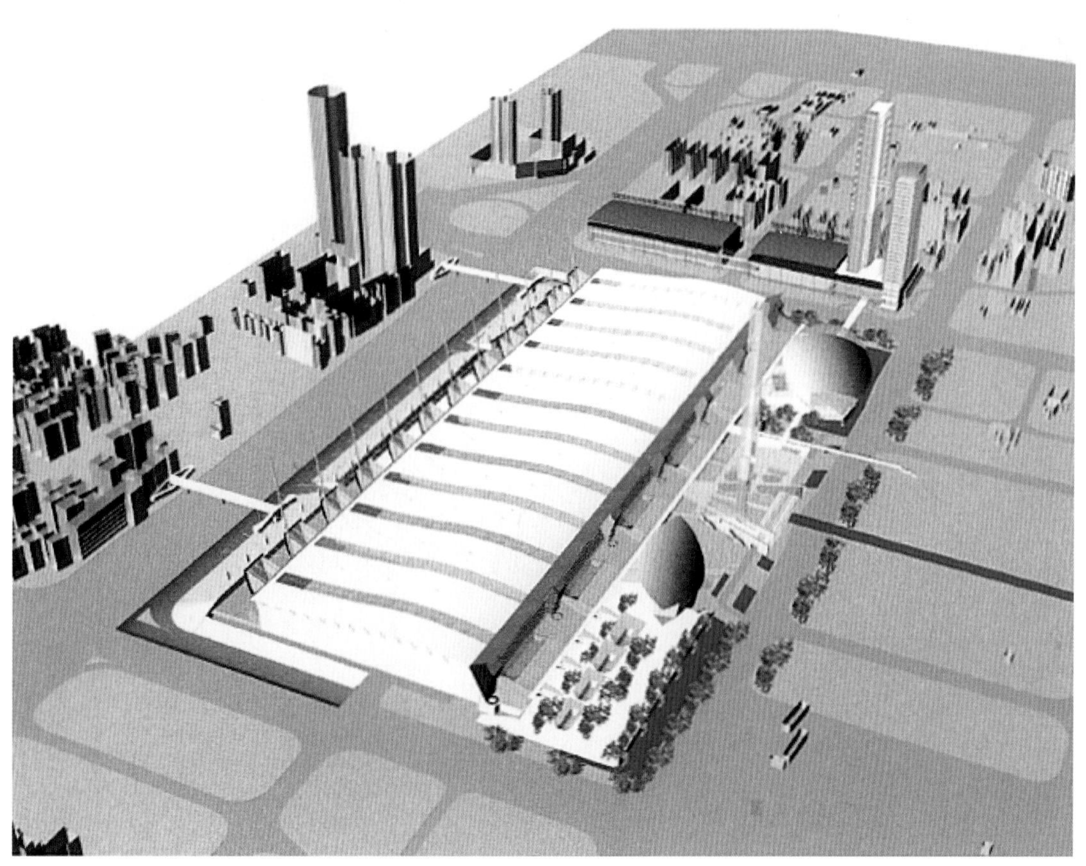

鸟瞰图

主入口透视图

门厅透视图

一点剖面图

模型照片3

南侧透视图

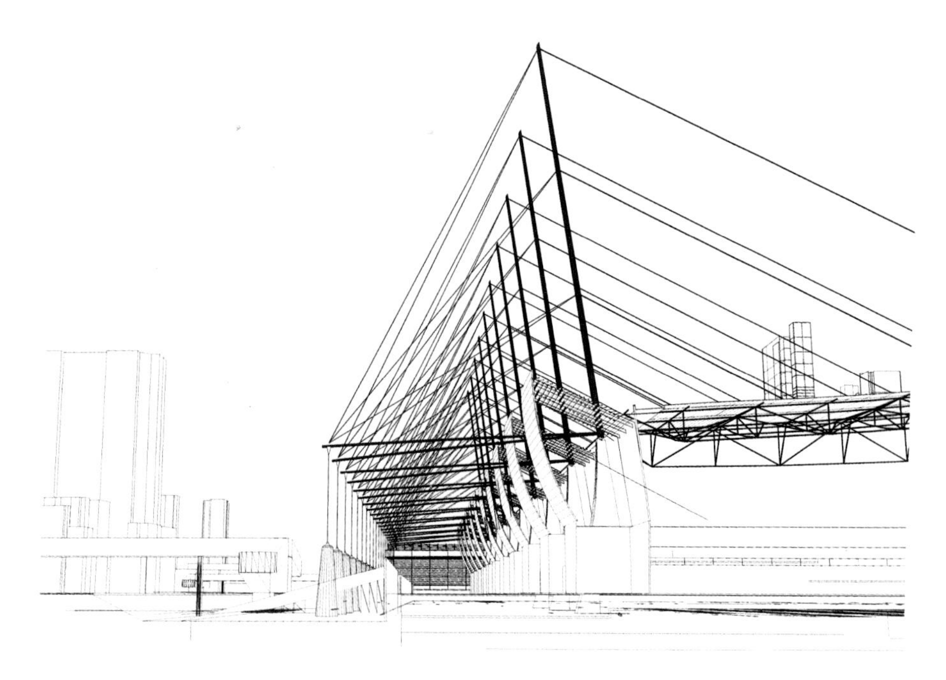

南侧货运区透视图

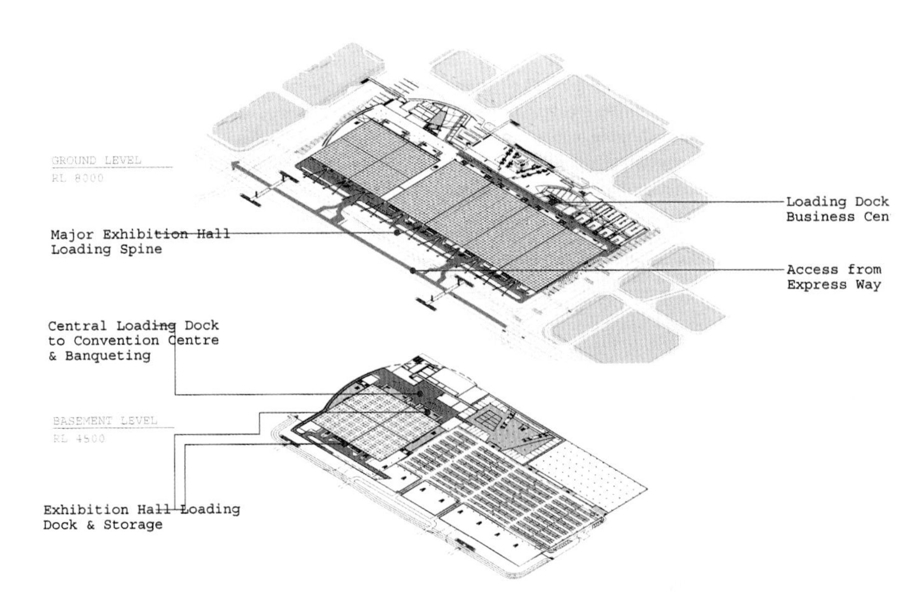

功能轴测分析图 1

大餐厅

大餐厅设置于主展厅层(RL8.000),直接位于多功能前厅之下,分成许多不同特色的小餐厅,以提供多样化的餐室,包括中餐厅、西餐厅和清真餐厅,快餐部设置于大餐厅的东侧边缘。

中型会议厅

设计中提供了两个中型会议厅,从主要的中央集散大厅层平面(RL14.000)到达。800人会议厅有视听设施,投影屏幕,卫星通信,电视会议,同声翻译频道和电子投票系统。

与之相连的600人会议厅也有投影屏幕。两个大厅都有为贵宾服务的休息厅。

会议中心

会议中心位于主展厅层(RL8.000),由40个可各容纳40人的小会议室组成。中央门厅地带有天然光的直接照射,从上层的室外展场透射进来。通过主门厅的自动扶梯到达这里。这些会议室可以分成6个300人会议室,其中一半可以打通而成为100人或200人会议室。其中五分之一的用房具有声音、灯光、电讯和投影系统,以及4个频道的同声传译系统。也提供了备餐间和卫生设施。

快餐区

快餐区的设计主要是为大量人流在短时间内提供干净高效的食物供给。这个区域位于主展厅层(RL8.000),整个建筑的中心位置可以最大限度地吸引过境人流,可以作为非正式集会空间。

快餐区与会议中心相连,并有装卸平台、卫生间和贮藏室。

室外展场

30000m^{2}的室外展场主要设置于交往层平面上(RL14.000)。这个位置可以使过境交通的人流,看到这里的展示并吸引公众来参观展览。这种设计方式有效地展示了展览本身,并为深圳市区提供了一个大型的公共交往空间。东北角的一块大的区域也可以用作室外音乐会和多功能的展场。这里会变成深圳的文化活动空间。

商业零售

该基地的大量人流的集散为各类商业活动提供了良好的契机。各类访客,酒店住客和参展商都可以从展厅之下的区域直接到达这个商业活动区。一系列的电梯和自动扶梯联系起了商业活动区和人行步道区,酒店及写字楼。商业设施的位置位于街道层平面、最大限度地展示给益田路的过境人流。

装卸平台和货物发送区与车辆的入口层结合起来位于建筑的背面。这样将车流集中起来远离人行系统,确保益田路的街景设计是一种亲切的友好的人行尺度的景象。

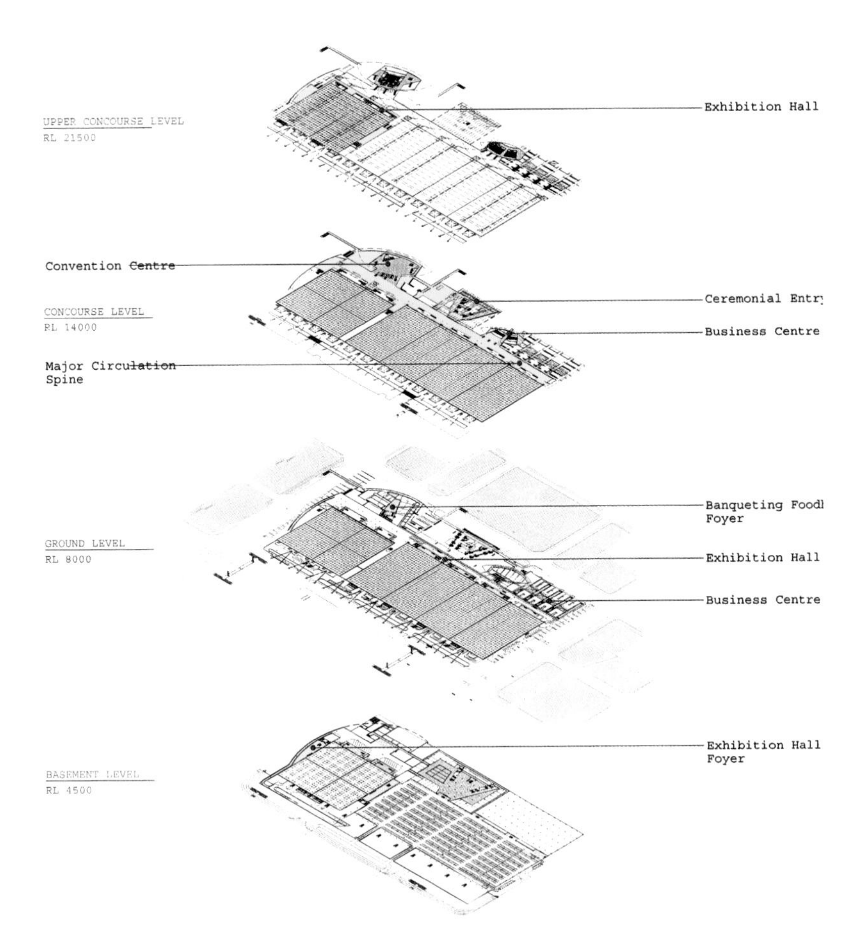

功能轴测分析图2

附属展览大厅

应用大跨度桁架，附属展厅可以在二层提供30 000m² 的展示空间。在上层平面中完全为无柱大厅，可以灵活地进行多样性的展示和各类活动。底层平面以6m为柱网模数与国际性展览的标准尺寸相一致。

到达这些展厅的通路被安排在人行入口大厅的一侧，由沿建筑的全长而设置的轻型钢和玻璃结构将通往这些厅的廊道封闭起来。这些元素提供了附属展厅的视线焦点，并给予这些展厅一种建筑语汇来表达它们的重要性。

入口大厅有一系列活跃的自动扶梯在其间穿插，联系起了附属设施的各层平面。这样一来提供了一种在展览大厅和集会空间便捷的通路，联系起了展厅之下的集会空间。一个人行天桥跨过福华三路联系起了两个厅，以便访客和参展者通过清晰的路径到达这里而不受车流的影响。一系列的矩形透空空洞沿入口大厅边缘布置，创造了一个展厅和会议设施间的视觉联系，同时也为访客提供了激动人心和生机勃勃的建筑印象。

装载和发送区域设置在建筑的背面。两个可运载货车的升降梯运送各参展材料可到达各个展厅和到达沿大厅的全长布置的抬升起来的通路，因而确保了高效的运输，缩减了架设和装卸展品的过程。

机房区设置于抬升起来的侧面的通路之上，因此可以将各种机房和后勤区集中布置。弧形的背立面墙体可以放置空调单元主机和带百叶的屋顶，可以提供大量新风，确保大型制冷量的空气供给。

每个厅都有各自的厕所、备餐区和客梯，与停车区相连。

道路通道的流线

我们的方案设计采取了一种设计原则，即为展览建筑分离和重整不同性质交通功能的要求。设计意识到货车和装载的不同要求，需要占据一些类似人流途径的空间，而这两种功能是绝不应该混淆的。本设计完善地解决了车行、货车、人行的各项路径的流线，避免了相互之间的混杂。

货车和后勤车辆流线

后勤车辆线路的设置好坏决定了会展中心的成功与否，它需要在功能布置上和其他设施绝对分离开来。

我们设计的平面意识到这种要求，以一种单向的流程体系来回应，在展厅周围安排了逆时针的车行流线骨架。这种体系可以服务于不同尺度的各种展厅，提供了为各种展示空间服务的灵活性。

为展览服务的主流线骨架同时也作为内部通路，服务于各种附属后勤设施，包括装卸平台，储藏空间厨房，以及和会议商务中心相关的废物垃圾等。

所有货运和后勤车辆会由基地南侧的滨河快速路导入。这也是任务书中的要求。现状的引自滨河路的坡道用来提供快速路的西侧入口通道，使之到达主要的货运环线上。

所有货运后勤车辆出口是通过基地西侧坡道引导至滨河快速路上。

在最紧张的布展期间进出车辆会相当混杂。车流环线地带被设计得较为宽敞并合并起了一些专用地带为卡车排队停车服务。装卸区域提供了宽敞的地带可以调动各类后勤车辆，确保良好的视野和避免路径交叉。线路的设计考虑到了在运输过程中的故障回避地带和事故回避地带。

停车场设计

停车场位于RL4.500的地下室。在这里包括

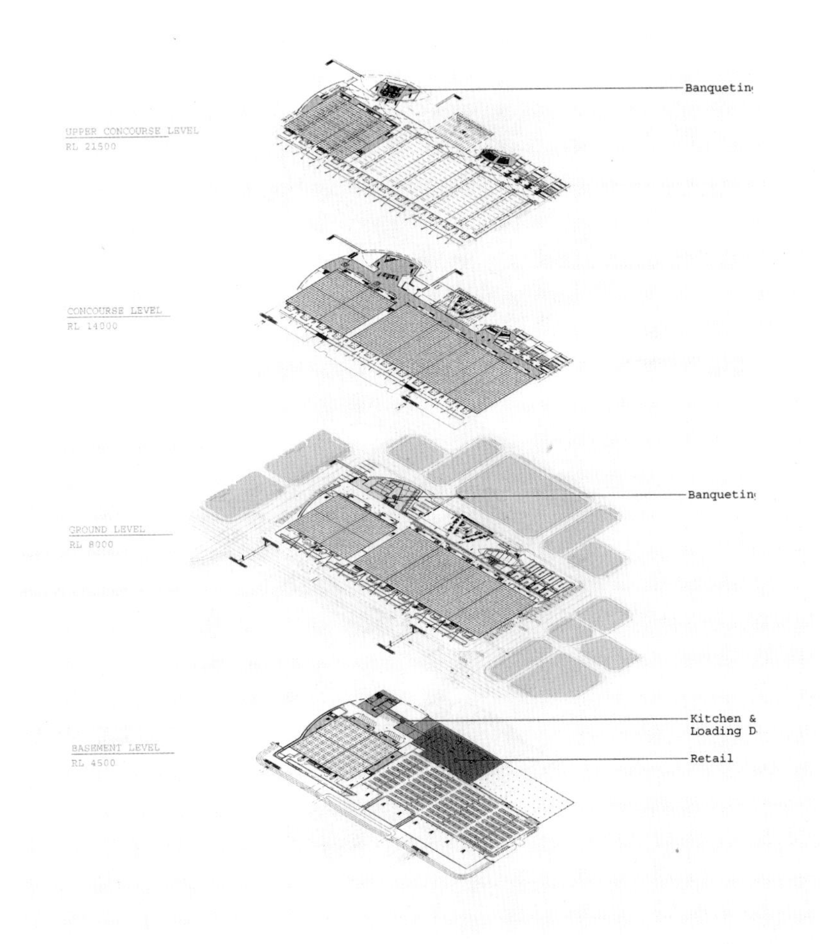

功能轴测分析图 3

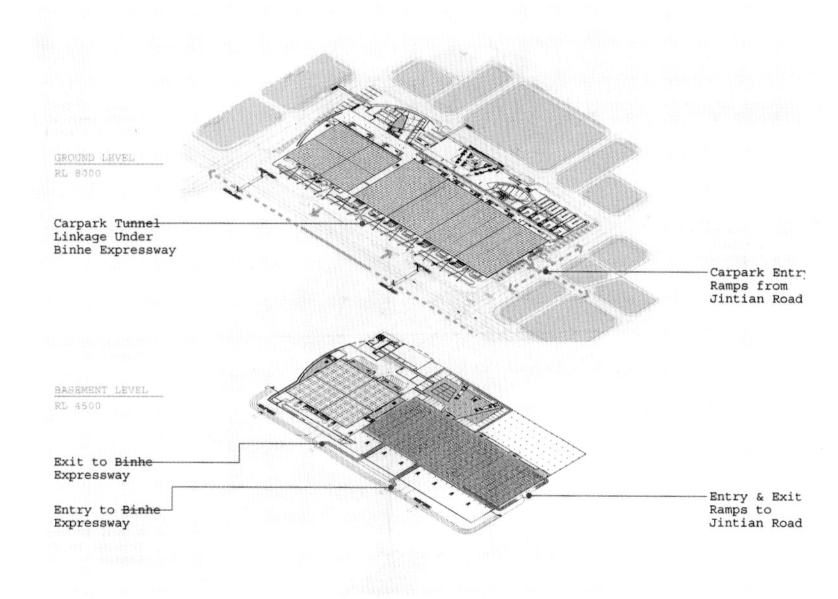

功能轴测分析图 4

设计任务书中所要求的1000个泊车位，同时还有为地面上室外展场服务的另外1000个泊车位，共2000个车位的车场面积。将停车场全部设于地下是非常重要的，它能提供更加有效的室外展出空间和创造出更加亲切宜人的室外步行环境。

停车场进出口部设计

停车场的两个主要入口分别位于与基地相连的主要城市道路上。

第一个机动车辆出入口设于金田路，与福华三路相对。从两条道路都可进入停车场的上下行坡道，交叉口将由交通信号灯控制。

滨河大道上的交通将可通过金田路直接进入会展中心的停车场，金田路同时也将成为联系深圳中心区北部深南大道的主要城市道路。机动车辆也可以由基地北部的福华三路进入会展中心停车场。

第二个机动车辆出入口设于滨河大道下的交通隧道，它将服务于沿滨河大道东行的机动车辆。另外的停车场出口将使会展中心的车辆向西沿现有的辅路通向益田路。

停车场设计

停车场进出口部，通道宽度及泊车位的尺寸要求我们是按照澳大利亚的相应标准进行设计的。对于车流路线的设计我们遵循设计要求中所提出的双车道系统，为了提高车场内的车行效率，我们将车流路线设计为单向逆时针系统。停车场的设计同时还包括各出入口的等候排队及打票设施的设计。

停车场的北侧入口通道贯穿车场的西侧及北侧，提供了一条专用的下客通道。北侧的下客点通过电梯与主要的步行人流轴线相连，并与位于RL14.000的主要交往层平面的展览签到处有着直接的通路联系。这里还设计了通过自动扶梯到达零售区的通路，以及到地面上的小吃店部分及以上的广场。

地下铁路

我们的设计意识到深圳会议展览中心的主要步行人流将是来自地下铁路。

通过细致的研究，我们将与基地北部停车场下的金田路地铁站的联系点与深圳会议展览中心的设计紧密地统一在一起。现有地块的商业大厅的标高被我们用来确定三条地下人行隧道的标高。它们将该商业大厅与新设计的深圳会议展览中心中的零售商业大厅及城市人防设施相连。

地下人行隧道的设计将地铁站中的人流向上引入整个综合设施的各层。因而步行交通向上通过各种扶梯及楼梯与餐饮大厅，零售及商业区域紧密地联系在了一起。人们通过使用这条路线可以清晰地了解到一种明确的该中心商业系统的布置形式，自然而然地进入主交往层RL14．000的展览空间。

公共交通

在福华三路，我们没有提供为出租车和公交车服务的下客站点。主要道路不受停车场的干扰以便使重要集会时的人流集中到大楼梯，引导至庆典集会的交往平台区。

公交车站

公交车站设置于益田路的两侧，有特别通行证的私人汽车和旅游团也可以利用这个地带来上下客。

出租车上下客站点

出租车的通道位于福华三路上。出租车的队列和上下客区域被严格地限定在覆盖着大台阶的门架之下，到达基地的入口是依靠中心区轴线西侧的中心五路，出口是轴线东侧的中心四路。

出租车队列处与一些自动扶梯相连。

贵宾出入口

所有的重要客人的车辆都通过福华三路到达深圳会展中心，根据庆典和安全保卫的不同等级要求，贵宾可以通过两种方式选择到达该基地。

对于一般性的庆典而言，我们的设计提供给贵宾从福华三路的入口广场下车，通过大台阶到达庆典广场，RL14．000标高，大台阶位于深圳新中心区的轴线上。

同样的，设计也提供了另外一种更为安全而私密的方式，覆盖有雨棚的贵宾上下客门廊，以及RL4．500标高位置的25辆贵宾专用停车场，通过精巧设计的专用电梯贵宾可以达到整个建筑的各个楼层，而这个电梯厅坐落在位于深圳中心区轴线上的玻璃节能塔中，贵宾也可以通过与下车地带紧密联系的大台阶而到达主要的交往层平面，进入庆典空间再进入展厅。

贵宾车辆的入口设定于中央轴线旁的中心五路，大台阶之下有条坡道引至RL4．500标高层，出口设置于中央轴线旁的中心四路。

为贵宾准备的出入口的设置使得贵宾从北侧深圳中心区，主动脉干道沿福华三路进入该基地；来自南侧滨河路的贵宾车辆通过上下行坡道进入该区域。

人行通路

本方案意识到会有大量的人流来参观这里，这些人流来自周边地区，所以设计了不同类型的人流入口处。沿福华三路的主立面设计成亲切的人行入口点，到基地的人行通路沿中央

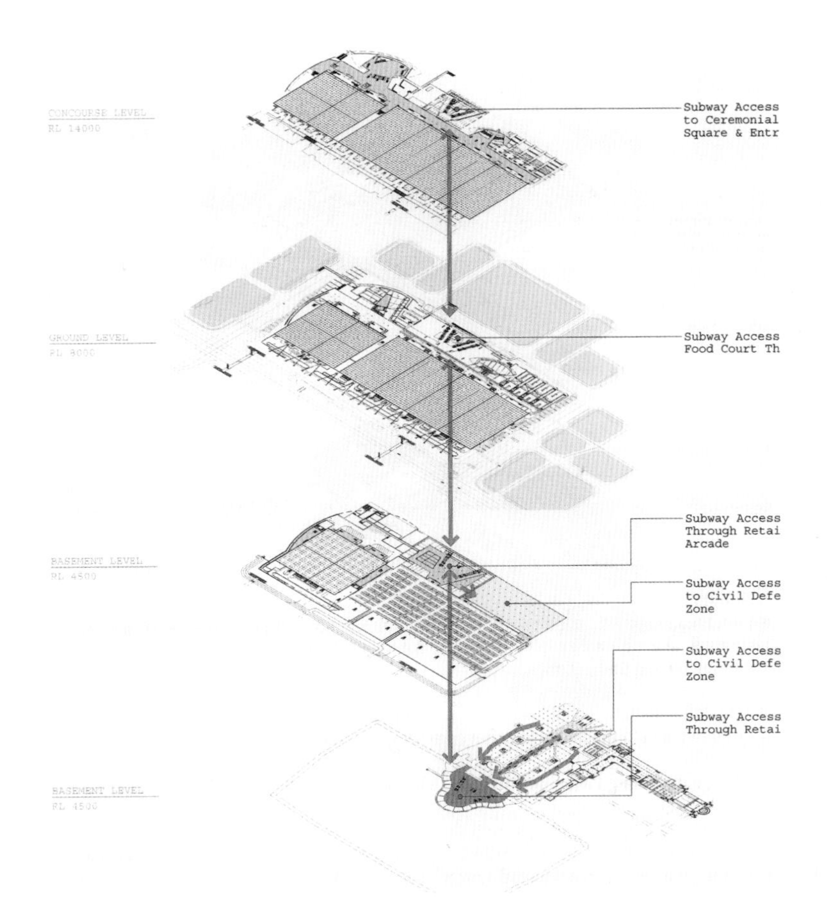

功能轴测分析图5

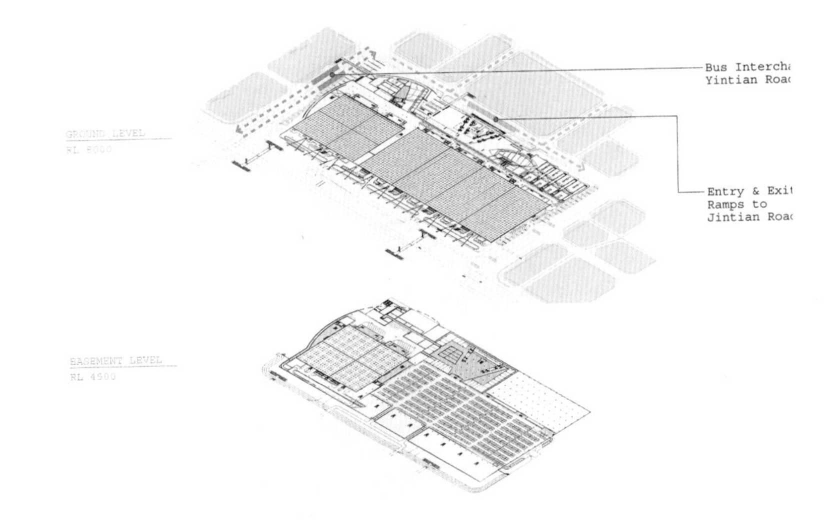

功能轴测分析图6

轴线设计成漏斗状，方案也将中国古代三门入口原则的设计理念融合其中，行人可以沿轴线两侧的跨越于水体之上的有护栏板的引桥进入展览中心。人们可以通过各种不同类型的餐饮厅和商业零售廊渗透到各个楼层中，人们也可以利用中心轴线上的大台阶到达交往层平面进入整个建筑。

来自北侧中央绿化花园的大量的人流可以被跨越福华三路的人行天桥分流。

现存的跨越滨河快速路的人行天桥将被保留以吸引来自滨河路方向的南侧的人群，从南侧而来的人流将通过有景观设计的金田路和益田路到达会展中心的北侧主入口。

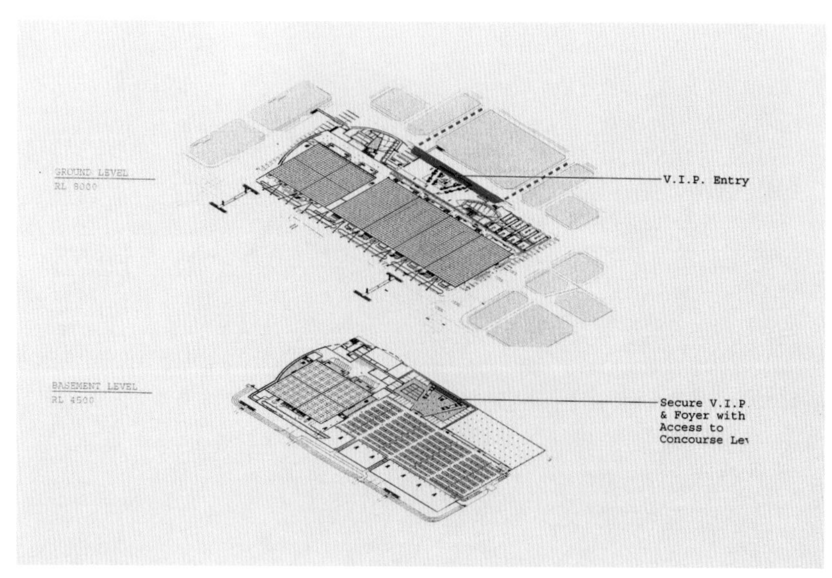

功能轴测分析图 8

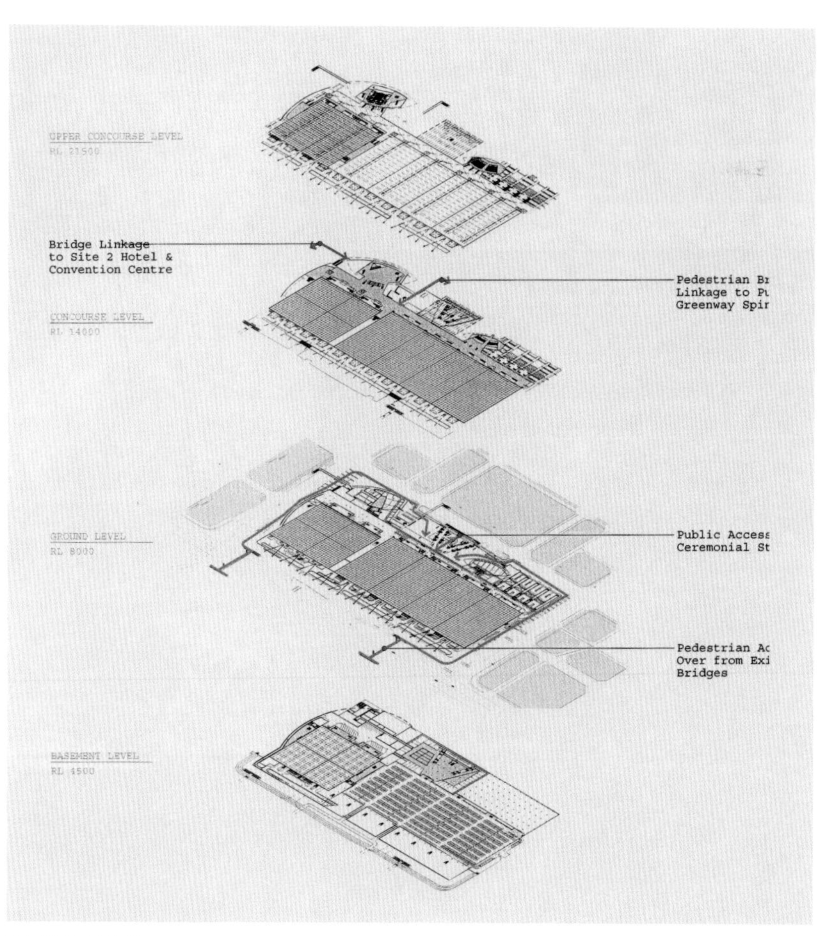

功能轴测分析图 8

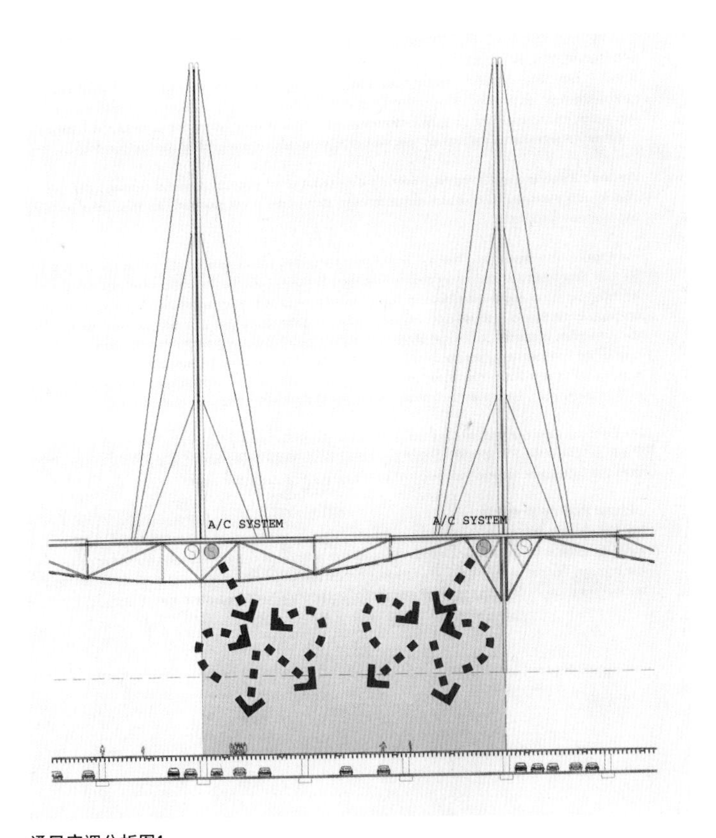

通风空调分析图1

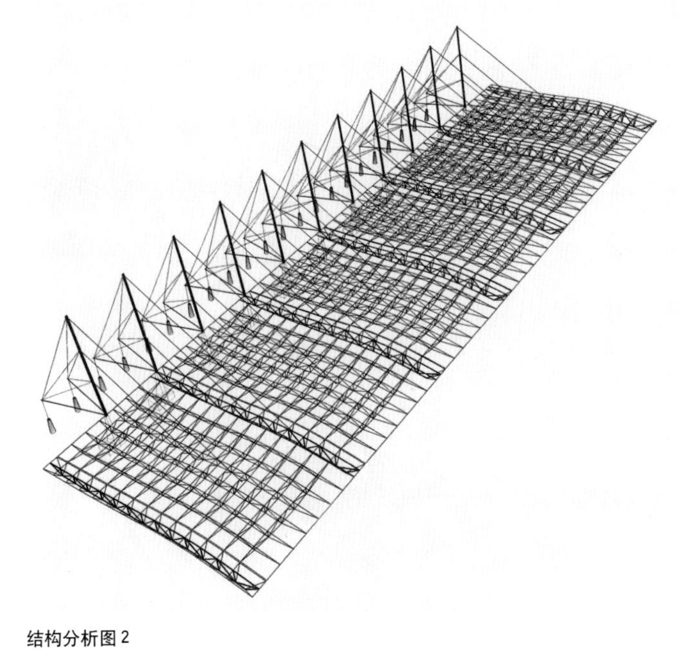

结构分析图 2

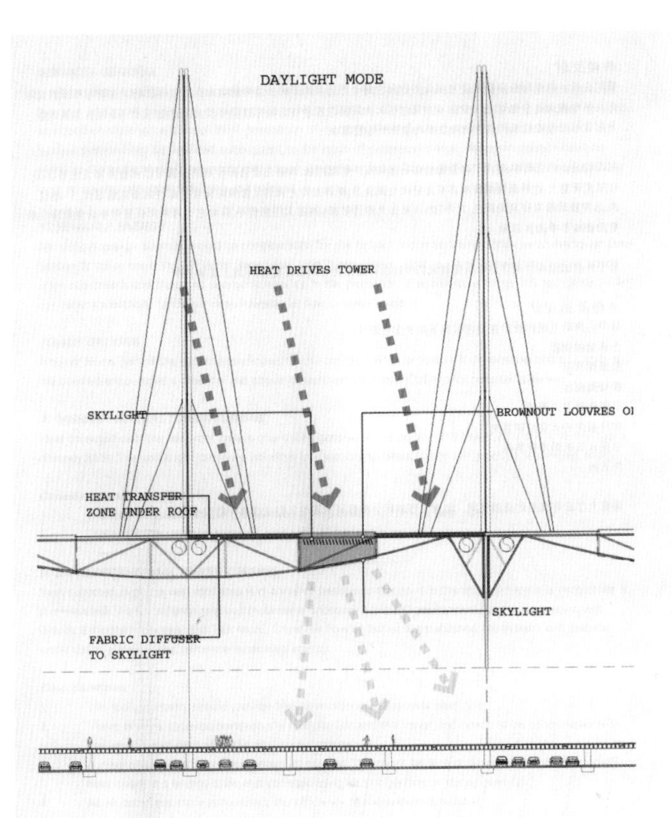

通风空调分析图 2

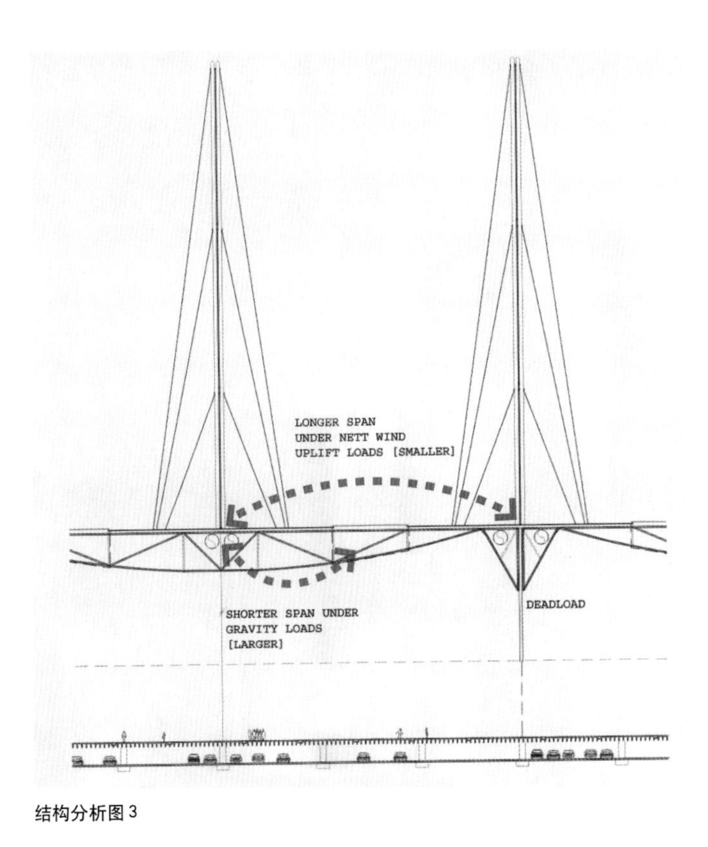

结构分析图 3

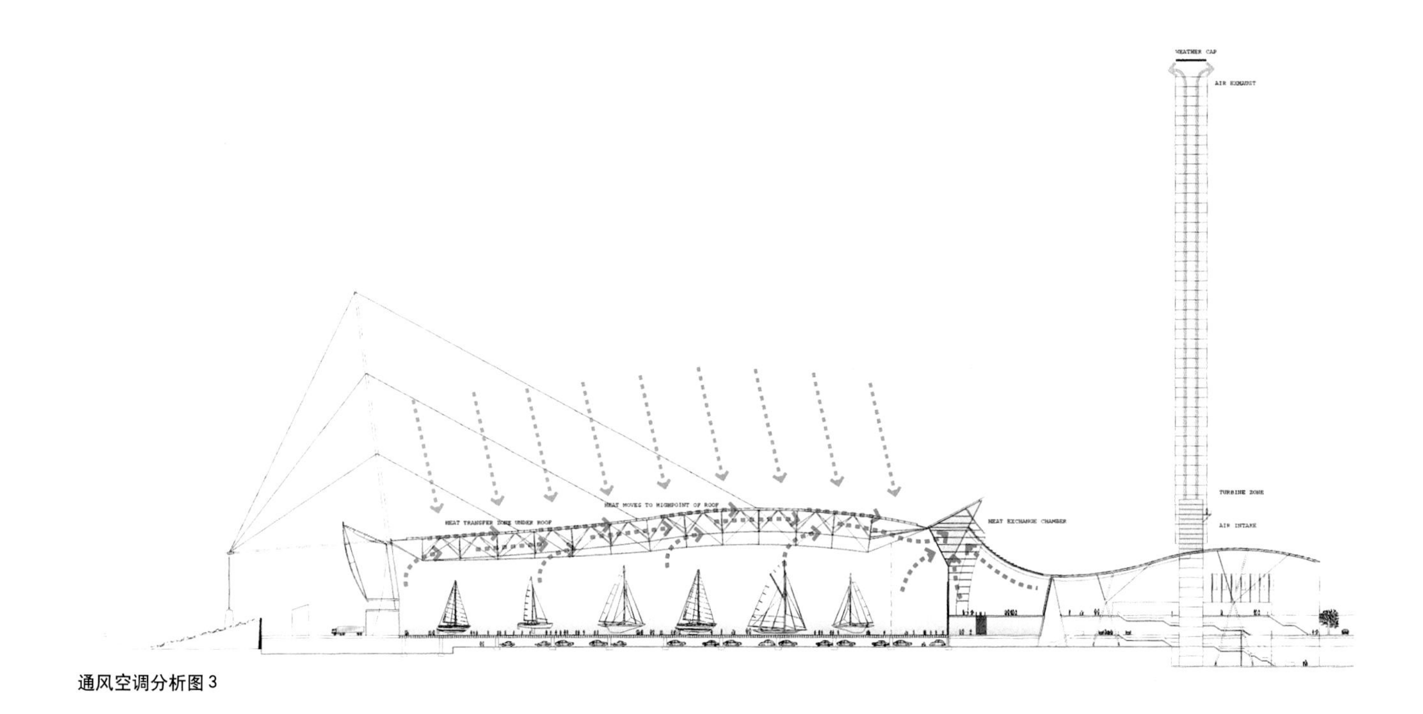

通风空调分析图 3

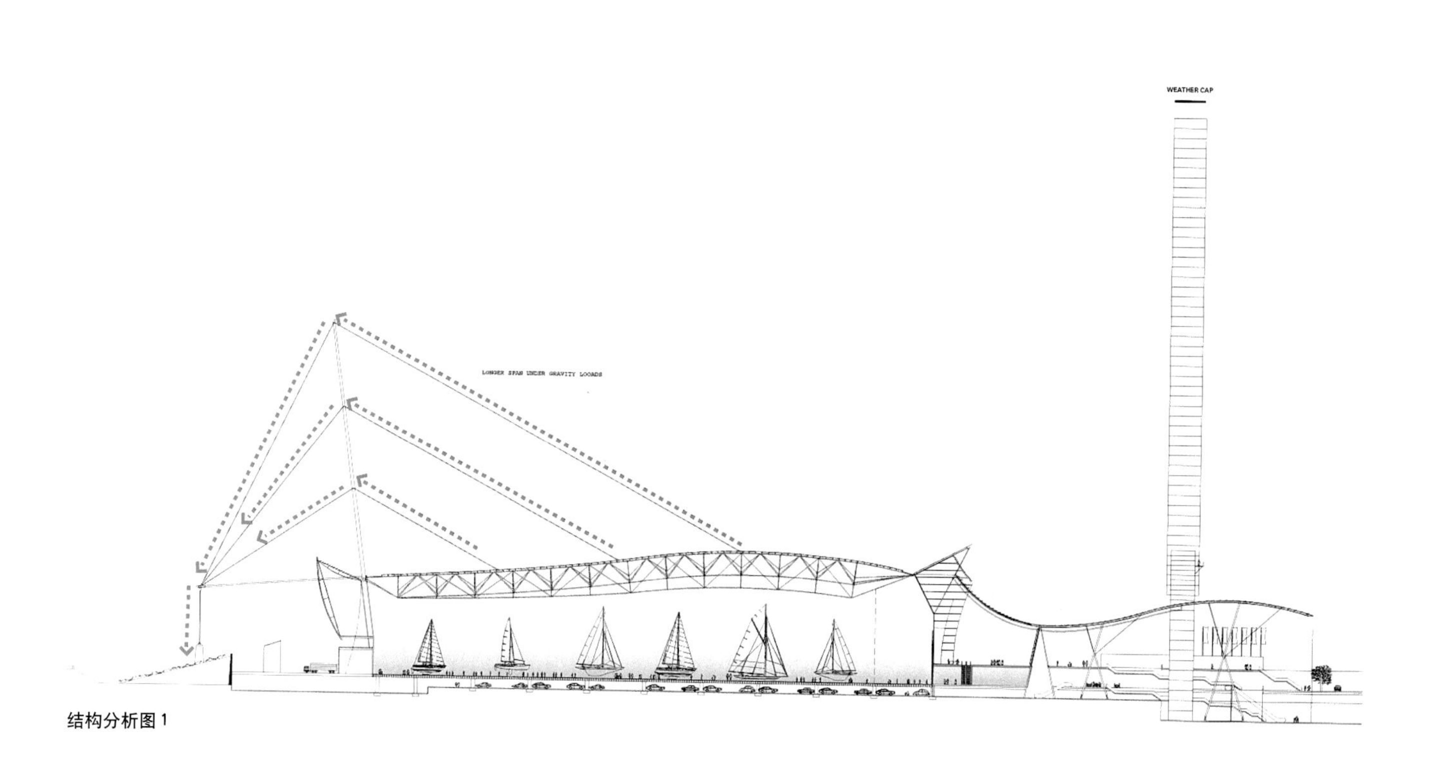

结构分析图 1

面积表(m²)	展览中心	附属	会议中心	多功能大厅	商业中心	员工	零售	厨房，储物	装卸，仓储	装卸，货车	停车场	人防	机房	室外展览	小结
地下层	6 084	5 000				3 500	17 850	6 500	5 700	13 500	61 000	20 000	8 000		147 134
首层	16 704	1 705			6 200		2 800	7 100		29 700				23 770	71 320
大堂层		18 220	3 000	1 500									4 200	13 370	40 290
上层	6 084	4 700	2 700	650											14 134

面积表	展览中心	附属	会议中心	多功能大厅	商业中心	员工	零售	厨房，储物	装卸，仓储	装卸，货车	停车场	人防	机房	室外展览	小结
上层	120 000	64 000	8 000		8 000	3 000	47 000								250 000
										10，000 (Note2)	30 000 (Note3+5)	50 000(Note5)		45 000	135 000 (Note4)

面积表(m²)		展览中心	附属	装卸	停车场	会议中心	娱乐及零售	高层住宅	商业楼宇	高层酒店	小结
地下层 RL4．500					25 000 (Note 2)						25 000
地面层 RL8．000			1 400	4 050		6 880	14 000				26 330
大堂层 RL14．000	展览大厅 1	1 680	7 440	1 860							10 980
	展览大厅 2	1 680									1 680
	展览大厅 3	1 680									1 680
	展览大厅 4	1 680									1 680
	展览大厅 5	1 680									1 680
	展览大厅 6	1 680									1 680
	展览大厅 7	1 680									1 680
	展览大厅 8	1 680									1 680
上层 RL21.500	展览大厅 1	1 680						16 800	24 000	31 900 (Note 3)	83 680
	展览大厅 2	1 680									1 680
	展览大厅 3	1 680									1 680
	展览大厅 4	1 680									1 680
	展览大厅 5	1 680									1 680
	展览大厅 6	1 680									1 680
	展览大厅 7	1 680									1 680
											1 680

5.德国欧博迈亚公司方案

前言

深圳是一个蓬勃发展的国际化大城市。深圳市计划把具有重要意义的深圳会展中心建设在正在兴建中的城市中心区。

在此之前的城市中心区的规划把会展中心的建设用地规划为休闲区，与中心区绿地结合。伴随着城市的发展，规划的中心区绿地可以一直延伸到海边。

但是结合城市现状，实现这样的规划不是很现实的，主要是因为经过中心区南端贯穿城市的滨河快速路以及城市南部发展稠密的建筑群和城市居民区，阻碍了绿地的延伸。

我们认为，带有广场特征的城市中心区应该被设计成为若干重要城市功能的聚集点，而广场的特征又决定了中心区的绿地不应该是开敞和随意流动的。

更进一步，我们认为，大型的会展中心将产生大量的交通。因此在这样的位置建设会展中心并能够与作为城市干道的滨河快速路连接是很理想的。同时它的存在也实现了一种理想的城市功能，即在城市中心区实现本地化和国际化交流的结合。

1.建筑设计概念

1.1 中心区规划

在我们的设想中，城市中心区的南端需要一个标志性的建筑，以强化中心区的建筑空间结构。

在城市中心区，从北至南的一系列高层建筑的轮廓线构成了“双龙起舞”的天际线，在高度上限定了中心区的空间范围。

中心区被划分成三个明确的空间区域或者公众区域：

市民中心以北的区域

市民中心以南的区域

商业中心区域

会展中心位于福华三路和滨河快速路之间，以它整体长向的建筑宽度作为中心区南端的结束。

会展中心北立面凹进的形状有意识地对市民中心南立面凹形的曲线作出呼应，并且给予位于金田路和益田路之间的四组高层建筑一个空间的支持。

因此这四组高层建筑被结合到中心区空间内部，而同时它们也构成了会展中心建筑空间开放的边界。

会展中心与中心区的轴线结构相结合。作为中心区的主轴线，南北向轴线也是会展中心的主轴线，会展中心以这条轴线对称布置。

这条轴线也被称为交流路线。沿这条路线从北至南安排以下建筑和空间：

—市民中心和市民中心广场

—空中平台

—文化中心

—下沉水道

—商业和购物中心

—公交和地铁枢纽车站

—会展广场

—会议中心和美食城

—会展中心主入口大厅／休息大厅

—会展中心交通集散区

—穿越展区的参观者步行通道

—装卸区屋顶面的会展中心的南入口

—跨越滨河快速路的过街桥

—城市南部

这个开放和有序的建筑空间序列通过悬于空中的空中平台结合成为一个有机统

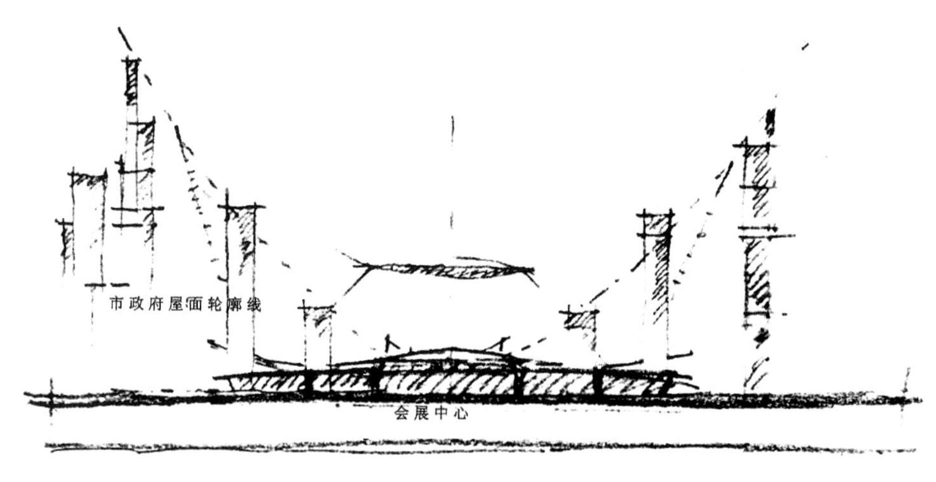

城市空间关系图

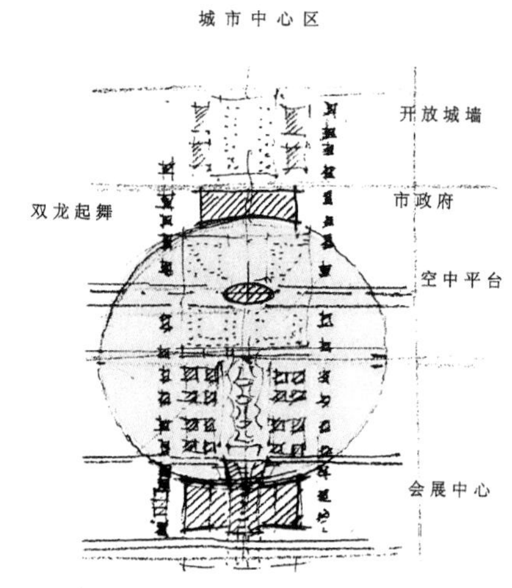

城市空间环

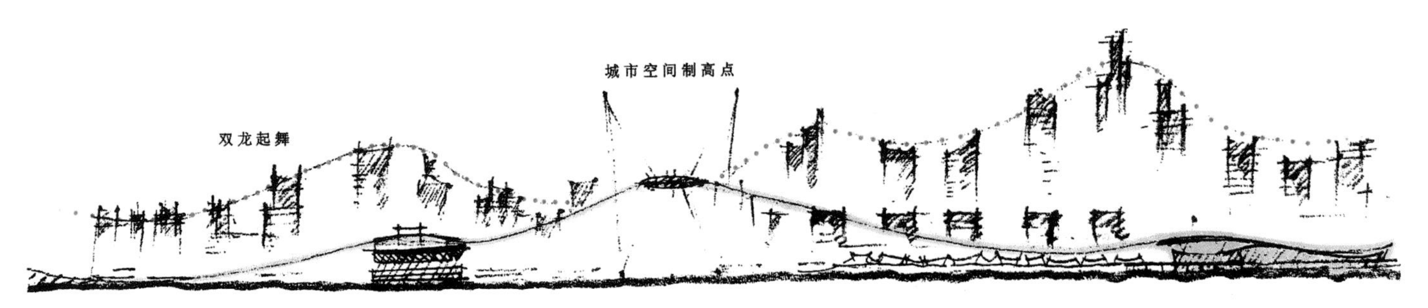

一的城市整体，其中巨大的空中平台是这个整体的点睛之笔。

中心区的结构通过激动人心的建筑和空间序列得以体现。而唯一适合这种结构的是一个大尺度的建筑，它一方面构成城市建筑雕塑，另一方面又呼应城市整体中其他重要的组成部分：

—垂直于主轴线的会展中心的屋顶短边以一种相似的姿态呼应了市民中心南立面宏伟的曲线。

这种呼应强调了城市和国际交流场所之间的联系。这两个屋顶给中心区以平衡感。

—会展中心形体上像从海面涌起的波浪或者跃起的海豚，给人以优美的动感，仿佛向悬挂物“空中平台”飘去，同时又游离开“双龙飞舞”的建筑群。

会展中心的主入口被设计成一个具有纪念意义的拱门。会展中心主屋顶连同由会议中心和美食城构成的立柱形成一道更为巨大的拱，构成了城市中心区第四个虚拟的城市之门：

北方门：市民中心的行人通道

东方和西方门：维系空中平台的两座高层建筑物

南方的门：会展中心的入口，将来可能向城市南部发展

由于会展中心的平面像一个倒T形，因此在平面中就形成了一个有趣的建筑组团的“连接区域”。

下列元素在独立的建筑区域之间作为一种建筑连接要素：

林荫道和绿化区

水道和水域

人工绿化

城市灯光

雕刻和主题公园

—会展中心北面沿福华三路的露天展区，被设计成为可以注水成湖的下沉广场，呼应了文化中心南侧宽阔的水道。

1.2 中心区规划要点

特殊的交通要求将在第二部分中作详尽论述。

规划的概念和目的是把会展中心有机地结合到城市中心区中来——应该在那里为旅游者和生活或者工作在那里的人们提供一种持久的舒适和便利。

由于会展中心的建筑面积与用地面积的比例关系不符合国际上会展设施设计的一般要求，因此必须采取设计措施消除这种不成比例的关系。

国际上会展设计的一般要求是，用地面积应该数倍于所要求的建筑面积。

由于这个原因，我们在设计中采取下列措施：

—把展区紧凑地置于一个屋面下，使用地面积的使用最经济。

—为跨越福华三路的步行交通设置过街桥和过街地下通道，分离不同的交通类型。

—附加一个南向的入口以缓解北向入口的压力。

—若干展览驶入交通系统相互独立；分离地下和地面交通，考虑驾车穿越建筑的可能。参观者交通组织——主要的入口设在首层(+7m)，以避免参观者与车辆交通之间的冲突。

—会展中心的客车停车场必须设在地下层，从而使由于会展而导致的交通负担对周围环境的影响减少到最小。

1.3 建筑类型学

会展中心的建筑构思是，巨大的多层主体建筑从东到西(560m × 180m)沿长向展开，一个多层的由两部分构成的中央体块在北面从中间与主体建筑相连。

一个玻璃连接体被设计成为入口、接待和休息大厅，同时把中央体块和主体建筑连接起来。

建筑物主体的平面形状类似一个倒置的“T”。

建筑的平面和立面都是轴向对称，并通过角度和曲面的形式体现它的个性化。屋顶的剖面线形成一条平缓而优美的S形曲线，强有力地影响建筑物的外观。建筑的体量和基本形态的构思来源于功能的需要和对中心区规划的考虑。

1.3.1 功能

整体建筑由4个功能分区构成：

1个多层会议中心

1个多层美食城

1个单层的接待和休息大厅

1个部分二层的展览大厅

所有功能区域在使用上都是相互独立

的。

二层(+7m)空间是设计中功能上的支柱,由此连接所有区域,使参观者可以很顺畅地到达。

在二层,按照参观者的参观路线,依次安排了会展广场、入口大厅、展览厅,以及展览厅的交通集散区,形成有序的空间序列。

作为从二层展厅到单层展厅的转接点,交通集散区沿建筑长向伸展,从而给予参观者极好的导向。

一直深入展厅的二层空间序列概括了会展中心的设计特点:

·紧凑的平面布局

·完美的导向性建筑的功能轴线是体验会展中心的主轴线

·完善的交通分流

·简洁的参观路线

会展广场

会展广场是市民中心以南的空间序列中的第三个广场,即:

市民中心广场

水晶岛广场

会展广场

会展广场作为城市中心区中市民交流部分的端界,同时又是中心区国际交流部分的起点。会展广场作为建筑要素连接中央轴线和会展中心,它跨越福华三路从会展中心延伸到商业中心区域的二层,因此它穿越了会展中心用地的界线。

它位于一个理想的位置。

它有一个露天区域和被遮盖区域,与现代的国际设计趋势(如柏林的波茨坦广场)一致。

它也提供一个区域使各种户外活动在任何天气条件下都可举行。

从规划方面,被遮盖的会展广场部分被会展中心最具有吸引力的三个功能区域所围绕:东面的会议中心,西面的美食城,南面的接待和入口大厅。

从会展广场上,游人或参观者由自动扶梯和台阶直接引导到商业购物中心的首层和地下层部分。

由于采用灯光、雕刻、旗帜、喷泉和座椅等具有吸引力的设计,这个广场应该成为深圳市许多活动的主要举办场所。

会议中心和美食城

会议中心和美食城沿福华三路,与会展中心前挑的屋顶一起,构成一道通往中心区或会展中心的标志性的大门,在福华三路上呈现一种具代表性的形象,改善了道路景观,使之成为交流的场所。

会议功能被安排在二层:7m(第二层)和17m(第三层)。

宴会厅位于三层,充分利用自然光线,并且从休息厅提供观赏城市中心区的绝佳视点。

使用频繁的较小的房间和会议室设在二层。两者的功能是可以互换的。

美食城包括会展中心餐厅(中餐、西餐、清真餐)和不属于中心的其他餐厅,它被设计成为深圳的烹饪美食的中心,而不论是否有展览在此举行。

入口,接待和休息大厅

这个大厅具有下列的功能:

入口,接待,信息,组织,导向,集散,展览。

因为大厅伸展得很长,所以3个通向展览区A、B和C的主要入口设在参观者通向这三个面积相等的展览区的必经之路上。

通过这个入口大厅,集中的参观人流可以较早地得到分流。

这个大厅可以用于举行主要展览和3个同时举办的中等规模展览的开幕式。12个小厅中的小型展览的开幕式可以在各独立展区主入口举行。

内部房间如贵宾厅,组织和信息中心,衣帽间等采用活动隔断进行分隔,并在小型展览后拆除,因此这些区域可以用于随后的展览。这个大厅具有的精巧特点使它即使在非展览期间也能用于艺术展览和主题展览,它也作为入口大厅,引导参观者通向展厅中的长期性展览。

展览大厅

展览大厅是整个建筑的功能中心。

设备区由三部分组成:南部核心区沿南立面伸展,直至整个展厅的长度;中央核心区位于单层和双层展厅之间的转接区域;北部核心区沿北立面伸展。

这些核心设备区包含所有在展览期间安装和拆除展览所需要的设备和设施。

外部的交通区位于首层,与滨河快速路和部分地下室相连。地下室留有一条贯穿车道作为过境通道。

在首层可以驾车环绕展厅,并且留有18条南北向的贯穿展厅的通道。

主要装卸区在南面,其中包括集装箱停靠区,和4个特别装卸区组成。4个特别装卸区位于单层展厅部分,沿其长向均匀布置。这样的布局减少了货车到展览安装点的距离,同时分散了装载和卸载。特别装卸区装备了特殊的废气排放系统。装卸区同时也可被用作展区。

两层建筑部分的二层大厅仅与大型电梯相连,并能从地下室直接装载,这样二层大厅就独立于首层的交通系统。

—单层大厅被分为6部分;二层大厅在首层和二层各被分为三部分,因此同样有6个大厅可供使用。

—根据这样的划分,总共有12个独立的展厅可供使用。

—由于业主没有具体说明分隔的方式,但要求60 000m²无柱开放的展览面积,因此存在以下不同的空间分隔方式:

1)—可移动分隔单元相互依靠而排列成行

—可移动的折叠或滑动墙

—可移动的组合墙

高度介于3到5m之间

2)玻璃,金属或隔板由顶棚下降至7m高度,其底部的成型支撑件可与如下多种分隔方式相连:

—卷帘分隔物

—折叠分隔物

—滑动分隔物

—橡胶分隔物

3)仅在连接相邻大厅的通过区域设置固定隔墙。高度是7m,17m或者与厅的高度相同。

4)实体分隔墙将大厅分为6个单独的厅。

—所有这些体系都是切实可行的,由建筑承包商决定采用何种体系。同时我们通过

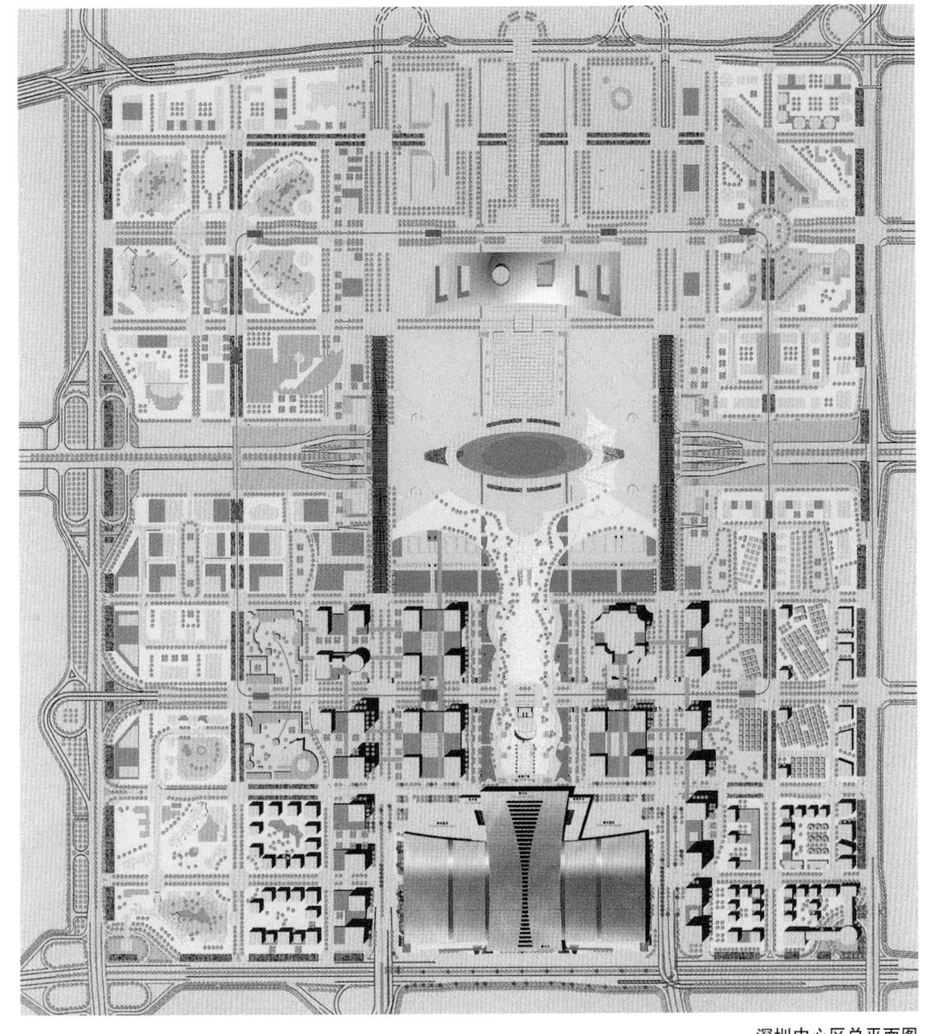

深圳中心区总平面图

草图对这些分隔体系做形象的说明。

室外设施

—除了两侧山墙外较小的区域，相对有限的室外面积也用于展览目的。

—特别重要并且具有功能作用的室外区域是沿福华三路的两个室外展区和沿滨河路货车装卸区上方的室外平台。

—室外展区具有双重功能。当它不用于展览时，这里被注水成湖，形成建筑中一个变化的生动的间歇，同时呼应了文化中心前的水道。

—南面的室外平台在恶劣天气下对其下面的装卸区是一种保护。它的另一个功能作为一个必要但是可选的"南方入口"，显示了会展中心将越过滨河路，伸展到城南的可能。

从滨河路上看，室外平台成为会展中心的展示台，布置在其中的有趣的展品可以起到广告的目的。棕榈树和水的运用给南立面带来一种特别的魅力，使它呈现一种盛情邀请的姿态。

1.3.2 建筑设计

受文化影响的，国际化的，建筑设计的语言与整个场所技术和工艺的用途是一致的：

—透明。

—明亮。

—优雅。

—选择与建筑使用要求相适宜的建筑设计。

充满活力的建筑蕴藏在建筑物的形式中：

—向外倾斜的主立面。

—大波浪形状的屋顶设计。

—会议中心和美食城水晶般的全玻璃结构

—玻璃和金属设计。

—在建筑内外谨慎使用色彩，以突出展品本身。

—结构和细节所体现的现代和恰当的建筑语言。

建筑设计旨在体现现代商业区作为一个来自世界各地人们交往的场所应具有的活力。

1.3.3 公共绿地和会展中心之间的过渡空间

—作为建筑连接要素，位于二层(7m)的会展广场被明确界定为公共绿地和会展中心之间的过渡空间。

—如中心区规划中所述，从莲花山开始的绿带伸展到会展广场结束。

—延伸的绿带成为城市中心区的绿地。

—建筑物周围的组团绿地作为空间的填充和与道路交通区域的连接，并且从中央绿地向外拓展。

—会展广场两侧的水池是对文化中心前下沉水道的呼应，并且给城市中心区带来平衡感。

因为大约7m的高度落差，使会议中心和美食城中的2个瀑布成为所有水景观中的一个亮点

1.3.4 发展扩建

会展中心的发展用地，即3号和4号地块，位于城市中心区西侧，构成城市天际轮廓线"开放的城墙"的高楼群的区域内。

要在如此狭小的空间和地段扩建会展中心，唯一的可能是将会展中心向西或者向东西两侧同时发展。此时，福华三路将成为会展中心的交通道路。

若3号和4号地块是发展扩建的唯一用地的话，那么这样的扩建将破坏城市中心区的整体形象。

若会展中心向南发展，则符合城市空间的规划。

第一期工程：从中心区南面建设跨越滨河快速路的平台。

第二期工程：在滨河快速路的南边继

东西方向城市轮廓线

南北方向城市轮廓线

续扩建会展中心。

此建议的设计目标是要继续采纳“地貌延续”或“双龙起舞”的建筑设想。

两栋高楼，(公寓大厦和宾馆)构成徐缓下降的天际轮廓线。大楼裙房(会议、餐馆、商场和行政办公等)由多层过渡到双层的展览大厅。第三栋高楼，是一栋较低的楼宇，它耸立于滨河大道旁，把天际轮廓线继续引向城市南部。

延续会展中心的地下交通道路作为扩展区的卡车通道。此外，建立一个直通滨河快速路的道路，也是有意义的。

扩建区的展厅的供货设在西侧，东、北两侧设有参观者入口。

东边在7m层高度用步行天桥与展览中心相连。

独立于会展中心的参观者入口设在展厅的北边。在展厅东侧天桥下还设有边门。

为了不破坏会展中心轴线式城市建筑风格，在建筑造型方面，扩建区的建筑要有别于会展中心的建筑。

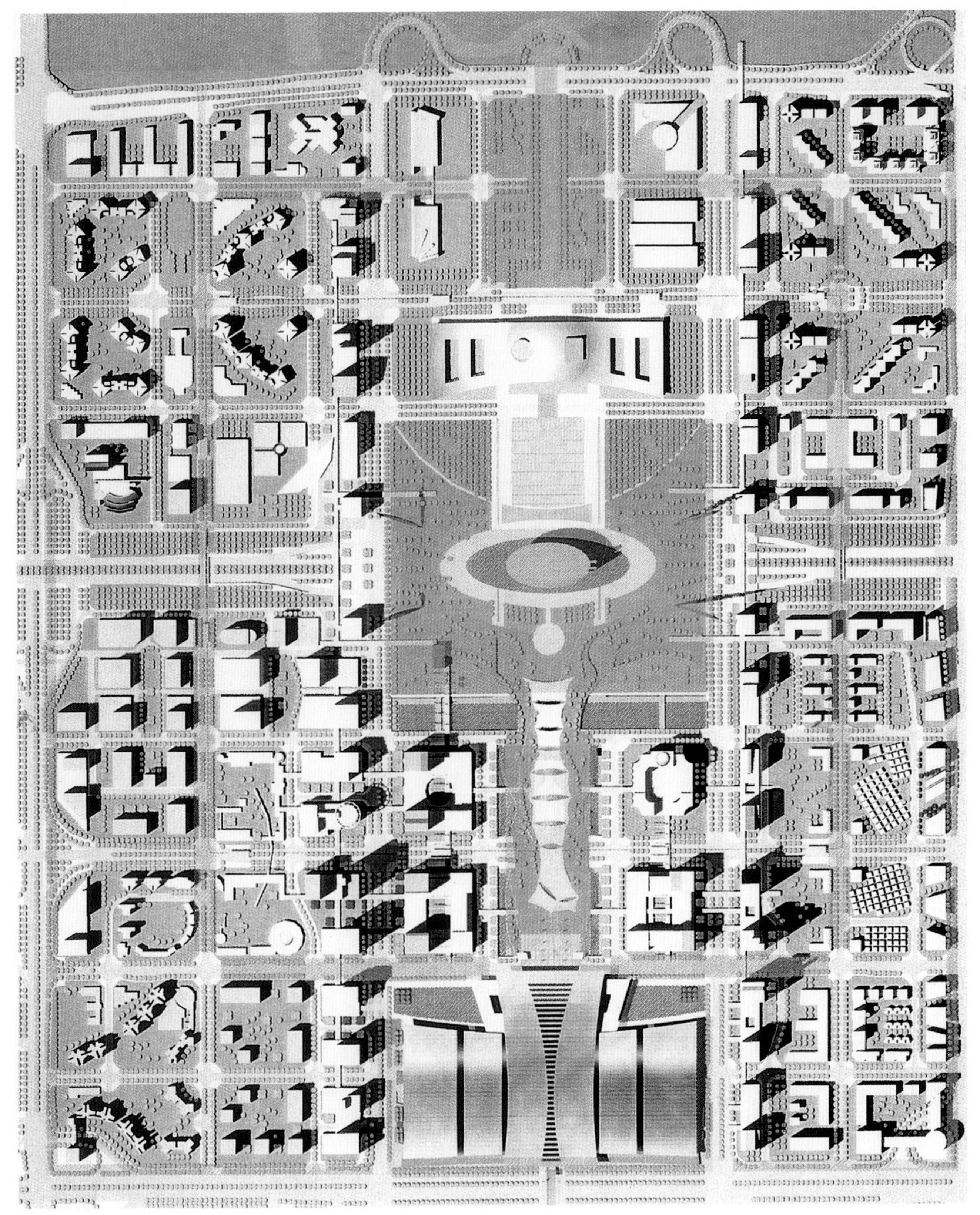

深圳市中心区总平面环境示意图

绿化设计
水系设计
广场空间设计

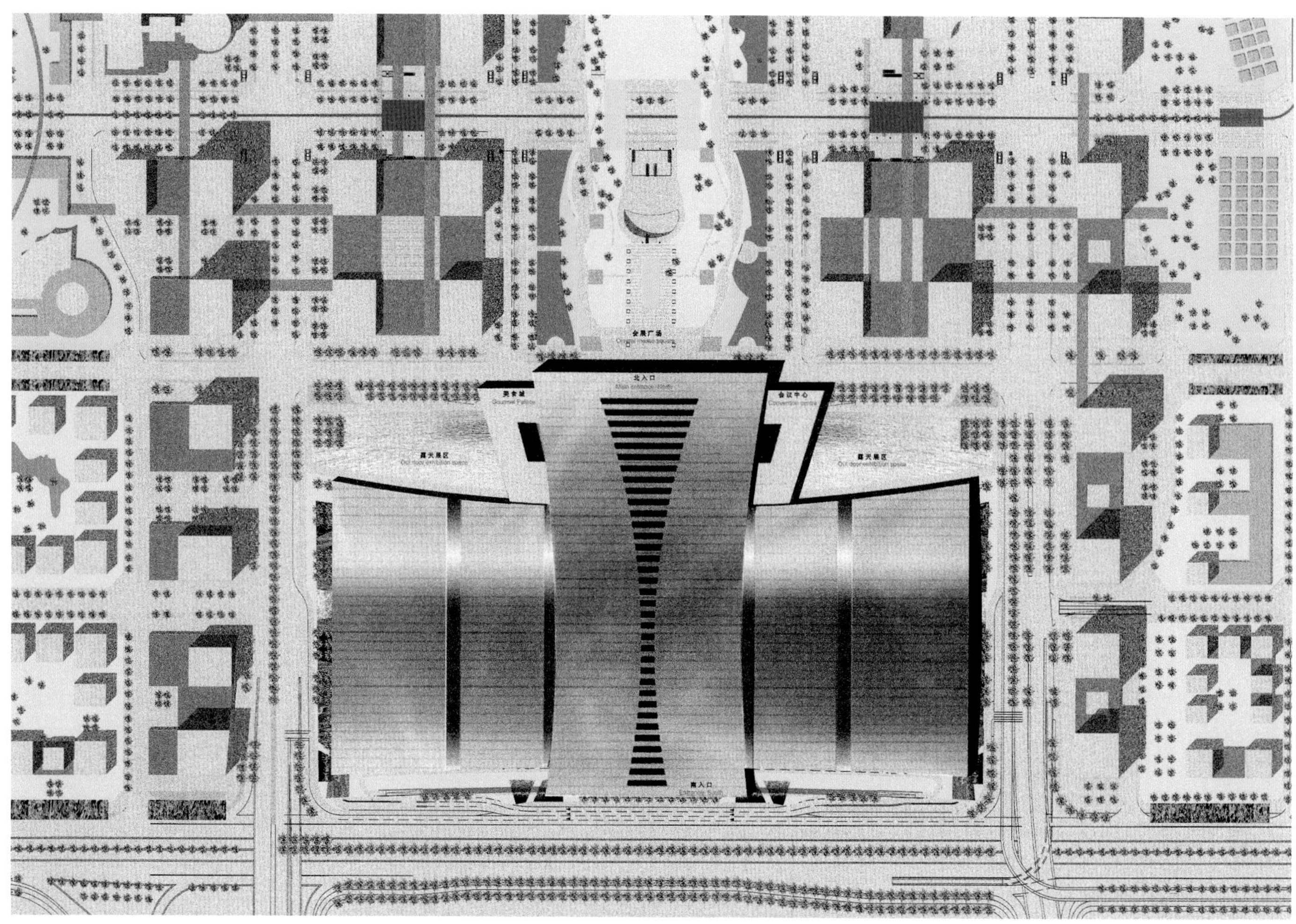

总平面图

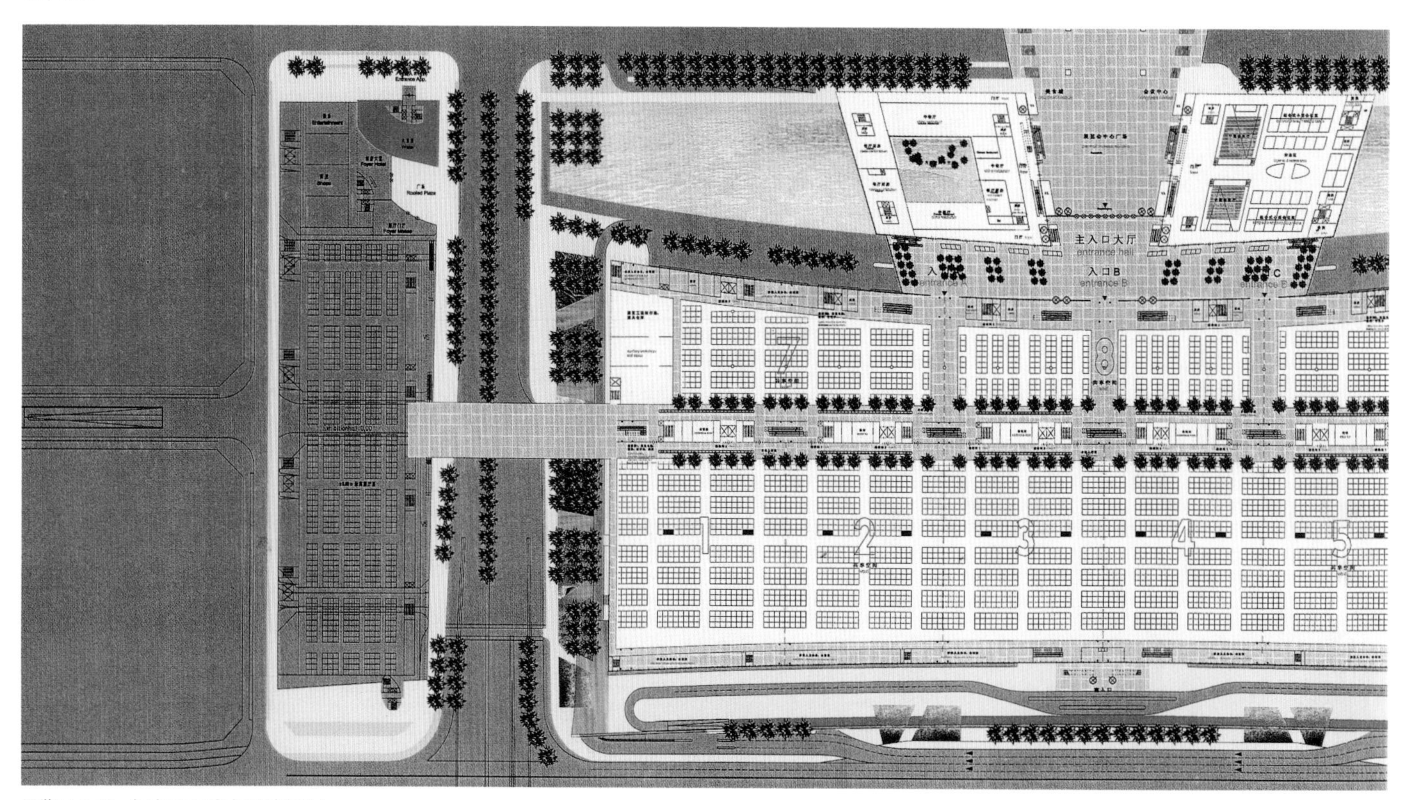

展览厅7.00m标高平面(包括扩建部分)

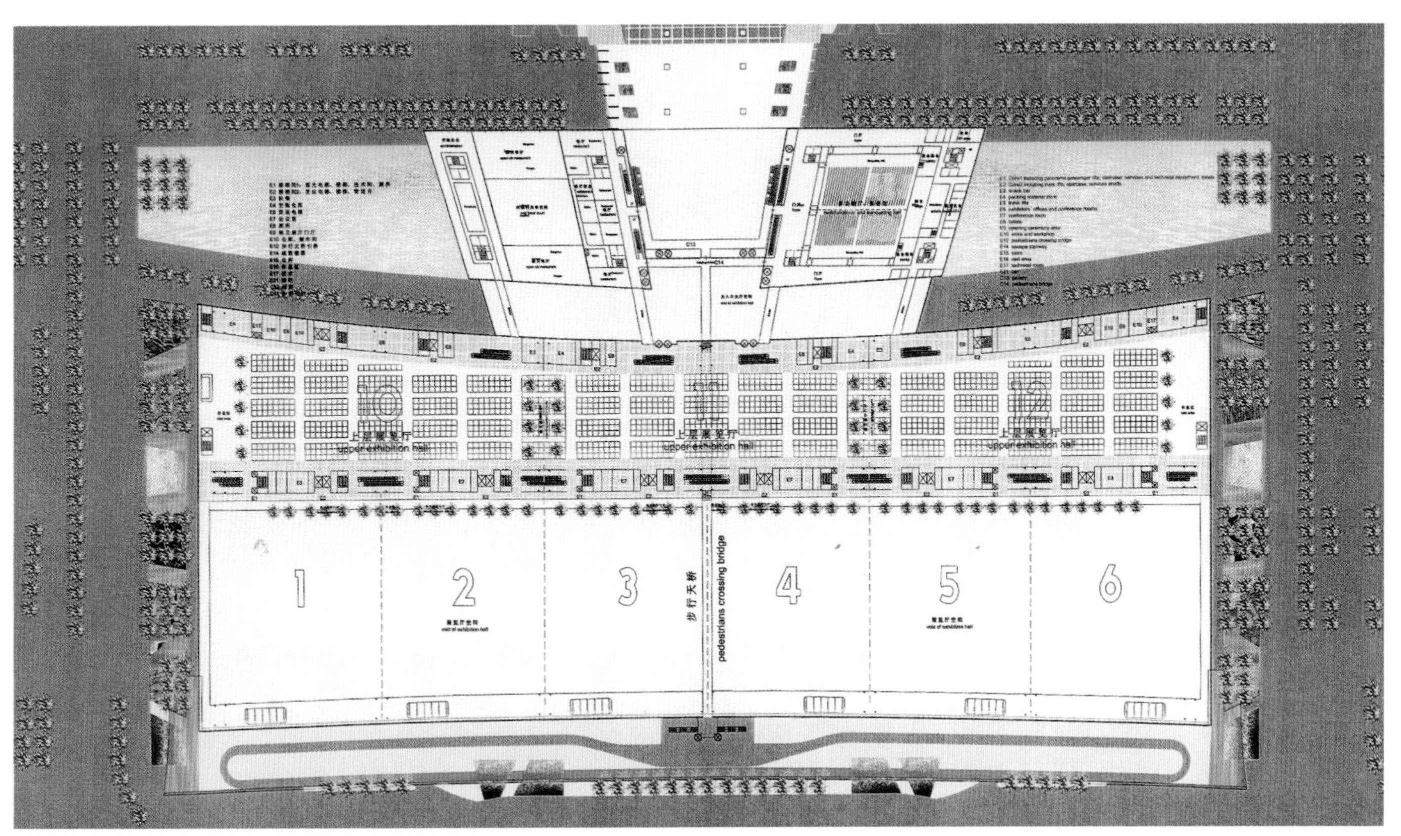

+17.00m标高平面

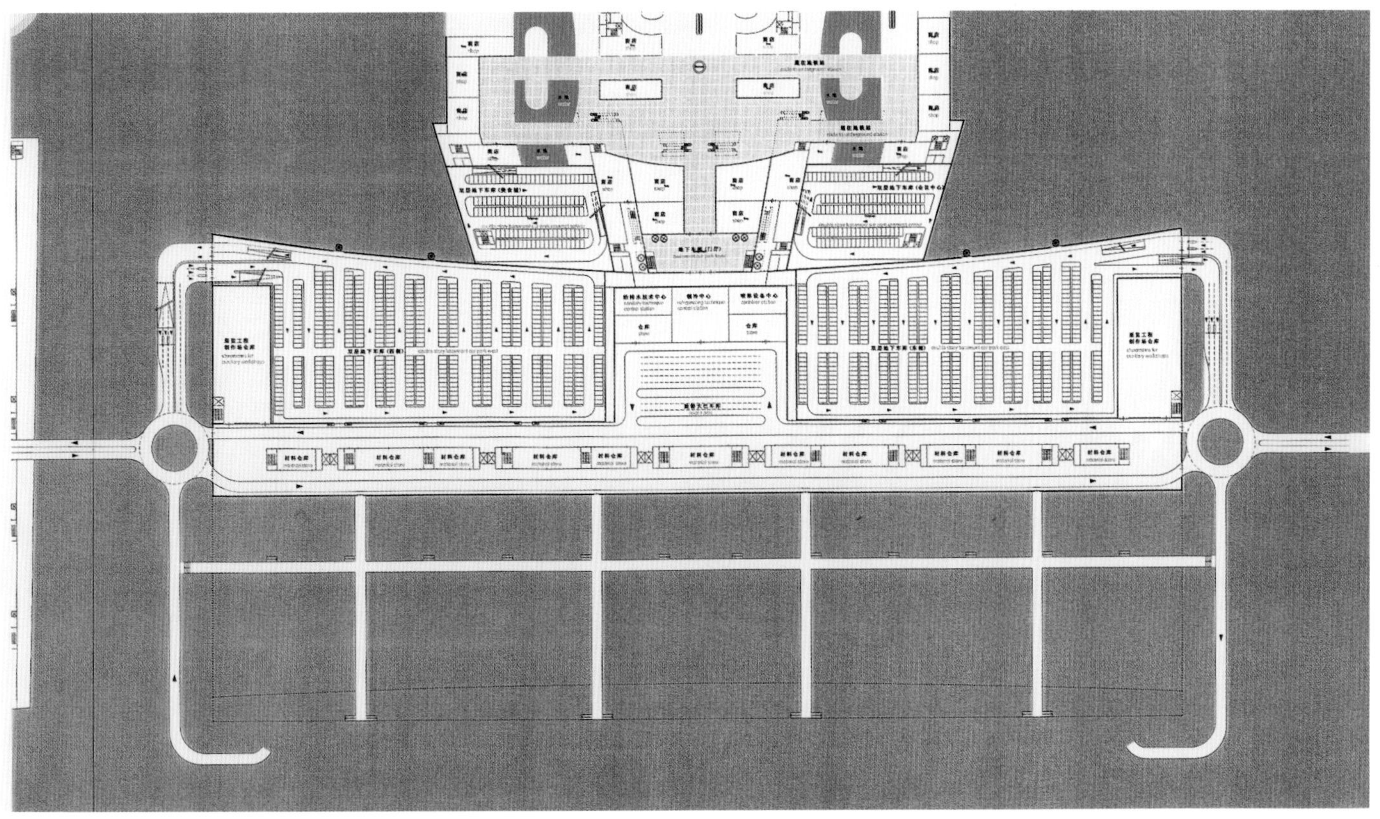

-7m标高平面

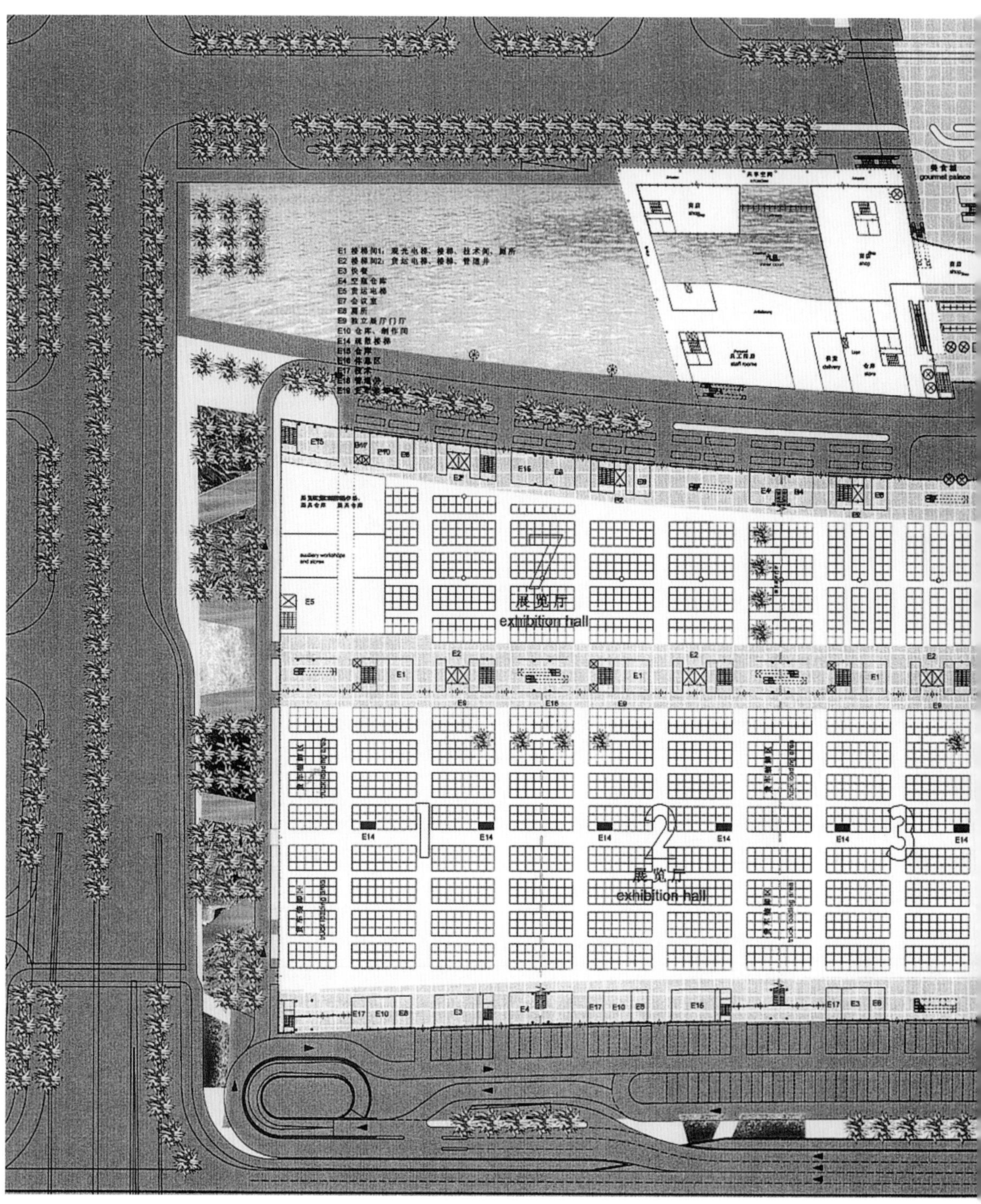

±0.00m标高平面

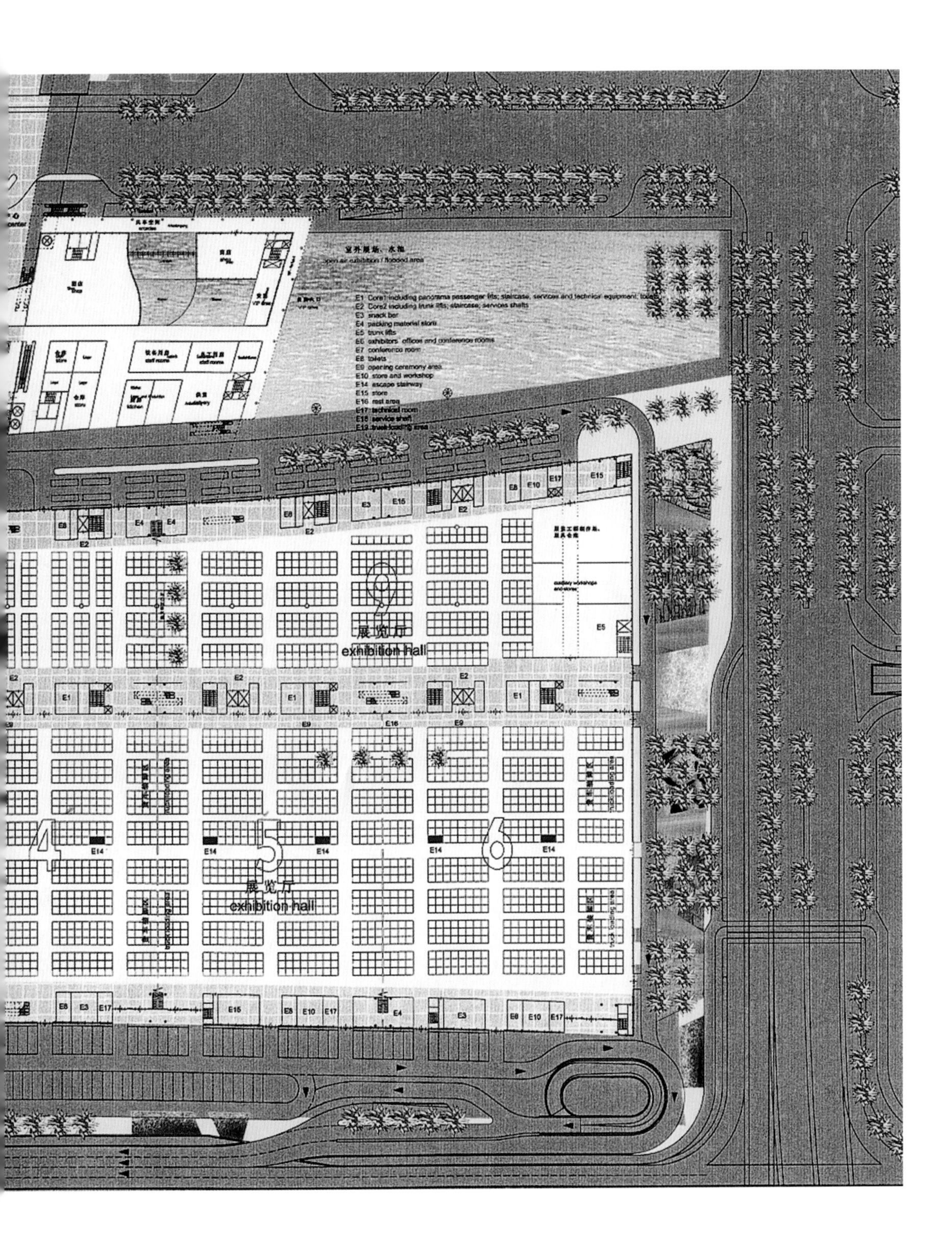
open air exhibition / flooded area
E1 Core1 including panorama passenger lifts; staircase, services and technical equipment; toilets
E2 Core2 including trunk lifts; staircase; services shafts
E3 snack bar
E4 packing material store
E5 trunk lifts
E6 exhibitors' offices and conference rooms
E7 conference room
E8 toilets
E9 opening ceremony area
E10 store and workshop
E14 escape stairway
E15 store
E16 rest area
E17 technical room
E18 service shaft
E19 truck loading area
展览厅
exhibition hall
展览厅
exhibition hall

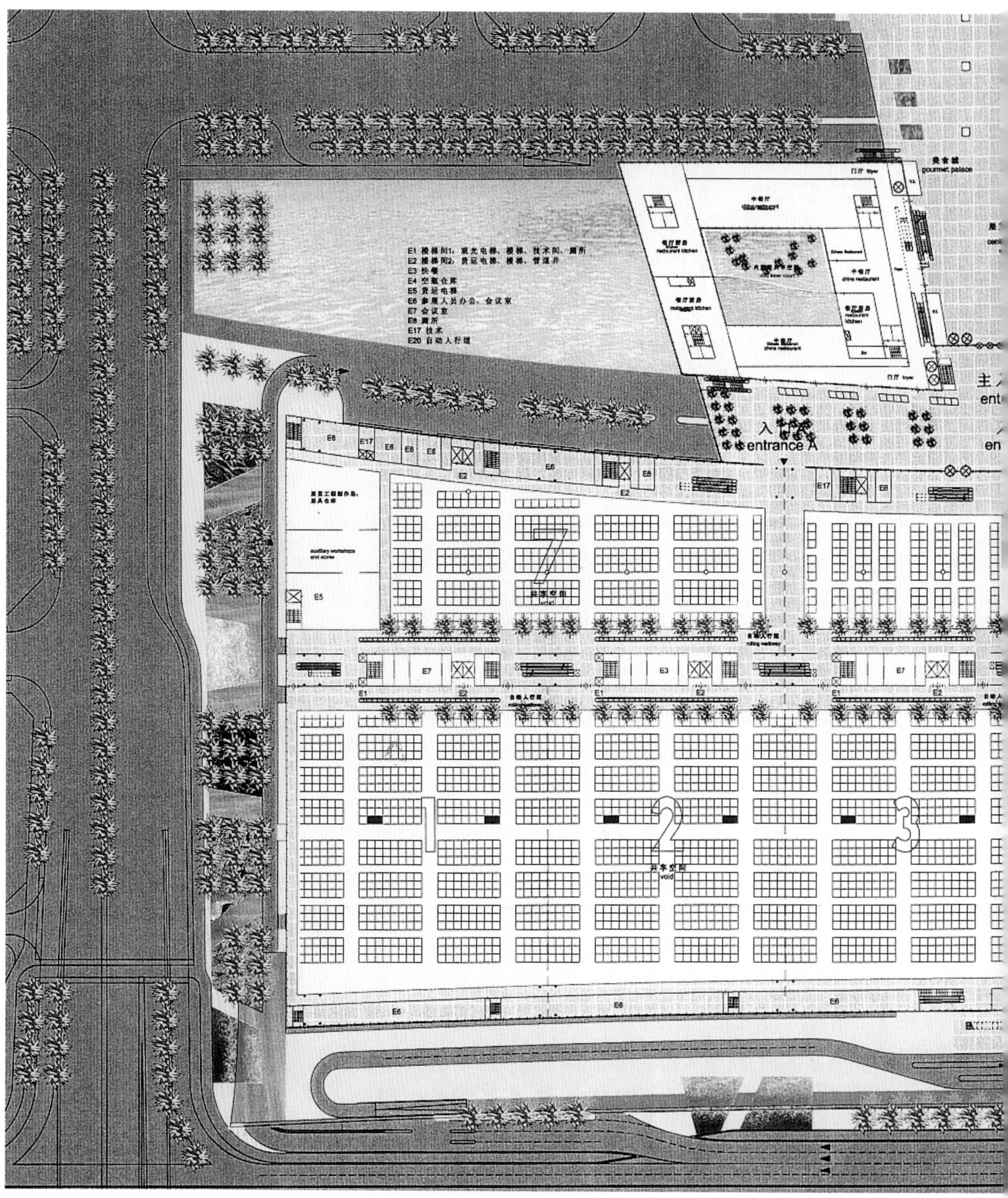
E1 楼梯间1：观光电梯、楼梯、技术间、厕所
E2 楼梯间2：货运电梯、楼梯、管道井
E3 快餐
E4 空瓶仓库
E5 货运电梯
E6 参展人员办公、会议室
E7 会议室
E8 厕所
E17 技术
E20 自动人行道
美食城
gourmet palace
入
entrance A
主
auxiliary workshops and stores
共享空间
void
7
1
2
3

+7.00m标高平面

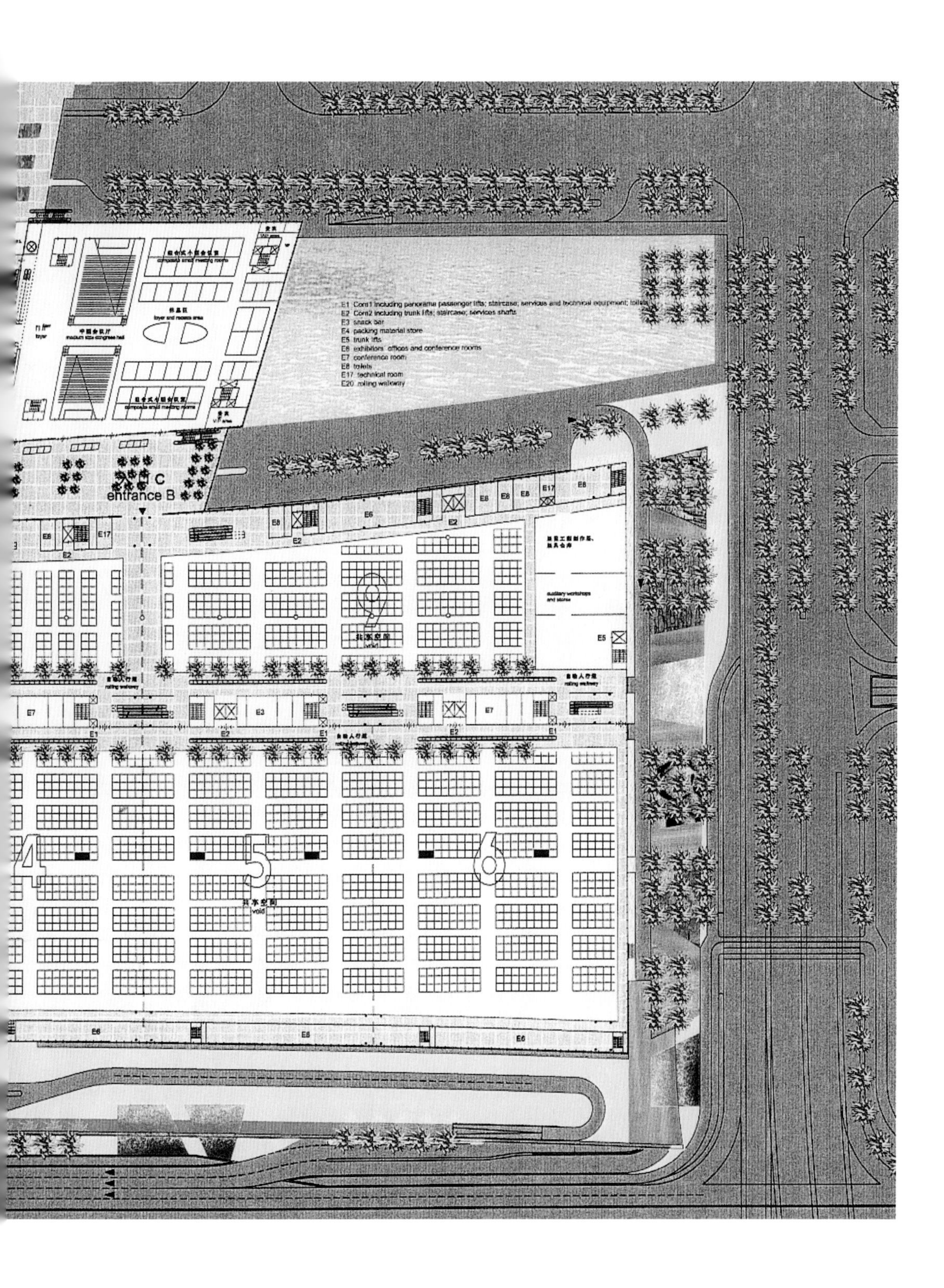
E1 Core1 including panoramic passenger lifts; staircase; services and technical equipment; toilets
E2 Core2 including trunk lifts; staircase; services shafts
E3 snack bar
E4 packing material store
E5 trunk lifts
E6 exhibitors' offices and conference rooms
E7 conference room
E8 toilets
E17 technical room
E20 rolling walkway
C
entrance B
9
4
5
6

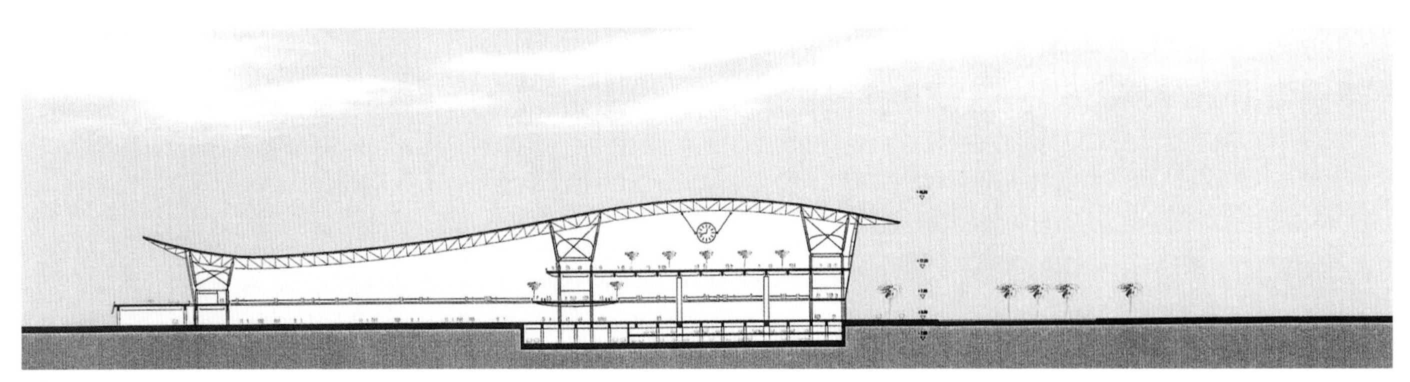

横向剖面 1

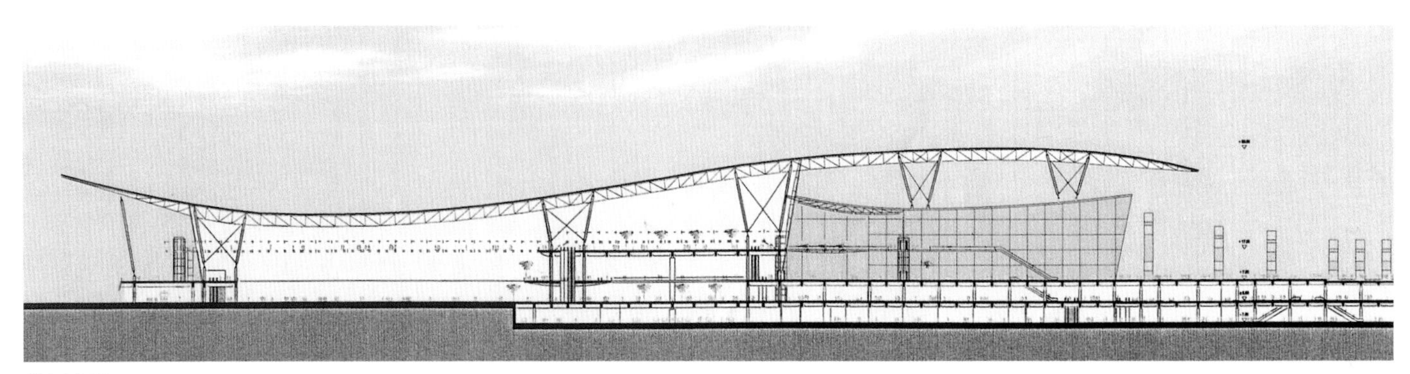

横向剖面 2

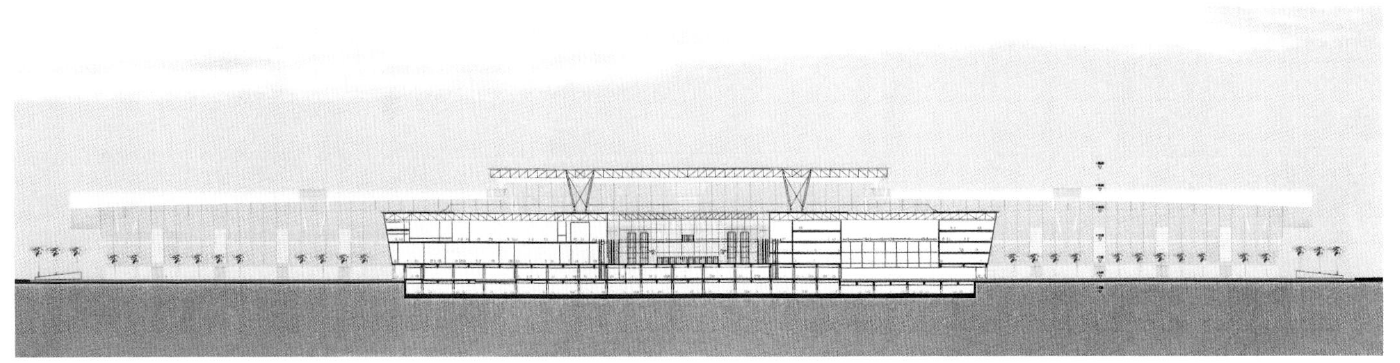

纵向剖面 1

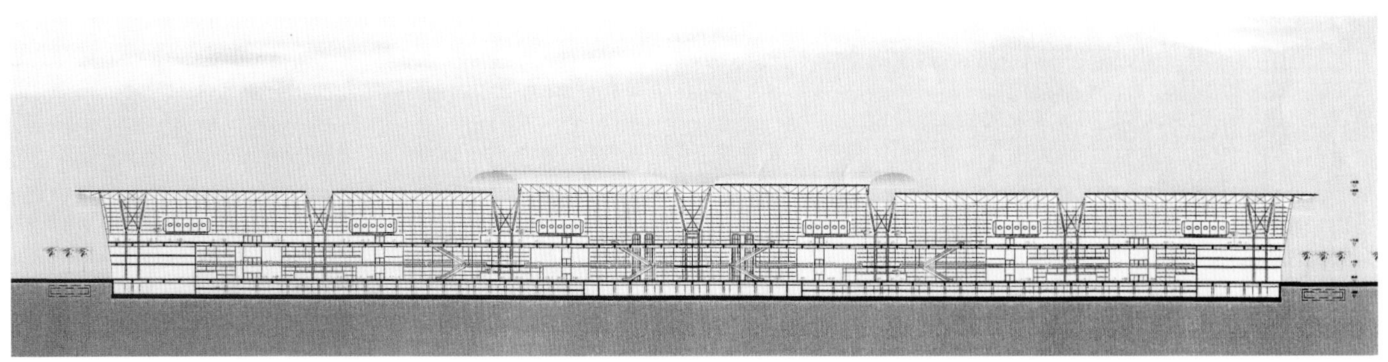

纵向剖面 2

中心区透视图

北立面

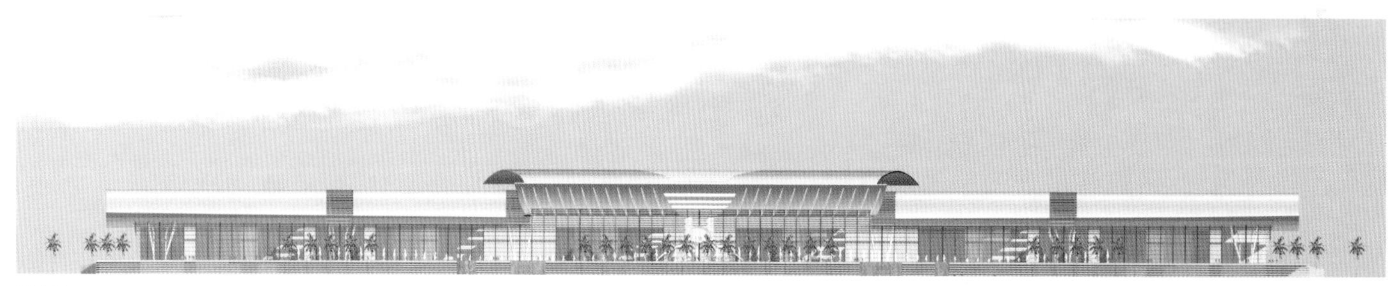

南立面

东立面

西立面

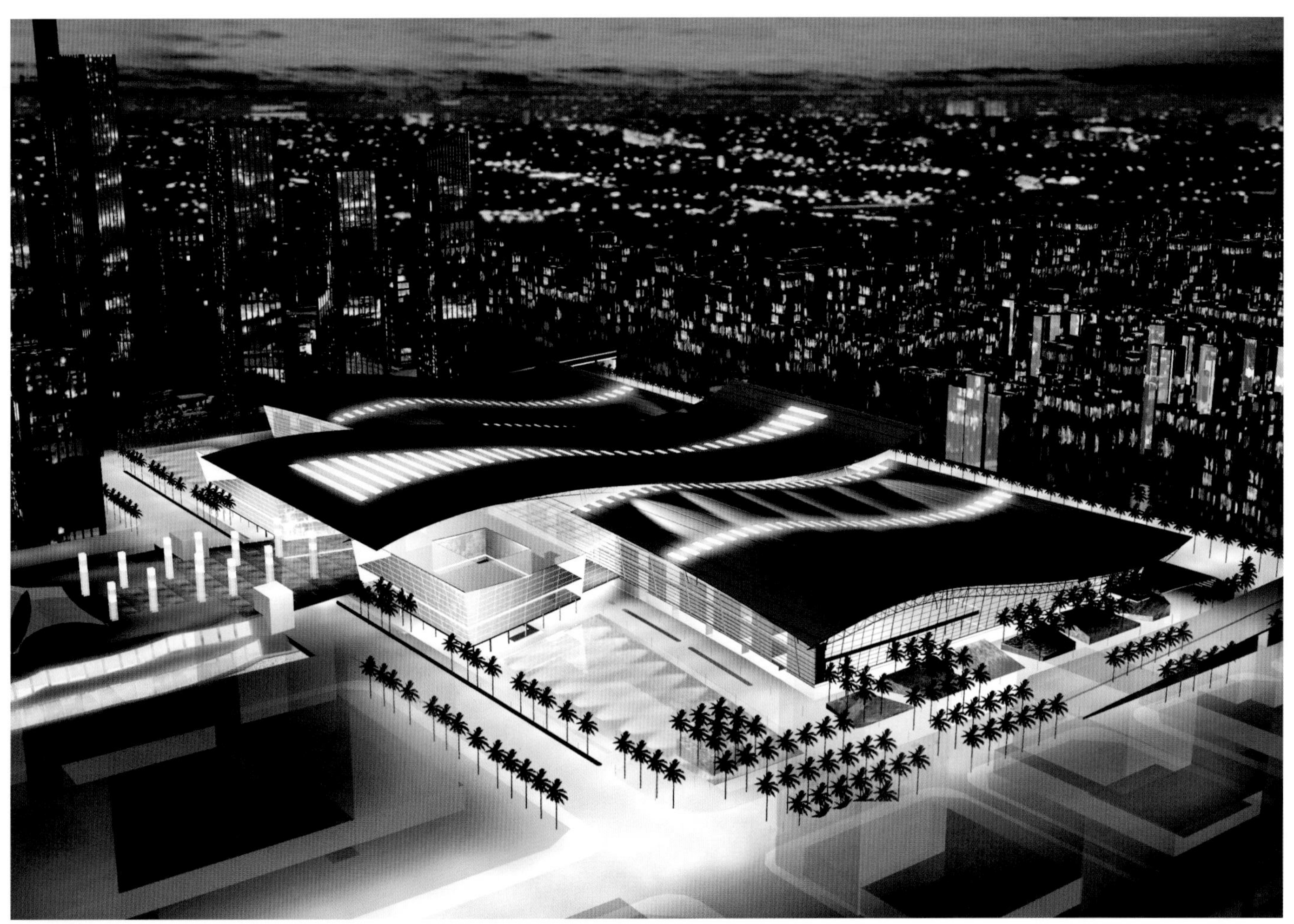

夜景透视图

展览厅内透视图

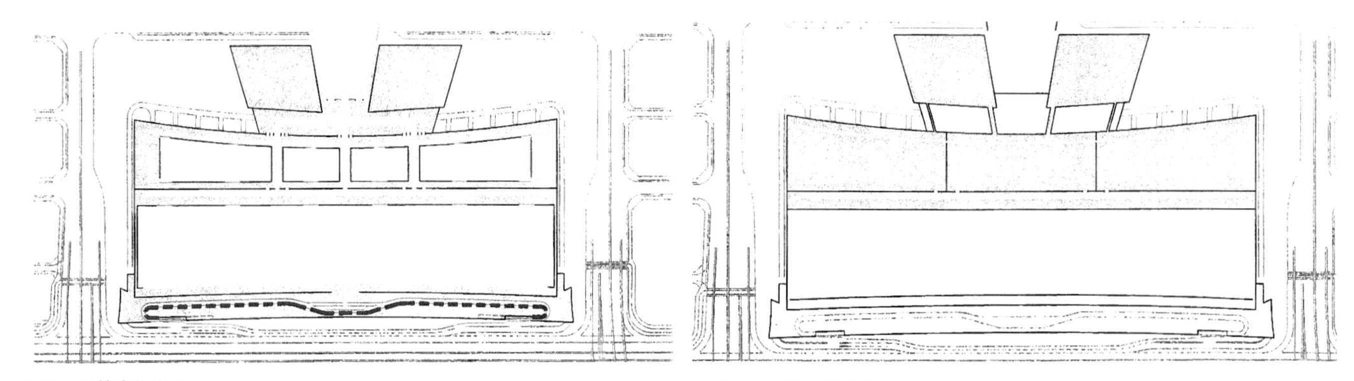

±0.00m层的步行交通

+17.00m层的步行交通

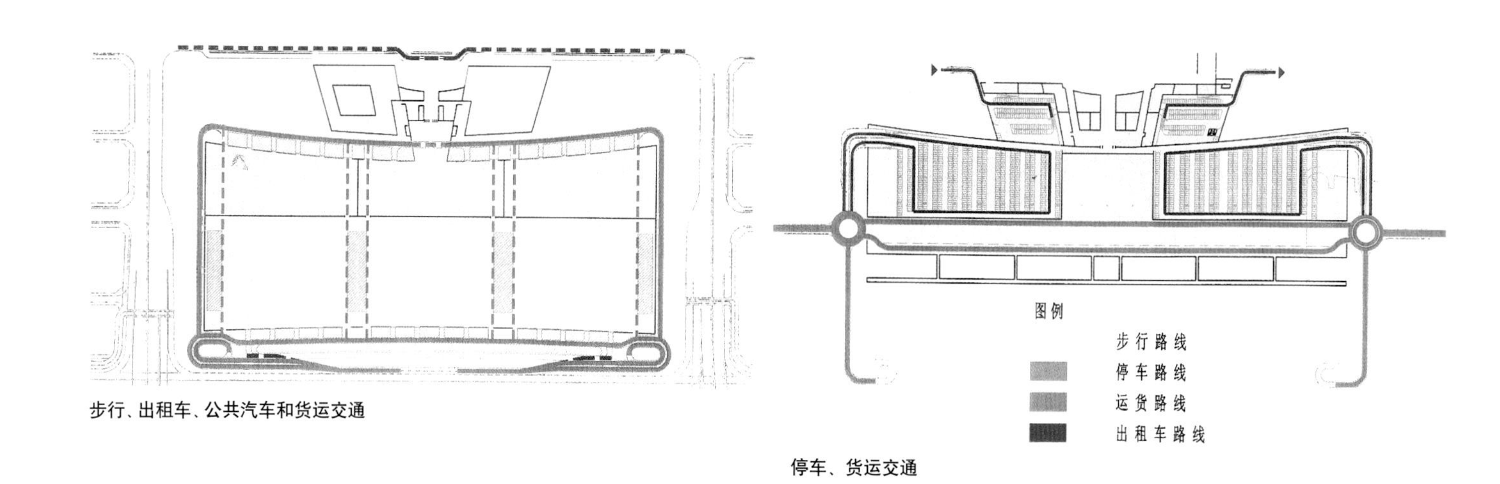

步行、出租车、公共汽车和货运交通

停车、货运交通

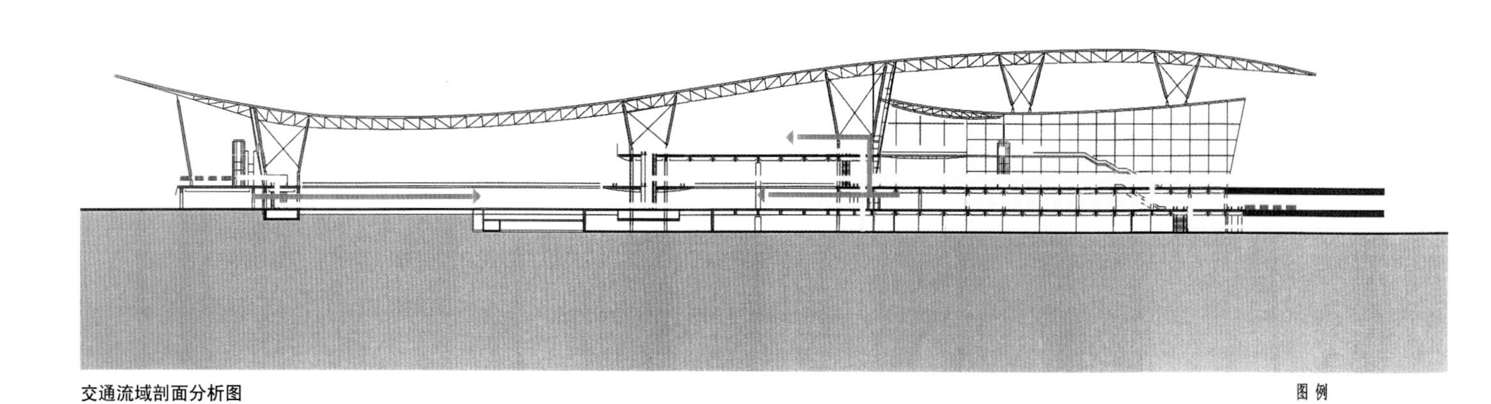

交通流域剖面分析图

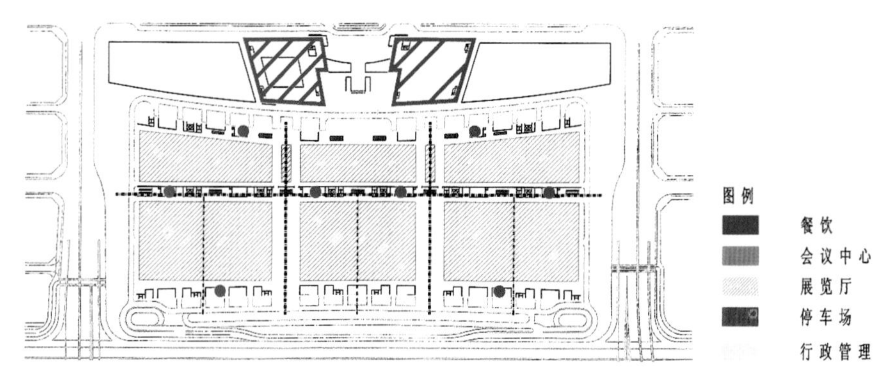

使用功能分析图 1

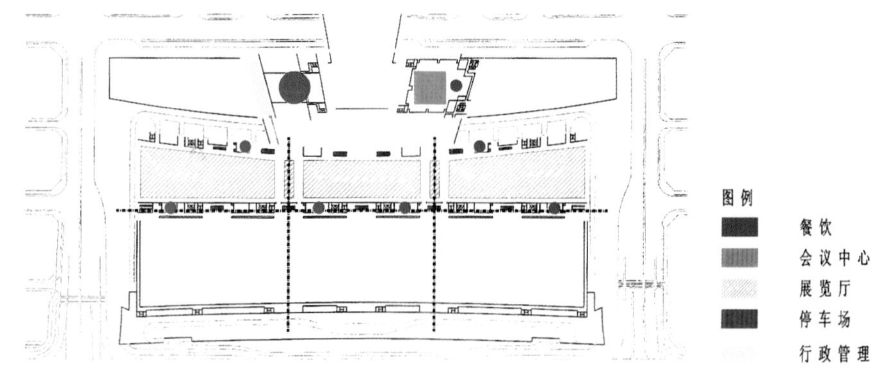

使用功能分析图 2

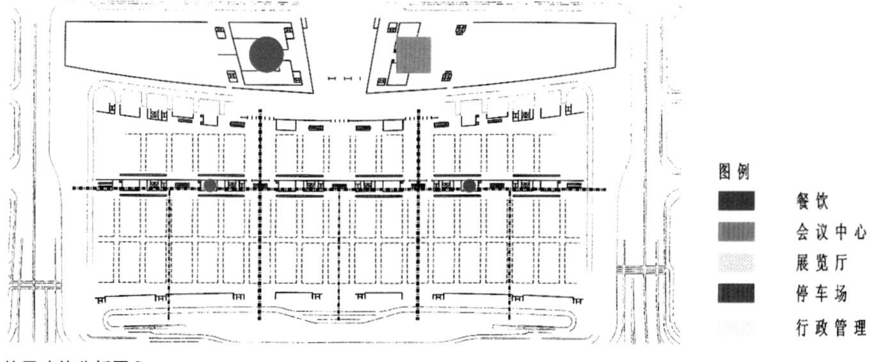

使用功能分析图 3

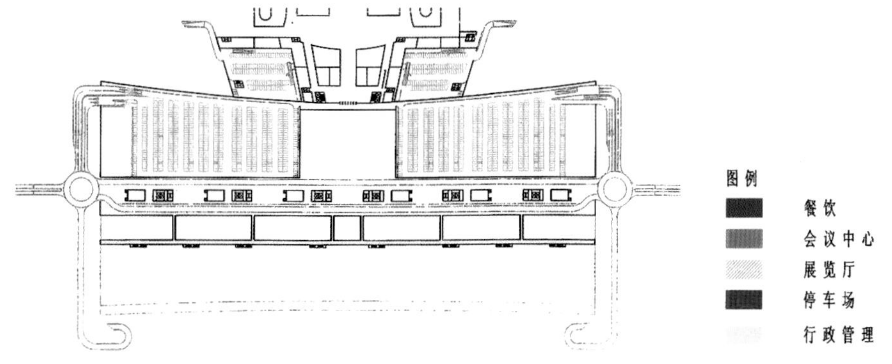

使用功能分析图 4

深圳会展中心向南扩建的可能性

会展中心中期和远期向南扩建需要拆除一些那里的民居。扩建可以通过建筑物跨越滨河大道或者用桥梁连接两部分展区。也就是说，连接南北两侧会展中心的建筑物可作为以后可使用的建筑物（展厅或者其他商业用途）。

通过向南扩大20万m^2的基地面积，可赢得约为5万m^2至7万m^2展览厅的面积。

2.交通

在未来的市中心建设会展中心，这是深圳市政府的宏伟目标。它的实现将对城市建筑总体形象的统一，对将会产生的交通流量的技术处理提出了高要求。

位于市区的会展中心的共同特点都是面积有限，并受四周交通道路的限制，难以进一步扩展。

深圳的情况也是如此。规划的会展中心用地南边受滨河快速路，北边受福华三路，东西两边各受金田路和益田路的制约。

会展中心的空间要求几乎不可能留下足够的面积安排必需的汽车入口、货运区和停车场。现有交通道路空间也无法承受会展期间不可避免的交通拥堵。这就意味着，展会面积中还必须腾出空间来组织交通！

针对这些情况，我们只有以下答案：

必须综合交通功能，但各功能之间不能互相制约。必须设置多用途的不同层面的补偿空间。

规划建设的中心四路和中心五路与滨河快速路的连接将分割展览中心，明显地减少会展中心可使用面积，严重影响其使用效益。即使从会展中心地下通过，所必需的坡道也将减少使用面积并影响地下空间的使用。在市中心的总图中，这两条路并不重要，因为它们只作为中央绿带旁建筑楼后的交道道路。估计这里不会产生大量的交通，因而可不必直接连接。

用地北侧是会展中心的主要入口。为了减少来自中心区的交通压力，我们建议将中心四路和中心五路连接到福华三路，从而可将交通从福华三路引入金田路和益田路。为了保证交通分流，要采取措施尽量减少这两条道路的交通流量。

我们原则上很赞成在滨河快速路下建设两个隧道的计划，因为这些隧道可使来自四方的车辆很便利地到达和离开会展中心。但是我们认为按照目前隧道规划的位置，可能导致任何车辆不经控制直接进入

入口大厅内透视图

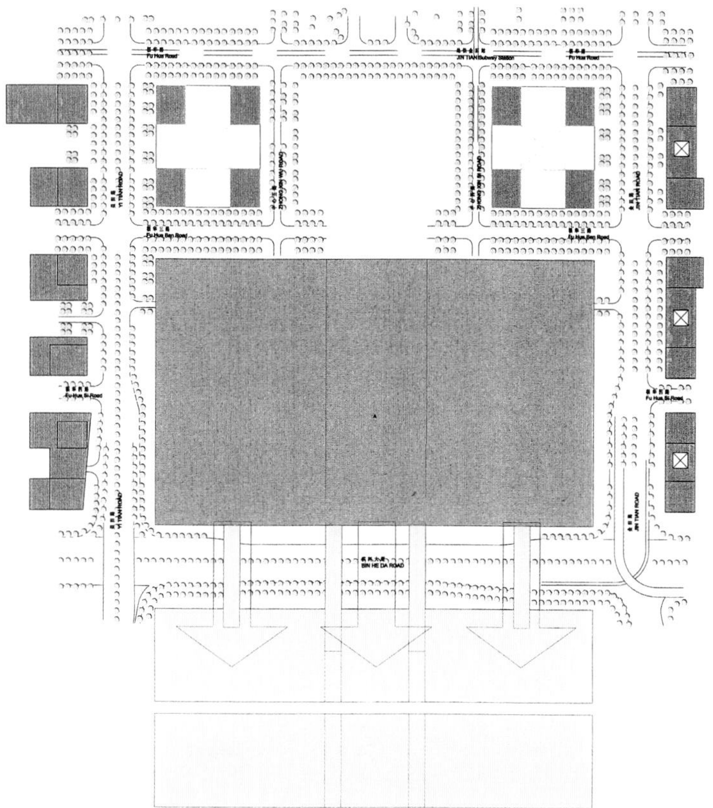

向南发展示意图

会展中心。这两个隧道应该仅仅是会展中心的交通道路，普通交通不应进入，也就是说，应在此设立控制站控制车辆驶入，同时引导误入的车辆重新返回到公交道路上。但是，我们认为现有的地方太小，无法容纳这些功能。我们建议，将这两个隧道分别设在用地的东西两端，与公共交通道路相连，从而优化会展中心的交通可达性。

金田路、福华路和福华三路规划中是公共交通道路。在福华路上将设置一个公交车总站。1路和4路地铁将在福华路和中心四路交会，离会展中心北侧只有100m的距离。

2.1 在主干道路网中的位置

为了理解公路网之间的联系，即了解会展中心的交通可达性，首先得先了解主干道路网的情况。

南侧的滨河快速路，北边的深南路，西边的新洲路和东边的皇岗路，四面环绕会展中心。这四条交通干道的交会点建设大型的立交设施以允许各种类型的交通通过，从而保证了各方车辆能够从滨河快速路进入会展中心。

2.2 从周边环境看会展中心的可达性

驾车参观者的主要驾车路线是位于会展中心北侧的福华三路。

用地内为驾车、货运供应和停车设计了不同的系统。无论在会展中心何处举行何种会展活动，通过这些系统的结合，都可保证车流畅通无阻。

从南侧滨河快速路直通会展中心的系统保证了建筑首层的可达性。大展厅可通过南边的货运区直接供货。在展厅内将设置4个装卸区，可根据展厅的分割灵活归划到某个展厅。布展期间，将通过这些装卸区对展厅供货。要使装卸区尽量避免受货运交通的影响，只有在最后情况下才能对装卸区断绝交通，以便根据需要把它作为额外的展位面积。用地内部的环道保证了车辆可以从滨河快速路到达北侧的展厅。展览大厅有直接的入口。双层展厅的二层可使用货梯供货。

为了提高南侧的重要性以及更优化地使用滨河快速路直通会展的道路，在展览大厅前的供货区上方增设了一层平台。通过螺旋坡道可从滨河快速路直接到达该层。如果需要，也可增加坡道直接连接益田路和金田路上的过街桥，这样在西边有一个直接入口，东边一个直接出口。这些坡道可以取代规划中的穿越滨河快速路的地下通道的功能。

为了能够单独使用不同的交通系统，如：驶入、运货、停车等，额外设计了一个地下交通层，它从东西方向上几乎在中间位置从地下穿过会展中心。该层的入口和出口道路将从地下穿过益田路和金田路。这样，可克服在狭窄空间中的高度差别并避免与益田路和金田路的复杂交叉。

为了能够灵活使用这两层交通层，可通过坡道将两层互相连接起来，这样就可通过馆内道路从地下层到达大厅内的装卸区。

非规则性对展览业务有很大的影响。而上述系统将克服这种不良的影响。因为这些系统保证了在任何时候都可经过某条道路到达会展中心的任何区域。

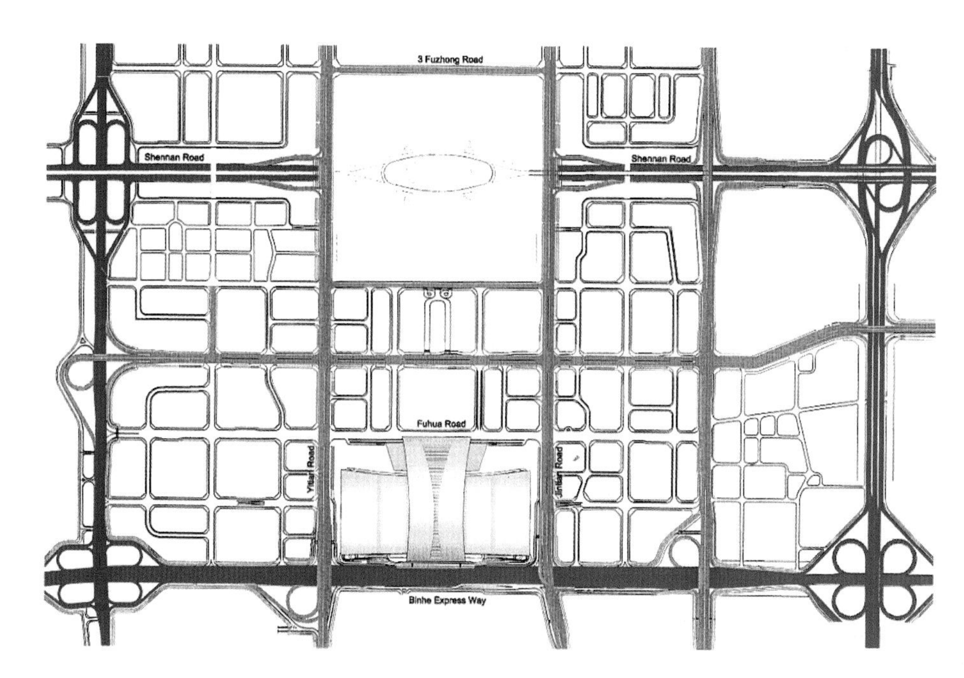

用地周边道路示意图

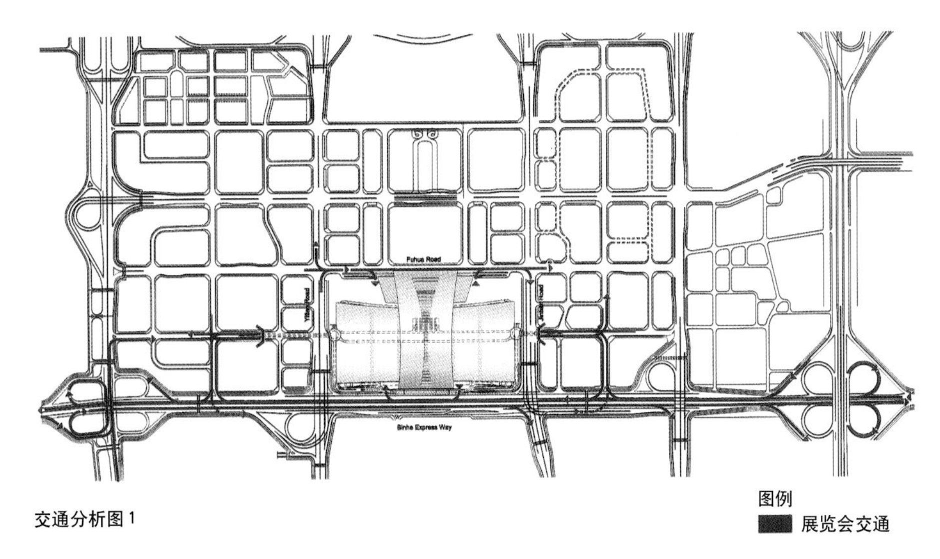

交通分析图 1

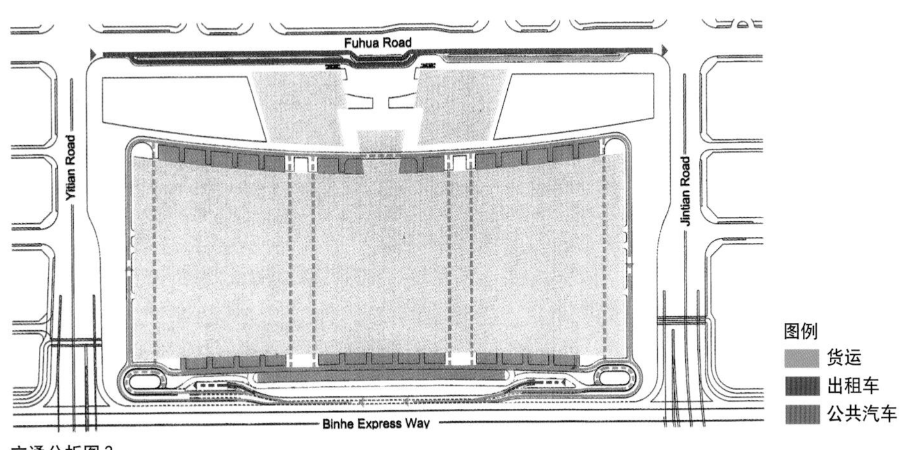

交通分析图 2

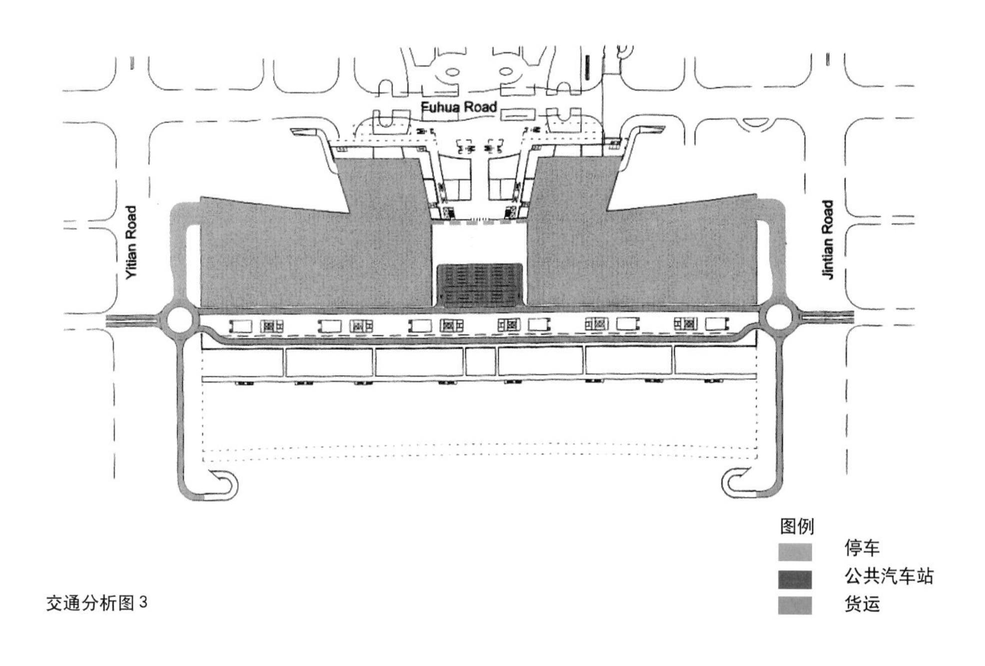

交通分析图 3

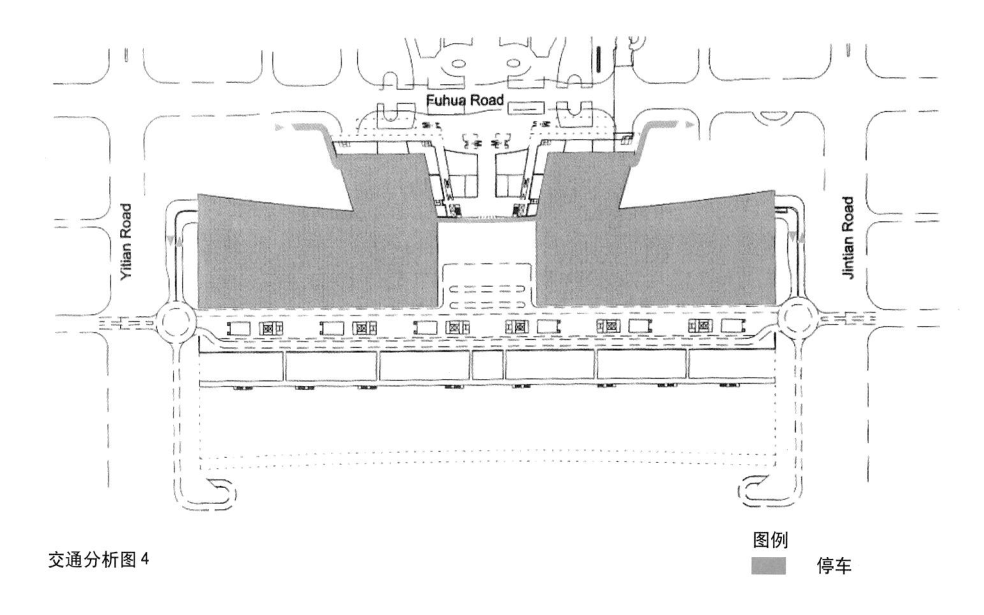

交通分析图 4

2.3　功能面积的分配

依照要使交通空间多功能化的原则，下面介绍设置的功能和各用途区：

首层：北侧的车道仅供轿车、出租和公交车乘客下车使用。不提供候车和停车场。乘客下车后，车辆必须随即离开。

在乘客下车区的路边，旅游车可暂时停靠接那些规定出发时间的参观团成员。在特殊情况下，参观者可以通过内部环路直接到达展厅。展厅南边的空间分别划分为装卸区、车行道和一个大型卡车站，该站能保证卡车有次序地进入正确位置并避免等待中的卡车堵塞周围的道路交通。

二层：这层是考虑为贵宾、参展商和参观者设计的边门。同时，也为参观者从滨河快速路到达会展中心提供了方便。这层的面积一方面用作车道，但也安排了一部分面积作为出租车总站。出租车可通过无线传呼驶向展览区北侧。在展览会结束后参观者乘坐出租车高峰时此总站作用甚大。其中的一部分同时也可作为参展商和展位工作人员的停车位。

地下层：这一层安排了几个不同的重要功能。布置两个双层停车库，各有 1 000 个停车位，分别归属西进口或东进口。车库可供参观者、参展商和展会职工使用。通过车库和会展广场地下层之间的人行通道，参观者可到达入口大厅。在两个停车库之间设有旅游车停车处，约有 50 个车位。晚上可通过传呼通知车辆驶出车库。地下车道之间布置电梯和楼梯间，同时提供足够的储物空间。如果展位需要供货，物品可通过内部环路或电梯、楼梯送至展位。

会议中心和美食城地下各建一停车库以满足会展期间的停车之需，而不必开放其他两个大车库。在会展期间这些车位保留给贵宾使用。

中间层：利用卡车所需的空间净高度，在地下车库加设中间层作为额外的停车层。该层可创造共约 2 500 个车位。

节能概念设计

为了以一种环保和经济的方式满足会展中心对于能源的要求，我们设计了如下的节能概念。

因为会展中心仅仅在很少的情况下才有满负荷运转的情况，我们通过经济可行的费用一效益比的方法来设计系统满足最大化的能源需求。为了降低用电峰值以及由此产生的费用，设置两个消耗天然气的热电站，每个热电站输出功率1 000kW。

这个设计具有三个显著的优点：

—在展览期间降低用电峰值

—在非展览期间也能满足基本用电要求

—作为紧急用电单元

考虑到当地长时间的日照（每年平均2 120h），我们在会展中心的屋顶上设计光电系统，作为环保体系的一个组成部分。根据需要，系统的输出功率可达2 500kW。从相邻的高层建筑上这套系统应该清晰可见，这将强化深圳作为高科技城市的地位。

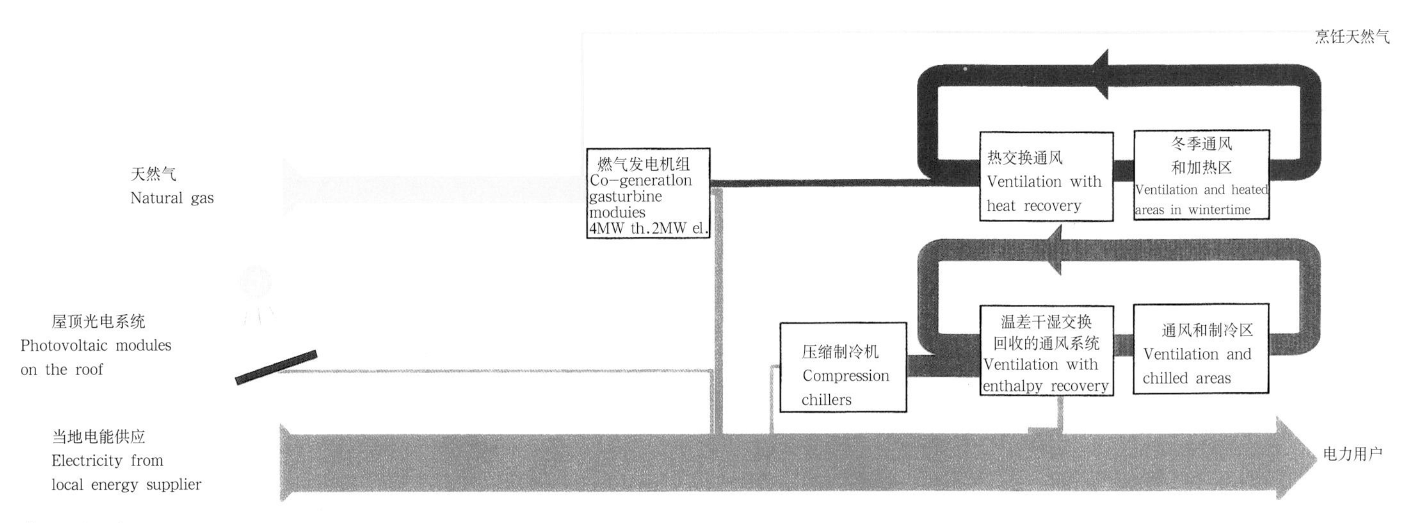

节能方案示意图

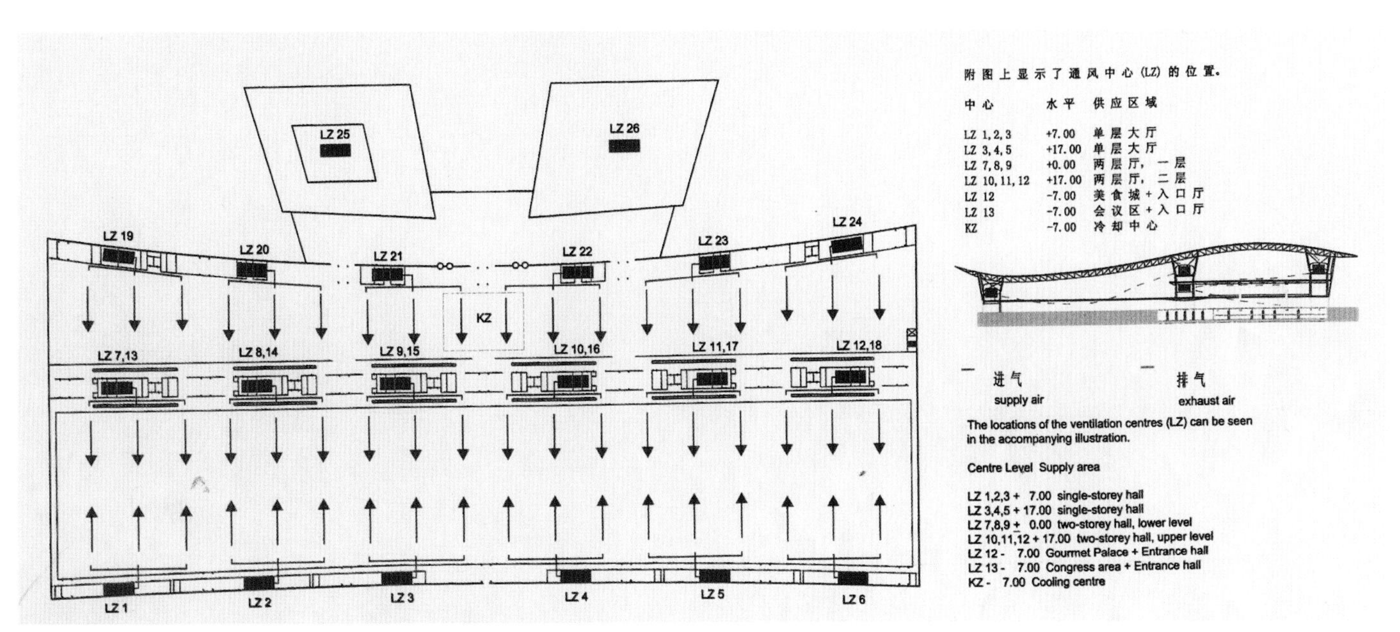

通风空调示意图1

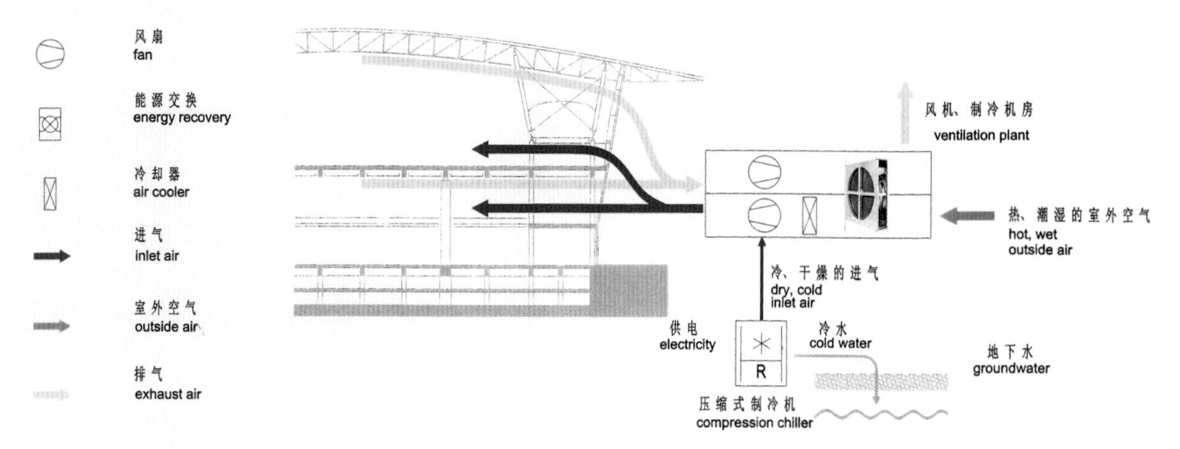

通风空调示意图 2

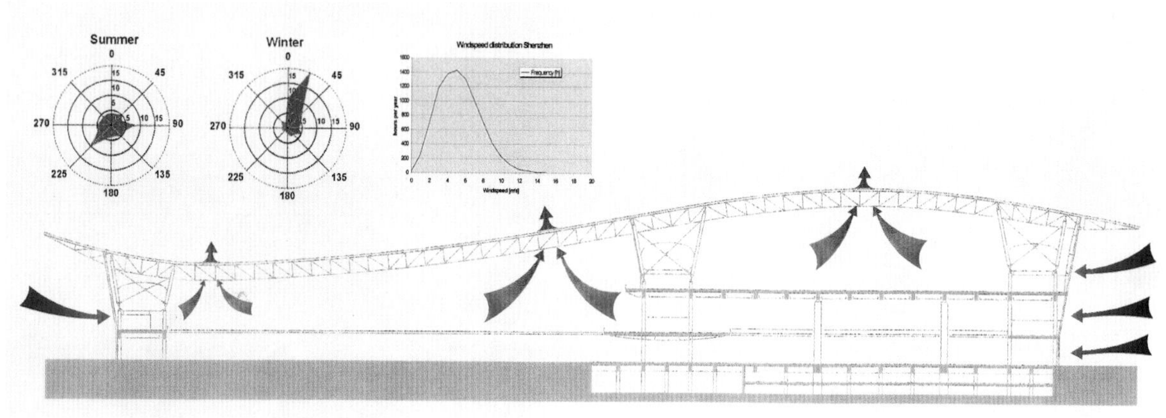

通风空调示意图 3

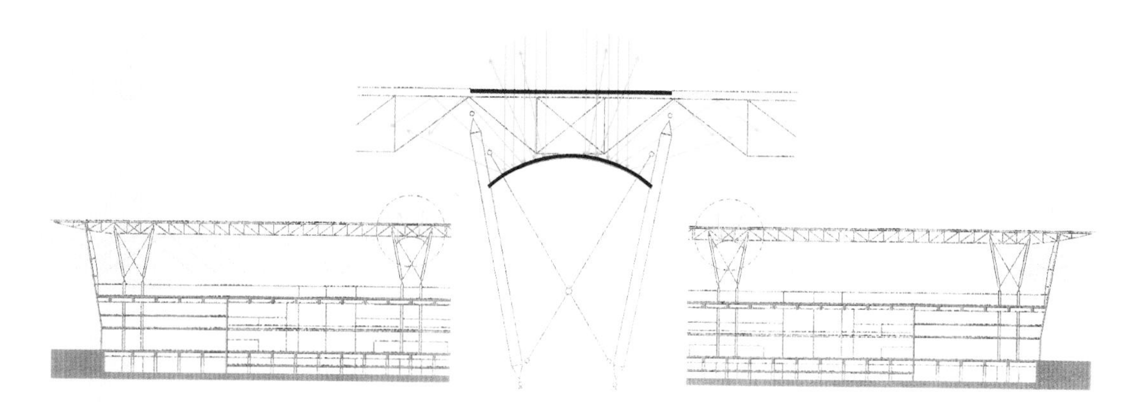

自然采光示意图

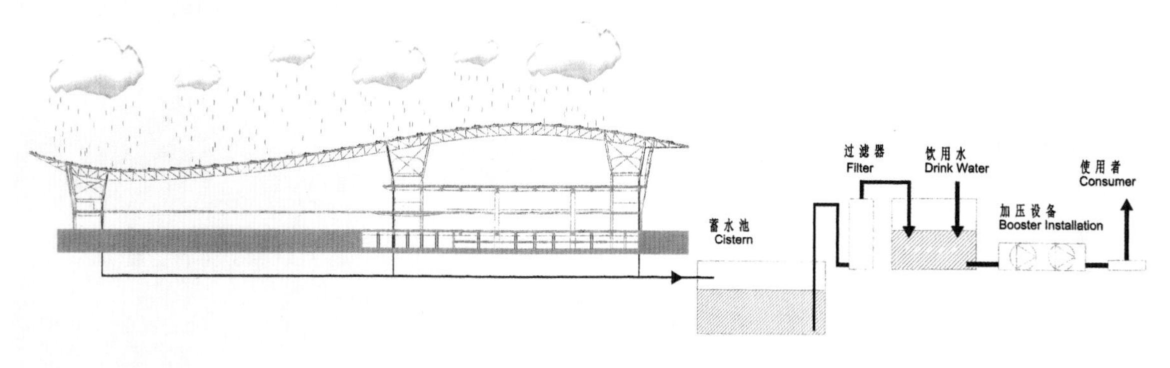

雨水回收示意图

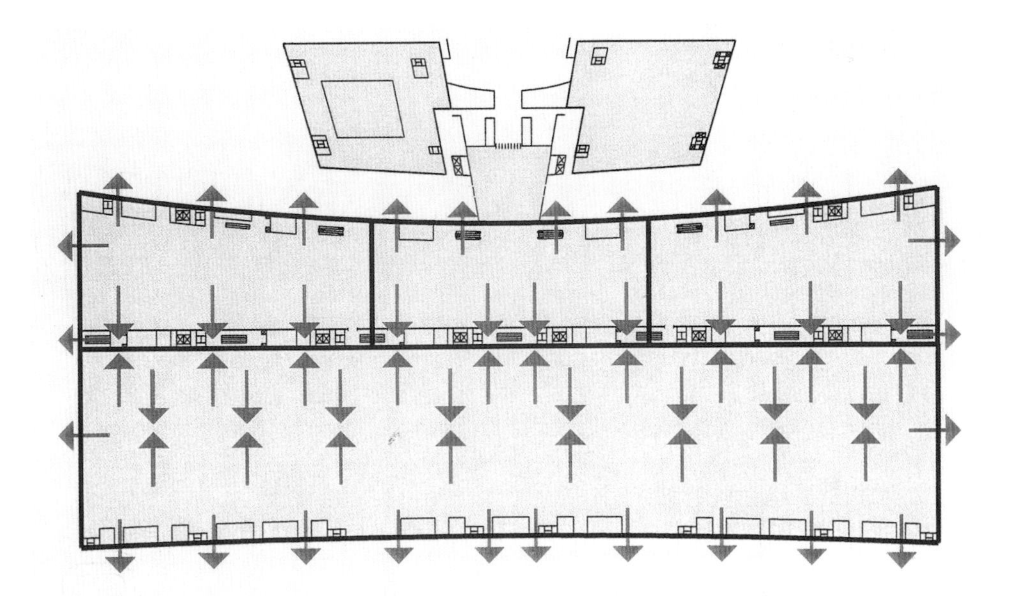

± 0.00m层防火示意图

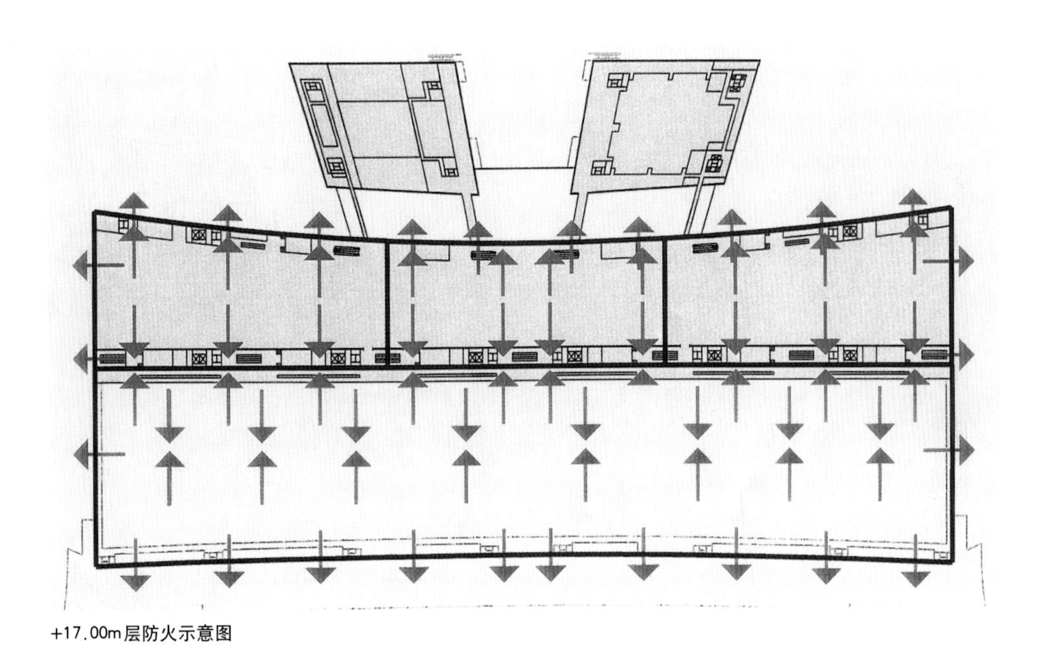

+17.00m层防火示意图

图例
防火分区

防火分区示意图

电气技术、信息和通讯系统

中压的网络系统(10kV和35kV)设计为多个变压器全面覆盖的系统，电的总需求量约为24MW。它足以满足大量用电情况下和高新技术展会时的用电需求。10/0.4KW的变压器分别安置在用电负荷重点区中。其变压器和电缆的安置，考虑到了万一某一设备发生故障时，一个计算机控制的开关系统操纵，使整个系统的安全运行有了保证。作为紧急供电设计了5套柴油发电机组安置在不同的区域，保证了会展中心，特别是安全系统的电力供应。对重要用户，在其附近安装具有足够功率的紧急供电装置(UPS)。属于该装置的还有计算机、安全技术设施和通讯设备。

在展厅及会议中心内设置信息网络，用于内部及对外信息交流。所有的展台都配有非特定用户型信息终端。从而实现同步的数字式电讯功能(电话及传真)，企业内部及国际互联网，大范围通讯及电视会议。数据通讯采用多模光纤，这样不仅可确保冗余码，还可以为今后发展留有足够余地。为了实现计算机楼宇集成(CIB)和最高水平地使用楼宇管理系统，展会运营和安全所需设备都具有自己的网络。这种系统可确保安全，减少能源耗费，因而也是一种环保的系统。所有信息在控制中心汇集。

可以设置办公室、会议室、印刷中心和贵宾室，并安装内部及国际通讯终端，为特殊的商业会晤提供租赁服务。

卫星通讯天线可以为大型活动提供转播。在展览中心旁边设置了一处室外停车场，联系方便。可以作为室外广播棚的场地。每个卫星天线最小直径6m，朝向东南方或西南方布置。

为保证展厅内部移动无线电话通讯质量，将设置信号转播2站和室内外通讯天线。室内天线覆盖整个建筑，从而改善建筑对通讯信号的屏蔽作用，增加了公共场所的通讯密度。

在中心广场，为转播的需要安置了大型屏幕，同时也能作为参展者的信息和广告之用。在常年展览市场的外侧安置了一个电子信息屏幕，作为广告、信息之用。在各会议厅内安装同声翻译设备，设备采用红外线4—或6—通道技术，可满足各类要求。

一个为办展参展者、记者等设置的可视信息、导向系统安置在每个建筑物内。为了控制进展和出展的交通，将安装计算机控制导向系统。该系统可通过屏幕显示展览会车库内车位情况，并指示去最近车位或停车场的最佳路线。一个音响系统包括了广播寻人、背景音乐和紧急呼救。

对于所有的有安全要求的房间和区域，将不同于一般区域设有人员入口检查系统，在这套系统可采用芯片卡系统或者指纹检测系统。所有有关的信息将统一汇总于保安中心，那里也同时是录像监控中心，所有主要的建筑物和电梯等将进行电视监控(需要按照中国的有关法律)。

人工照明使用最先进的灯泡，可以节约能源，并最佳程度地反映色彩。为了达到最佳照度，展厅内照明用电气调节。为使展厅在夜晚也能显示其风采，在展厅外墙相应安装聚光灯。

为了在夜晚也有使用露天展区，在每隔100m处安装聚光灯灯杆。使用的聚光灯都是最新技术的高功率聚光灯。所有照明设备都通过计算机自动控制。

为随时了解展览厅人员进入情况以及入场票销售状况，将设计一套计算机系统用于统计、控制入场情况，并包括入场票销售、预定(展览会现场销售)。

在人员电梯和货运电梯安装了同人员入口一样的检查系统，控制人员进入一些特殊的区域，同样采用芯片卡系统或者指纹检测系统。

运送参观者将采用现代化的计算机控制升降机、扶梯和人员输送带。在用电负荷重点区中为保证货运和消防也设有足够数量的升降机。

所有建筑物将按照中国有关规定设有雷电避震系统，并有多处接地。

A.楼层面积分布

	楼层	主要面积	辅助面积	高标准区域*)	城市功能区域(非会展)**)
1	+22.00m层	1 763m²	……	……	2 846m²
2	+17.00m层	40 372m²	16 800m²	4 400m²	4 817m²
3	+12.00m层	6 580m²	……	……	……
4	+7.00m层	20 105m²	4 880m²	28 760m²	……
5	+0.00m层	93 674m²	31 040m²	……	8 787m²
6	−4.00m层	……	……	56 725m²	……
7	−7.00m层	……	52 601m²	22 960m²	7 270m²
	总计	162 494m²	105 321m²	112 845m²	23 720m²

设计会展建筑面积：267 815m²
要求的建筑面积：250 000m²

B.主要功能面积

	方案设计面积		要求面积
展览厅　1	11 200m²		
展览厅　2	9 855m²		
展览厅　3	9 765m²		
展览厅　4	9 765m²		
展览厅　5	9 855m²		
展览厅　6	11 200m²		
展览厅　7	9 735m²		
长期展示厅 8	10 080m²		
展览　9	9 735m²		
展览厅　10	10 206m²		
展览厅　11	9 990m²		
展览厅　12	10 206m²		
展厅面积总和		121 592m²	120 000～150 000m²
会展广场		14 500m²	15 000m²
露天展区		29 360m²	30 000m²
会议中心		16 414m²	16 000m²

用地面积：220 565m²
建筑占地面积：144 111m²
建筑覆盖率=0.645

C.建筑覆盖率

美食城	8 367m²
会议中心	8 367m²
上述两者之间的面积	3 472m²
入口大厅	7 675m²
首层展厅	116 230m²
总占地面积	144 111m²

用地面积：220 565m²
建筑占地面积：14 411m²
建筑覆盖率=0.65

说明：

*这些区域包括交流区域，设有舒适的行人自动转送带和扶梯的集散区域，附加的1 600个地下车位和一个可选性的地下过境通道。我们之所以把所要求的1 000个地面停车位安排在地下，是考虑到地面面积的有限和为了容纳更多的重要功能。设置自动传输系统可以在有限的用地范围内提供功能上的适应和灵活性。入口大厅由于它的位置和体量已经超载了它的基本功能，可以用来举办各种活动，展览和演出，从而形成深圳文化生活的一个中心。所有这些区域对于简单的会展功能并非必须，但必然会完善提高建筑的整体表现和它的国际化标准。

**这部分面积一方面属于深圳中心商业区，在首层和地下层与会展中心相连，另一方面又和美食城成为一体，成为设计概念中一个不同凡响之处。参观和旅游者可以在此尽尝各地美食。设计的目的是使这里成为深圳烹饪美食的中心，在任何活动期间向各方来宾展现它的魅力。

(三)参加竞标的设计机构负责人接受采访

全体评委合影(从左至右陈世民、戴维·萨普、大卫·吉尔博特、潘祖尧、雷羽德·古特、吴良镛、安德列斯泰·里格、周干峙、马国礬)

采访菲利浦·考克斯(澳大利亚)

菲利浦·考克斯(澳大利亚):

会展建筑以它的商业性为突出个性，处理好展览期间和闭幕期间的商业经营，是至关重要的。会展建筑将会有力地促进周边街区的商业发展。

菲利浦·卡斯特罗(美国):

会展中心这类建筑非常具有挑战性，必须应用大量的新技术和新材料，可以使建筑非常有表现力，适合作为时代的标志性建筑。

采访墨菲/扬公司资深副总裁菲利浦·卡斯特罗(美国)

采访蔡德勒(加拿大)

埃伯哈德·蔡德勒(加拿大):

会展中心建筑应适应多种功能的需要,既要满足需要采光类型的展览需要,又要满足不需要采光类型的展览需要,还要留有足够的发展空间。

采访GPTP公司总裁福克温·玛格

福克温·玛格(德国):

当今会展中心建筑发展有五大趋势:

1、展览、会议和餐饮功能相配套。

2、二层以上的展厅越来越少,一层展厅越来越多。

3、展厅跨度越来越大,高度越来越高。

4、展厅采光面积越来越大,越来越明亮。

5、设备越来越齐全,越来越先进。

采访欧博迈亚公司总建筑师科斯通(德国)(左二)

克劳斯·科斯通(德国):

会展建筑不同于普通的单体建筑,它是大型城市综合体,建筑设计应着重处理好城市景观、城市交通等问题。作为政府投资项目,在应用新技术和新材料、节能和环保等方面应具有示范性和标志性。

(四)评审意见

本次深圳会展中心建筑设计方案国际竞标，参与方案对问题研究深入，富有创造性，各具特色。评委会深感这一建筑功能复杂，地位显要，其对作为国际城市的深圳市中心建筑艺术特色的最终形成至关重要。经评委们认真、细致、充分地研讨，得出下列意见：

1.对三个优选方案的评审意见：

1号方案(德国GMP建筑师事务所设计)评审意见：

● 功能合理、实用、灵活，可增强会展运营的竞争力。

● 交通组织、城市设计符合规划要求。

● 会议、行政、部分餐饮放在顶部，提供了宜人的观景平台。

● 入口水泉的处理与中心绿地结为一体。

● 整个造型易于形成深圳市的标志性建筑。

● 顶部会议、餐饮的人流服务及与入口交通组织、消防疏散等有待完善。

● 顶部会议、餐饮的垂直运输增加了设备投资和运营成本。

● 全玻璃屋顶不利于节能和清洁；大跨度遮阳板存在技术困难。

3号方案（美国墨菲／扬公司设计）评审意见：

● "大化无形"，可对中心区建设起到画龙点睛的作用。

● 造型简洁，功能实用，灵活性好。

● 展览、会议和餐饮面向广场人流，灵活而又独创。

● 中部通透与中轴线城市设计结合较好，可作为深圳中心区

绿地的南大门，并使中轴线有向南发展的可能性。

● 此设计虽近乎概念性设计，但思路明晰，建筑形式有利于降低造价。

● 交通组织、建筑技术处理等有待深化。

4号方案（澳大利亚考克斯建筑师事务所设计）评审意见：

● 前部建筑处理较好，尺度宜人，有利于带动商业气氛。与北部中心绿地形成公共街道（Public Street），有利于市民活动。

● 周边的交通组织合理，公共空间宜人。

● 北部处理略显复杂、局促，南部造型过于单调。

● 展览中心入口欠明确，餐饮与会场等组织过于烦琐。

2.对其余两个投标方案的评审意见：

5号方案（德国欧博迈亚工程设计咨询公司设计）：

● 该方案对交通组织和内部功能作了深入的研究，有很多可取之外。

● 与中心区规划及中轴线的城市设计衔接较好，入口处宽敞气派。

● 功能分区较明确，会议、餐厅便于独立营运。

● 宽敞的入口与内部通道尺度衔接欠妥。

● 造型尺度过于庞大，与市民中心略显雷同。

2号方案（加拿大蔡德勒罗伯茨建筑师事务所设计）评审意见：

● 展览的功能布局合理。

● 建筑构思、造型独特。

● 单体建筑设计与中心区总体规划协调处理不够。

● 第五立面处理欠妥。

深圳会议展览中心建筑设计方案国际竞标评审委员会

主席：吴良镛

2001年2月18日于深圳五洲宾馆

深圳会议展览中心建筑设计方案国际竞标评审决议

Resolution if the Jury for International Architectural Design Competition of Shenzhen Convention & Exhibition Center

"深圳会议展览中心建筑设计方案国际竞标"以无计名投票方式，选出：

第一名：德国GMP建筑师事务所方案。

第二名：美国墨菲／扬公司联合中国建筑东北设计研究院方案。

第三名：澳大利亚考克斯建筑师事务所方案。

By the means of ballot ,we, the jury selected the following schemes as the ex- cellent entries for the International Archi- tectural Design Competition of Shenzhen Convention & Exhibition Center.

First Mention: Designer : Von Gerkan Marg Und Partners Architekten

Second Mention: Designer: Murphy/ Jahn, Inc and China Northeast Building De- sign Institute

Third Mention: Designer :The Cox Ar- chitects

评审委员会

Evaluation Committee

2001年2月18日于深圳五洲宾馆

18th February ,2001By Shenzhen Wuzhou Guest House

主席（Chairman）：吴良镛 Wu Liang Yong

评委（Jurors）（按姓氏英文字母顺序排列 by alphabetical order）

大卫·吉尔伯特	David Gilbert
马国馨	Ma GuoXin
安德列斯·泰理格	Andreas Theilig
陈世民	Chen ShiMin
吴良镛	Wu Liang Yong
周干峙	Zhou GanZhi
雷那德·古特	Lennart Grut
潘祖尧	Ronald Poon
戴维·萨普	David C.Sharpe

2001年2月18日（18th February，2001）

于深圳五洲宾馆（By Shenzhen Wuzhou Guest House）

邀请竞标单位及主要作品一览表

编号	单位名称	领衔建筑师	主要作品
	美国墨菲／扬公司 Murphy/Jahn,Inc. 中国建筑东北设计研究院 China Northeast Building Design Institnte	墨菲／扬 Helmut Jahn	★美国芝加哥麦克米会展中心 ★德国法兰克福展馆 ★中国深圳会议展览中心(原方案) ★中国上海浦东新国际博览中心
	德国欧博迈亚工程设计咨询公司 OBERMEYER Planning & Kohlstrung Consulting Co.,Ltd	克劳斯·科施通 Kohl strung	★德国幕尼黑新展览中心 ★中国沈阳国际会展中心 ★中国深圳市中心区城市设计
	美国拉法耶尔·维诺里建筑师事 务所 Rafael Vinoly Arcthitects	拉法耶尔·维诺里 Rafael Vinoly	★日本东京国际会议中心 ★美国匹兹堡.大卫.L.劳伦斯会议中心 ★ 美国波士顿会展中心
	澳大利亚考克斯建筑师事务所 The Cox Architects	菲力普·考克斯 Philip Cox	★澳大利亚悉尼展览中心 ★新加坡新博览中心 ★ 澳大利亚布里斯班会展中心 ★ 澳大利亚皮尔斯会展中心
	德国GMP建筑师事务所 Von Gerkan · Marg,Und Partners Architekten (Germany)	福克温·玛格 Volk win Marg	★德国汉诺威博览中心4、8/9号展馆 ★德国莱比锡新会展中心 ★ 中国南宁国际会展中心 ★ 意大利利米尼新会展中心 ★ 德国腓德烈斯哈芬新会展中心 ★ 德国杜塞尔多夫会展中心6号展馆
	加拿大蔡德勒·罗泊茨建筑师事务所 Zeidler Roberts Partnership, Architects	埃泊哈德·蔡德勒 Elerherd Zeidler	★加拿大大厦－温哥华贸易会议中心 ★ 加拿大多伦多国家贸易中心 ★ 加拿大多伦多世界贸易中心

四、修改实施方案

现场实景

用地原貌

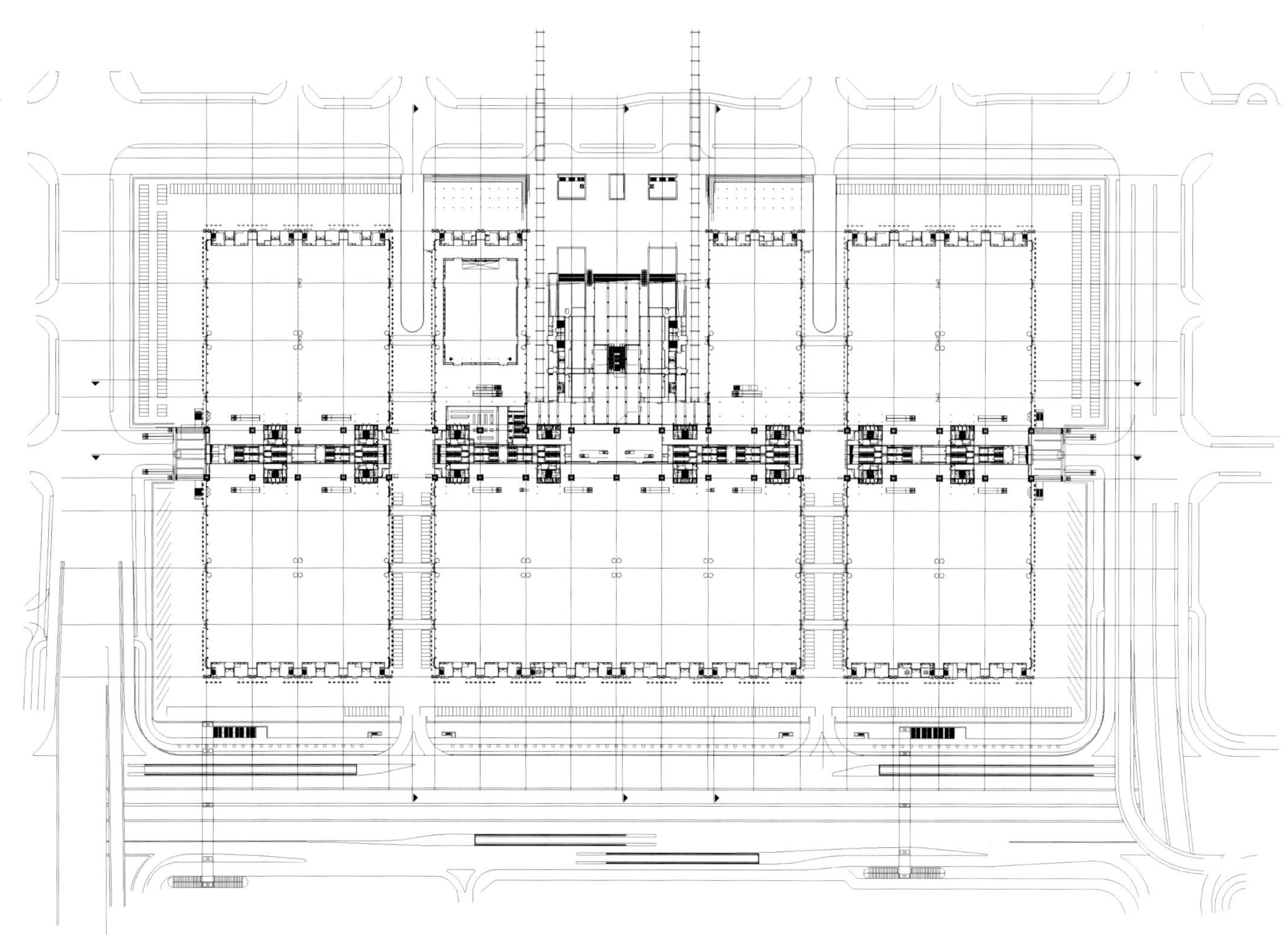

±0.00层平面图

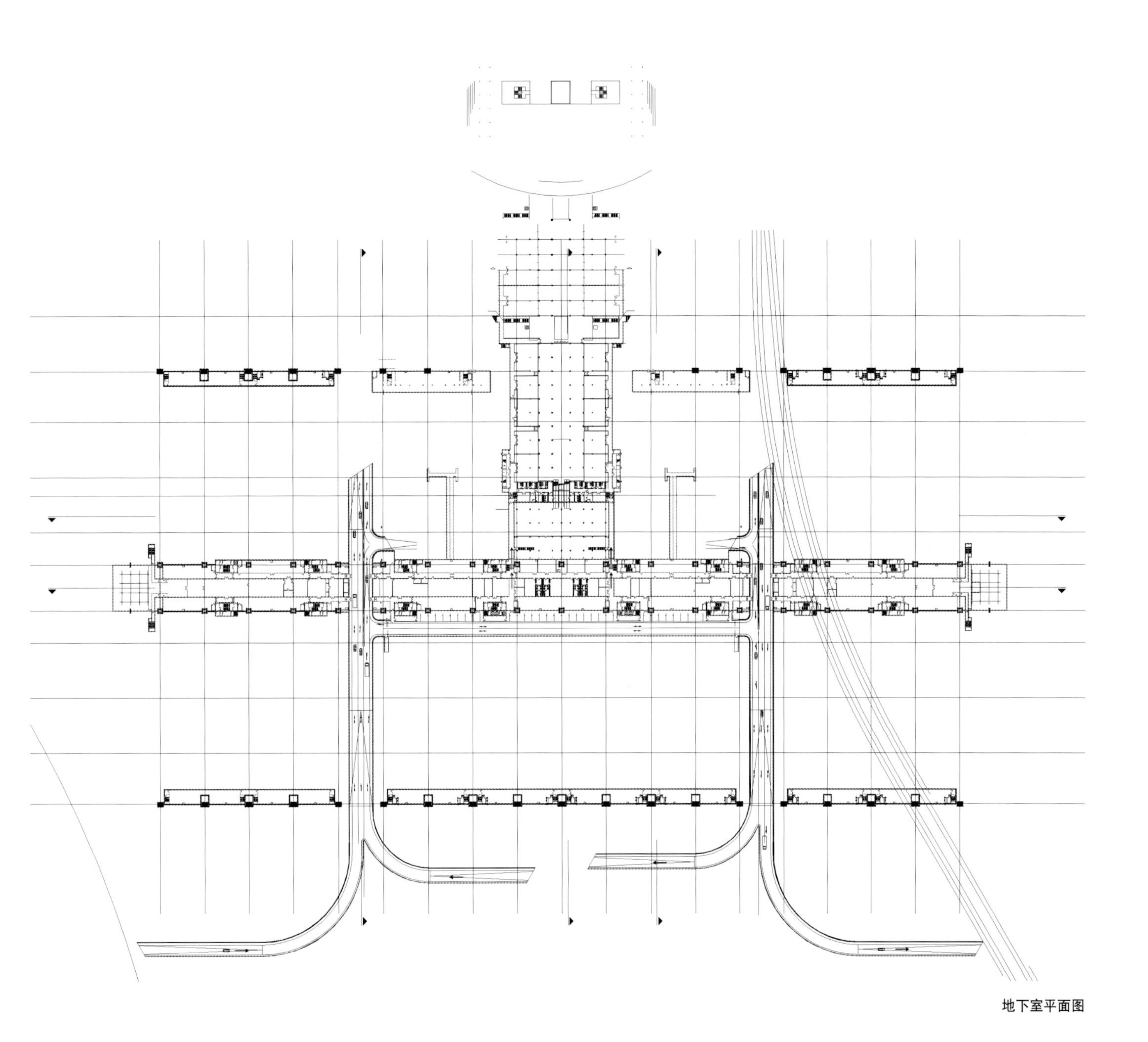

地下室平面图

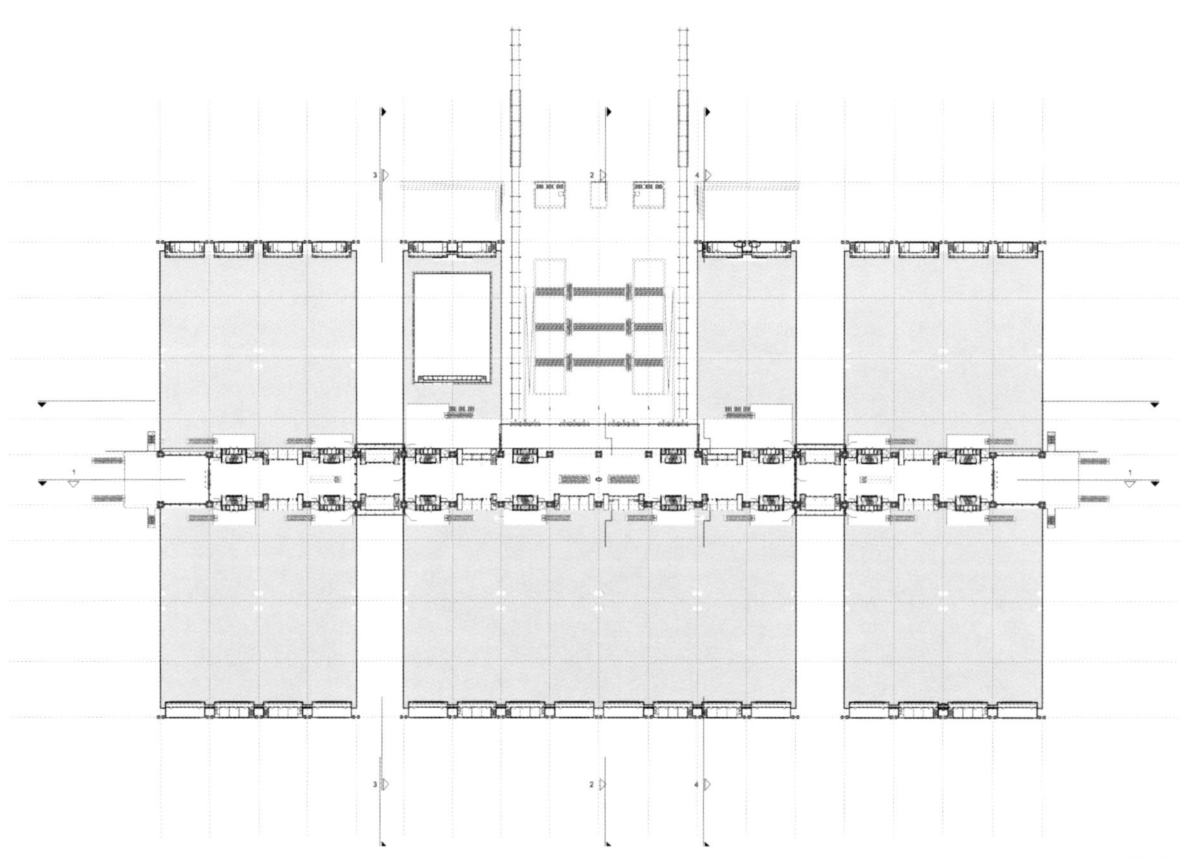

7.5m层平面图

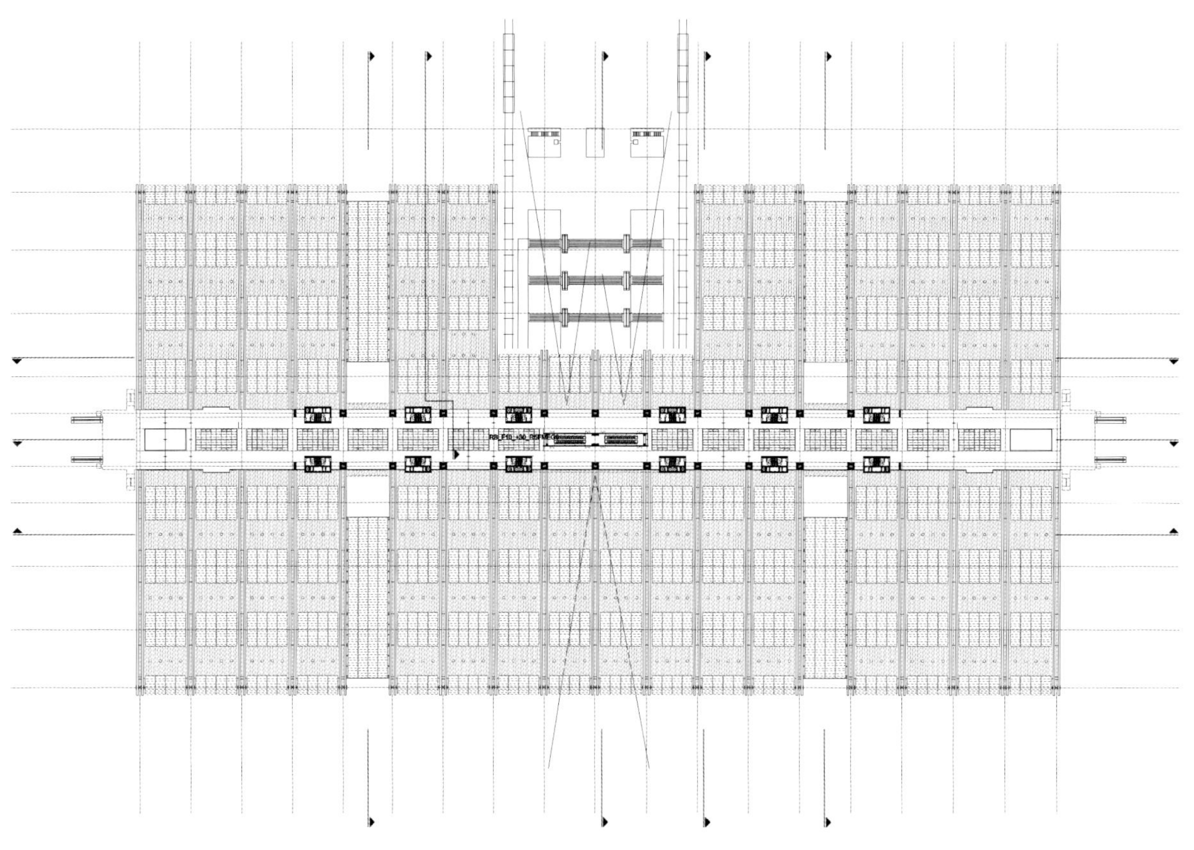

30m标高层平面图

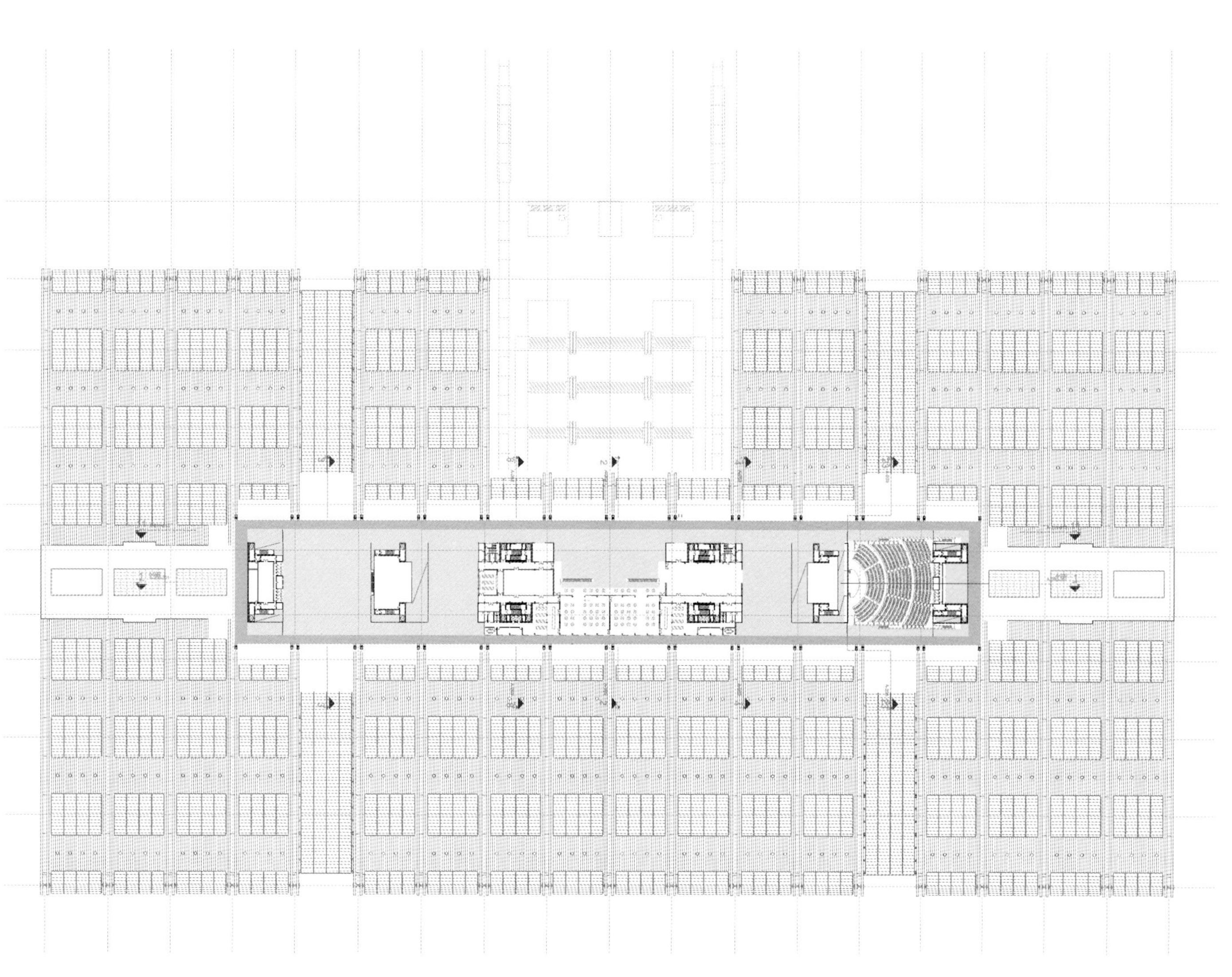

50m 标高层平面图

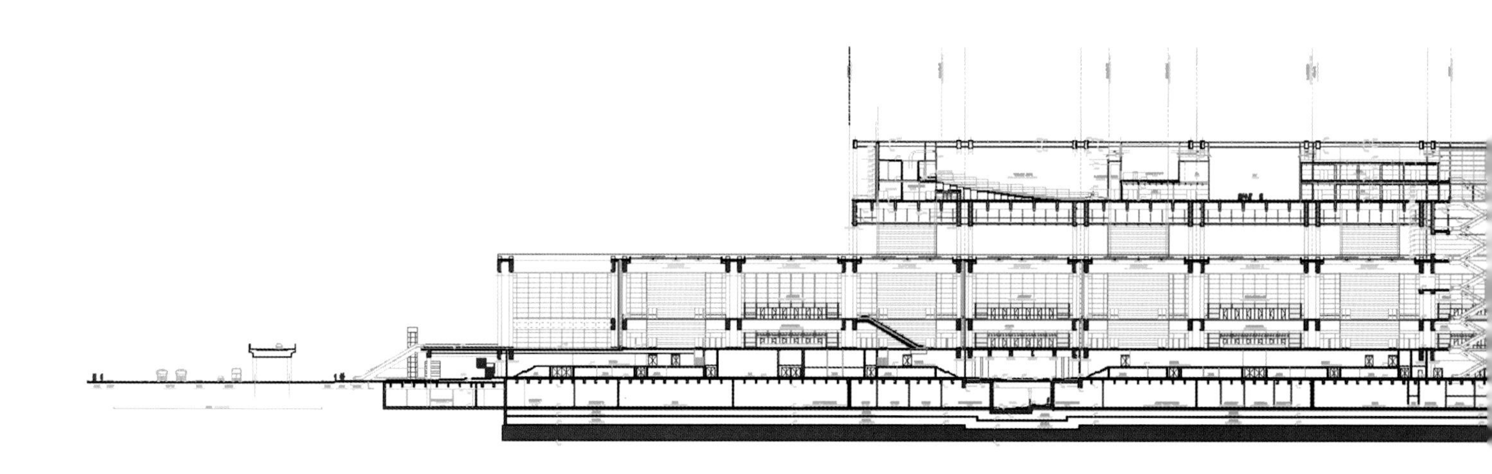

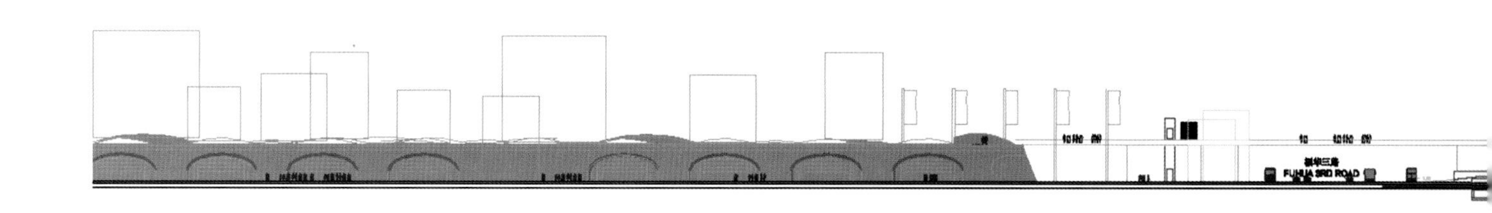
FUHUA 3RD ROAD

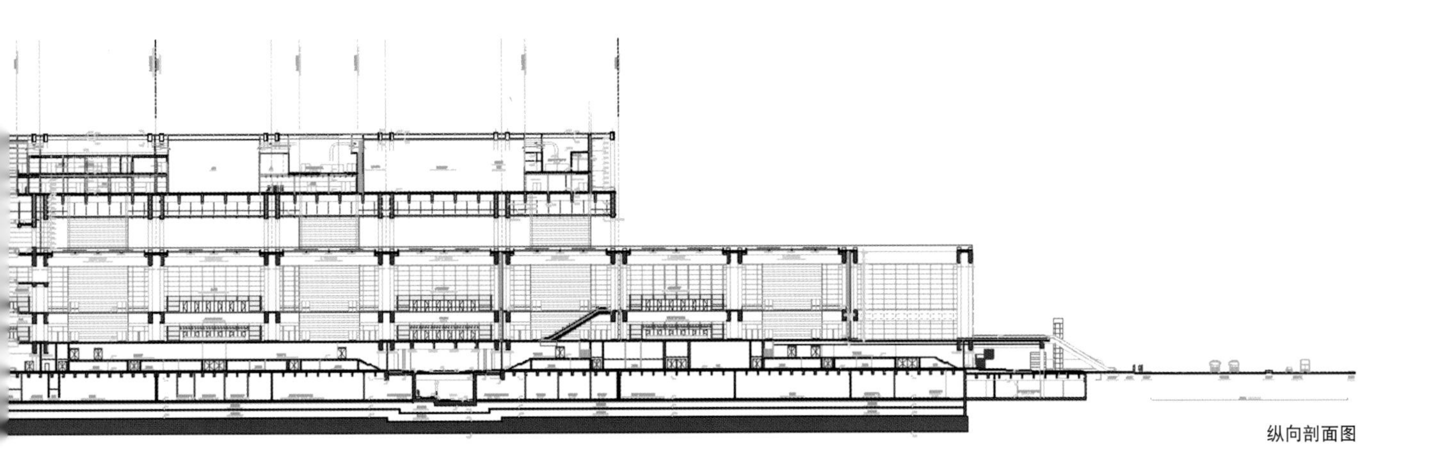

纵向剖面图

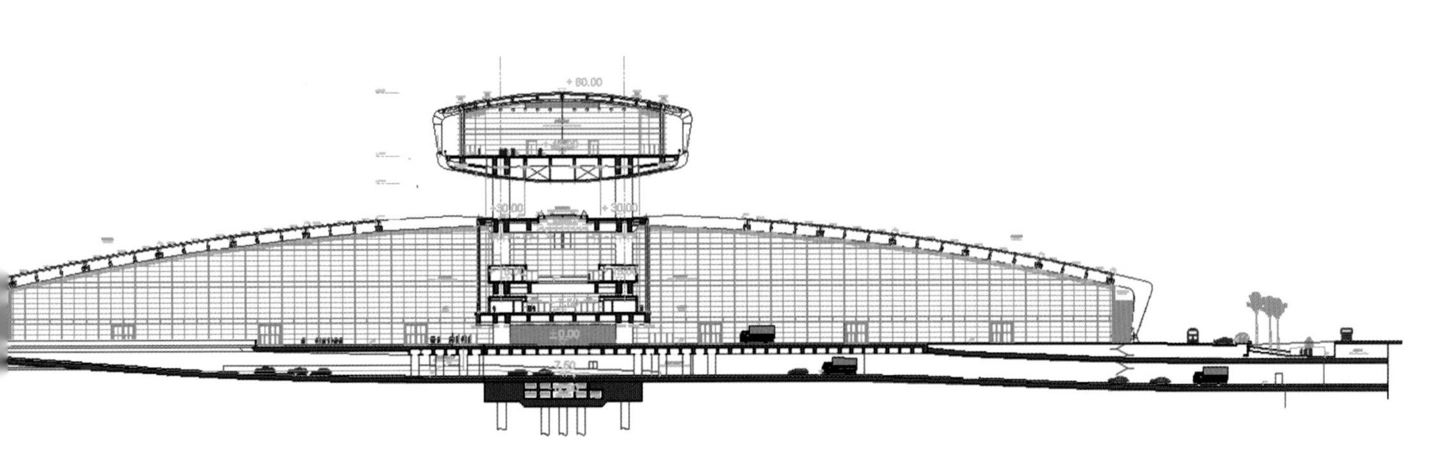

横向剖面 3-3,通过隧道

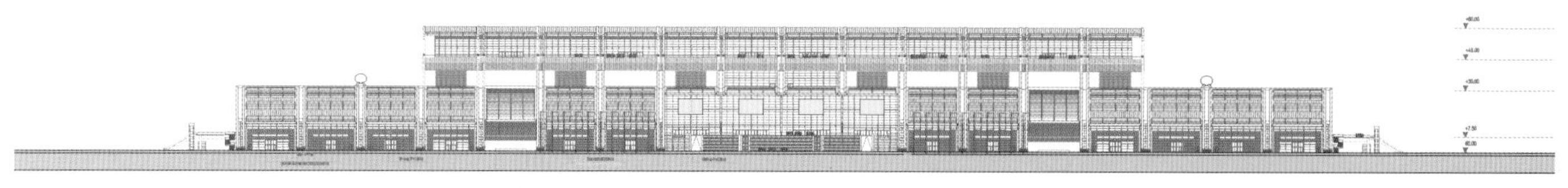

北立面图

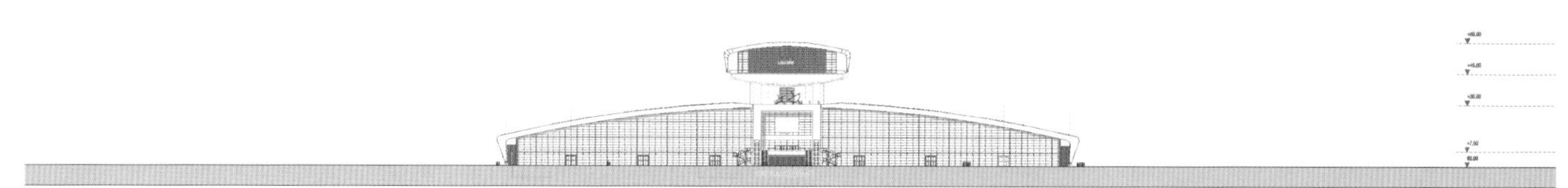

东立面图

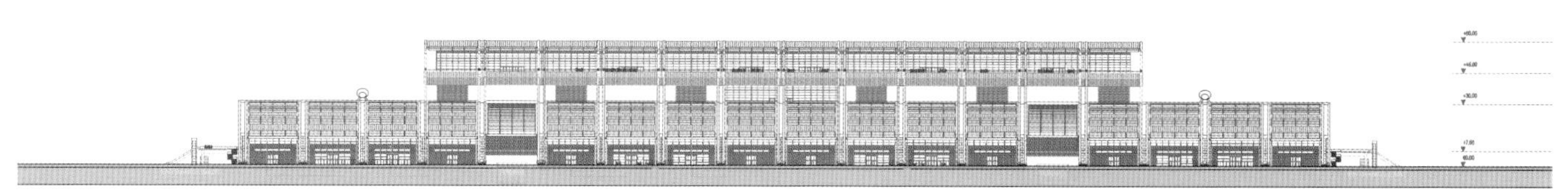

南立面图

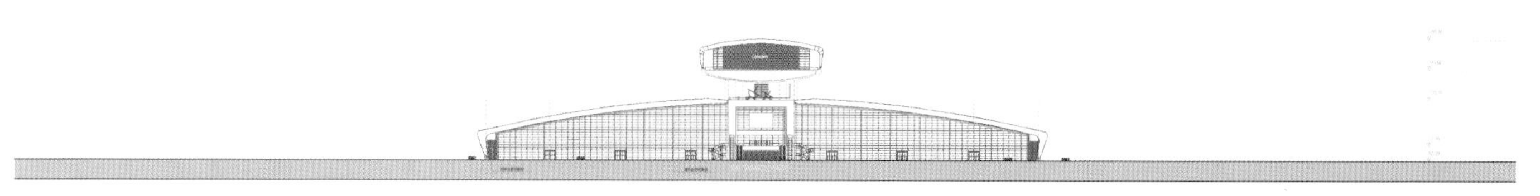

西立面图

五.后记

20世纪80年代末、90年代初，世界各地为了迎接新世纪的经济挑战，都纷纷筹建会展设施。深圳会议展览中心(以下简称会展中心)的筹建工作可以追溯到1992年，因种种原因而推迟。1996年下半年，深圳市政府再次提出建设大型会展中心，并成立了筹建领导小组，下设办公室。经两年多的精心筹备，于1999年下半年初，举行了会展中心建筑设计方案国际竞标，美国墨菲/扬(M/J)公司联合中国建筑东北设计研究院中标。2000年5月选址变更，由深圳湾填海区改至新市中心区南片。2000年底至2001年初重新进行了会展中心建筑设计方案国际竞标，德国GMP公司中标。本书将此次竞标的五个方案连同前期的选址论证过程编辑成册，使读者对此可以有个全面的了解。

中标方案确定后，德国GMP公司决定与中国建筑东北设计研究院联合进行方案修改阶段以后的全部建筑设计。建筑师根据国际竞标评审委员会、深圳市规划国土局、英国宝维士工程咨询顾问公司－深圳南山建设监理公司联合体、业主和有关专家的意见，进行了方案修改。这些修改包括：1、把建筑总高度从75m降低到60m，展厅高度从40m降低到30m；2、将市中心区中央绿化公园的地下商业中心和地铁站，从地下直接与会展中心中央长廊大厅连通；3、中央长廊大厅屋顶层作为观光层，同时也作为消防避难层；4、中央长廊由54m宽改为30m宽，两侧向内倾斜的柱廊改为垂直柱廊；5、会议中心折线形顶面和底面改为了平滑的弧线形；6、地下停车场由两层改为一层；7、展厅屋顶由全玻璃天窗改为50%天窗。

深圳市城市交通规划研究中心和德国GMP公司的交通设计顾问德国OBERMEYER(欧博迈亚)公司分别对会展中心进行了交通专题研究，根据中外专家的两份研究报告，会展中心周边的道路和交叉路口都进行了改造设计，穿过会展中心的中心四路和中心五路的下穿隧道由双向通行，改为单向通行。

会展中心的建筑结构设计由德国GMP公司的结构设计顾问德国SBP公司负责。经反复计算，为了减少用钢量和降低钢结构的加工制作难度，展厅屋顶类似门式刚架结构的大梁须改为带有弧形下弦的张弦梁结构。这一修改为深圳市的结构工程师和建筑师们所接受。

会展中心建筑设计在很多方面不符合现行的建筑设计防火规范，或者说目前我国还没有适用于会展中心建筑的设计防火规范。根据公安部的有关规定，会展中心的消防设计问题须由省级或省级以上的消防主管部门主持召开专家论证会来解决。2001年1月17日由广东省公安厅消防局主持召开了会展中心消防安全专家认证会。根据来自科研、设计、大学和管理等单位专家的意见，会展中心又一次进行了较大的调整和修改。这些修改包括：1、45m标高层的3 000人多功能厅该设到±0.00层的入口左侧展厅的位置，并增加了宴会用的厨房。2、加大了入口大厅的面积。3、45m层的600人和800人的两个国际会议厅合并成一个800人的高标准的国际会议厅。4、原3000人的多功能厅的位置改为两个600人的多功能厅。5、300人的中型会议厅和其他辅助房间也做了相应的调整。6、在中央长廊下增设了贯通东西540m长的疏散专用走廊。

根据规划部门的意见还增设了东西两个辅助人员出入口，以适应不同规模的展览同时举行的要求。

虽然做了很多修改，但设计方案的基本特征未做大的变动，会展中心特有的平面空间的逻辑关系基本未变，对于如此复杂和大规模的建筑而言，这是非常难能可贵的。中外设计联合体的建筑师们和工程师们在工作中互相尊重、精诚合作的精神，为中外合作设计项目树立了典范。

丛书编辑后记

本套丛书是对深圳市中心区6年多的城市规划设计与建筑设计及其实施过程资料的整理出版，可谓厚积薄发，水到渠成。在这之前，中心区在专业界的介绍，相对其多年丰盛的国内外设计成果来说是很不相称的。尽管这些年来，中心区的宣传工作也做了不少：编写过两个版本的宣传册子；内部编印过1996、1999年的城市设计国际咨询成果、社区购物公园设计、黑川纪章的中轴线规划、SOM的街坊城市设计、交通规划等资料；1999年委托制作了在当时国内罕有的10分钟动画；2000年制作了多媒体宣传片在莲花山公园的规划展厅长期公开播放。但除了2001年由《世界建筑导报》发行过一期容量有限的专集外，正式发表和出版的资料非常少。专业界对中心区较为全面的了解，应该是通过1999年北京举行的世界建筑师大会。由吴良镛先生推荐，中心区模型和动画参与了大会的展览，引起一些注意。德国包豪斯基金会就是这些注意者中的一个，他们寻踪而来，上门邀请中心区参加了2000年在德国德绍包豪斯举行的中国城市（北京、上海、深圳）规划建设展览。随着专业界对中心区的日益关注，以及中心区规划不断调整和项目建设的大量展开，提供详尽的资料，让各界人士了解中心区规划设计的进展和全貌并能展开一些研究和评论，这是中心区也是专业界所期望的一件事情。这样一件好事，由深圳市规划与国土资源局和中国建筑工业出版社，历时一年多的艰辛合作，于是有了这套精心选编、力求全面完整的中心区系列丛书。本套丛书实质是中心区6年城市设计和建筑设计成果资料的档案编纂，注重史料的原汁原味，不加修饰，不予评论。当然资料浩繁，篇幅有限，编辑还有个取舍删简的问题，所坚持的编辑宗旨，一是全面，二是完整。全面指的是内容的全面，城市规划、城市设计、法定图则、概念设计与前期研究、雕塑规划、交通规划、建筑设计、环境设计乃至室内设计等等，涉及城市建设面貌的各类计划和图纸尽录其中；完整指的是过程的完整，一个方案，从概念到可行性研究到方案设计，再从评议到工程报建审批直至项目实施，各个阶段的演变及其原因，都力求有所交代。追求这样的全面和完整，是因为只有从规划设计的不同类别不同侧面不同阶段

Editors' postscript of the series

A Chinese idiom says that when water is available, the aqueduct is ready. This saying exemplifies the six-years put into the Shenzhen Central District planning and design. Before this Series, the material available to the public has been only a small fraction of the material that has been generated over the course of the design and construction of the Central District. There had been a few efforts to introduce the Central District over the years. However, including a special issue of the World Architecture Review in 2001, publicly available publications on Shenzhen's Central District have been very rare. Not until the 1999 World Congress of the International Union of Architects was the Central District broadly known among design professionals. As recommended by Mr. Wu Liangyong, models and animations of the Central District were exhibited at the conference, and they garnered quite a bit of attention. The Bauhaus Foundation in Germany was among those interested. Later, the foundation invited Shenzhen to participate in the "2000 China (Beijing, Shanghai, Shenzhen) Urban Planning Show" in Dessau, Germany.

Due to the increasing interest shown by professionals, the consistent evolution of the Central District, and the development of its construction, those involved in the planning realized the need to publish detailed information that would reveal the process of the Central District's planning and design for research and commentary. The Shenzhen Planning and Land Resources Bureau and China Architecture and Building Press immediately reached an agreement to carry out the project. After a year of hard work, now we can present this Central District Series.

The series is an archive of the Central District planning and design over the years, and the data is authentic-without any modification and comment. Obviously, due to space limitations, the abundant data has been simplified somewhat. Two principles are followed: one is comprehensiveness, the other is completeness. The comprehensiveness refers to the content, which should cover urban planning, urban design, specifications, conceptual and preliminary designs, sculpture planning, traffic planning, architectural design, landscape design, interior design and the other plans and drawings related to urban design. Completeness refers to documenting the whole process of every project from concept to implementation, so as to illustrate each project's evolution and causes behind the evolution. Only with comprehensiveness and completeness can we have a clear picture of the Central District-a complicated and dynamic system-from all angles. Members of the Development and Construction Office of the Central District have understood this.

As members of a planning department specifically created for the Central District, they have often been asked two questions over the course of the six-year evolution of the Central District. One is, "who planned the Central District: John Lee, Kisho Kurokawa, or Obermeyer?" Another one is, "why does the

入手才有可能认识这个系统复杂同时又是在不断演变的中心区的真面目，这一点，尤其是中心区开发建设办公室的成员有深刻的体会。作为中心区专一的土地规划建筑管理部门，关于6年来中心区的规划设计的演变，有两个问题是经常听到人提出。问题一是：中心区的规划是谁做的？有人知道李名仪、有人说到黑川纪章、有人提起德国的欧博迈亚公司；问题二是：中心区的规划为什么总在变？不是常说实施任何一个方案都比一打变来变去的好方案强吗？要回答好这两个问题，可谓说来话长、一言难尽，想来想去，也只有把所有的方案摆出来才能说得清楚，这也算是编辑出版这套书其中的一个用意吧。城市规划设计及其实施过程中，有太多的影响因素，这些因素都会通过不同阶段的图纸反映出来。希望这套书的档案资料，能有助于读者了解城市规划的综合性、系统性和复杂性，能有助于读者从这些相对完整全面的资料中找到关于中心区各种规划设计问题的答案，能有助于读者提出更多关于中心区甚至是中国城市规划的问题，或者有助于读者从中找到自己的研究课题和素材，以及规划设计的参考范例。

虽然是档案资料汇编，十本书的工作量、难度和所需的时间还是出乎意料之外，加上年久日长也难免有所缺失遗漏，需要四处求索补齐，因此整理编辑的工作成了一项烦琐和艰难的工程。部分缺失资料也得到一些设计机构、建筑师、开发单位的支持，我们感谢本丛书所有出版资料相应的设计委托方对出版工作予以授权和配合。

在此谨对所有为丛书出版提供帮助的机构和人士表示衷心感谢。感谢在深圳工作的美国朋友迈克尔·盖勒高先生为全部英文的定稿付出了心血，特别感谢本书的责任编辑李东禧先生和唐旭女士，他们多次亲临深圳解决问题，他们的敬业精神促成了本套丛书的出版。中心区的规划设计仍在进行，这一少见的城市设计和建设实践，相信还会积累下更多宝贵的资料，到时候还需要这套丛书的续集来记录。

plan of the Central District keep changing all the time? Isn't it always better to stay with one scheme rather than a dozen?" It is hard to answer these questions without showing all the schemes. This is also one of the purposes of publishing this series. It is a long and complex process to take initial urban design concepts to final construction of roads and buildings. Although there is a saying that our city is "built up overnight" with the so-called "Shenzhen speed", there is also another old saying that "Rome was not built in a day". A careful reader may discover that the improvement of the Central District urban design also parallels to the progressive maturity of its administrators' understanding of urban planning issues.

It is unrealistic and dangerous to construct a city totally according to only one version of planning or only one person's will. The city must present the views of the people of all social strata and leave the distinct traces of time and therefore is always in a process of compromise and change. There are many factors having impacts on urban planning, and they are reflected by the drawings throughout the district's different phases. We hope that the relatively comprehensive data in this series can help readers find out the answers to the planning and design questions of the Central District, raise more questions about the Central District or even all China's urban planning, and sort out subjects and materials for research, or create models for further urban planning and design.

Although it is strictly a compilation, the work, the difficulty and the time spent on these ten books have far exceeded what we anticipated. Since missing files had to be tracked down, collecting material often became very complex and difficult. We also received support from many design offices, architects and developers. Kisho Kurokawa sent us the requested data from Japan as soon as he received our letter. In addition, we have received assistance from owners who have authorized us to publish selected materials.

Hereby, we would like to express our heartfelt gratitude to those organizations and people who have provided their invaluable help in publishing the series. Thanks to Michael Gallagher from the United States who works in the Urban Planning & Design Institute of Shenzhen and was the final English editor. Thus, Mr. Li Dongxi and Ms. Tang xu , the managing editor of the series, went to Shenzhen four times to make contributions. His patience and enthusiasm propelled the publication of this series.

The planning and design of the Central District is still going on. More valuable data will accumulate and be documented in subsequent volumes of this series.

丛书简介

一方热土，二次创业。

深圳新世纪的城市形象将在这里重点展开，国际花园城市全新的行政、文化、商务中心职能将在这里有效运行，特区二十年的发展实力和建设经验将在这里集中体现，

两千年之际江泽民总书记两度光临。此地成为市府客人必游之节目，成为地产商家必争之地盘，更成为国内外设计精英智力角逐的竞技场。谁都知道从边陲小镇发展到数百万人口的城市是一个奇迹，殊不知道又一个新的奇迹正在这块土地上酝酿着。蓝图经过反复描绘，建设已经全面展开，一个崭新的城市中心正在呼之欲出伸手可及——这就是深圳市中心区。

这里有全球罕见的太阳能大屋顶建筑，有概念全新的生态－信息立体复合空间的城市中轴线，有国际水准规模一流的会议展览中心，有气势磅礴尺度恢宏的城市中心大广场。在这个城市规划过程中，吴良镛、周干峙、齐康等院士的名字与中心区结缘。矶崎新、黑川纪章、亚瑟·艾里克森、海默特·扬、SOM等国际专业界的名家大师也纷纷为中心区出谋划策贡献才智。

本套丛书正是对深圳中心区规划与设计历程的忠实纪录，全过程展示自1996年以来中心区所有重要的城市设计和重要项目建筑设计招标成果，以及这一过程中观念的逐渐演变和设计的不断改进。全书共分十册，囊括中心区的城市设计、专项规划设计研究、法定图则编制和实施、重要项目设计招标，乃至项目的环境设计和室内设计。

深圳市政府对中心区规划建设的高度重视、巨大投入和设立专门机构所进行的统一管理，在中国城市中都是少有的，而以大型丛书的超大容量来记录一个城市片区规划设计各个方面的档案资料，更是中国城建史和出版史上前所未有的一项事情。这一丛书的真正价值不但在于其沉甸甸的分量感、某项规划设计的国际水准以及资料的翔实，更在于系统和连续地记录了一个在中国少有的能够保持系统和连续的城市设计及其建筑实施的实例。系统和连续，这是深圳市中心区规划管理同时也是本套丛书的精髓所在。要在专业书刊中找到一个精彩的设计很容易，但要了解一个精彩

An outline of the Series

The New Central District is the center of the city's second downtown, the first of which was Luohu and Shangbu.

The image of Shenzhen in the new century is unfolded here; the new administrative, cultural and commercial functions of a world-class garden city will be carried out here; the strength and experience of the Special Economic Zone that has accumulated over the last two decades will be showcased here.

Here is the place where President Jiang Zemin stopped by twice in 2000; where guests of the municipal government will come to visit; where developers compete to invest; and where domestic and international design elites contest for design excellence. It is well-known that Shenzhen emerged from being a remote border town to a metropolis with a population of seven million, but less is known that there is another miracle planned here-that of the New Central District. The blueprints are on the board, construction has started, and a new urban center is emerging.

This is the Shenzhen Central District.

The civic center has a huge, super roof with solar panels; a three-dimensional central axis with new eco-media concept; a world-class convention and exhibition center; and a magnificent central plaza. Over the course of its planning, academicians like Wu Liangyong, Zhou Ganchi, and Qi Kang, along with world-renowned architects like Arata Isozaki, Kisho Kurokawa, Arthur Ericsson, and Helmut Jahn and the architectural firm SOM, have also shaped this project.

This Series records the process of design and planning for the Shenzhen Central District, presents entire schemes of international design consultations and major project competitions since 1996, and demonstrates the evolution of concepts and later improvements in designs. The ten volumes covers urban design, specific areas of study, development and implementation of the Statutory Plan, major design competitions, as well as environmental and interior design that have taken place in the Central District.

It has been rare in China that a municipal government would pay so much attention, invest so much money, and empower such an office responsible for overall project management of a city's central district. It is also unprecedented in China to have so thoroughly documented and analyzed the construction and development of a single urban district. Its real value not only lies in its rich and detailed information, but also in a systematic and consecutive documentation. Because, in fact, a methodical framework and consistency have also been the soul of planning for the Central District. There are many publications that show works of good design, there are far fewer publications that explain how a design has been selected, revised, adjusted and executed. This Series tries to link results at various stages to make readers familiar with a true and complete story about the evolution of a particular urban design and its architectural schemes. This approach undoubtedly will have positive impact on academic research, urban design and

设计是如何从评议中脱颖而出，又如何被修改、调整直到实施，这种机会却是十分难得，而且极为珍贵。本套丛书正是试图通过多个阶段成果的链接，让读者能解读出一个个真实而完整的关于城市设计和建筑方案的成长故事。这对中国城市规划设计及建筑设计的学术研究、对中国城市规划的管理实践、对专业院校的教学科研，无疑都有着极为积极的意义。

十本分册简介分别如下：

《深圳市中心区核心地段城市设计国际咨询》是1996年举行的中心区最重要的一次城市设计国际咨询，由当时的深圳市城市规划委员会顾问专家提议举行的这次咨询，体现了市政府和规划专业界对已经历时十年研究不断的中心区规划设计的更高期望。美国、法国、新加坡、香港四个国家和地区的设计机构各显其能，设计构思精彩纷呈。国际评议结果为中心区确定了总的形态布局和很多为日后所继承和发展的设计概念，诸如250m宽中央绿化带、水晶岛、太阳能屋顶的市政厅、社区购物公园、二层步行商业街等等。

《深圳市中心区中轴线公共空间系统城市设计》是日本著名建筑师黑川纪章1997年接受邀请，对1996年城市设计国际咨询优选方案提出的250m宽中央绿化带所进行的深化改进设计。黑川纪章应用他的共生理论，提出了生态－信息轴线的概念。他把随轴线空间所展开的时序、动态、功能、节庆、形态、隐喻、透视等层面的变化富有创意地演绎成一部独特的城市音乐总谱，并将中轴线设计成立体复合的由一系列公园、广场和开发空间组成的城市公共空间系统。这一公共空间系统被誉为中心区的绿色生命线，是中心区的脊椎和灵魂所在。

《深圳市中心区城市设计及地下空间综合规划国际咨询》是1999年举行的在1996年中心区核心地段城市设计优选方案、1997年黑川纪章中轴线公共空间系统规划设计、1998年SOM设计公司的两个街坊城市设计等规划成果基础上，就中心区交通规划的系统改进、地下空间开发策略研究、城市空间形体的整体协调这三大课题进行的城市设计国际咨询，是对中心区已有规划成果的全面整合和系统优化。在为中心区开发建设全面展开创造规划条件的同时，优选方案系统的城市设计概念和超乎想像的创造力，也给中心区建设带来了挑战。

《深圳市中心区22、23－1街坊城市设计及建筑设计》是美国SOM设计公司1998年对中心区CBD的两个办公街坊所做的城市设计及其导则，以及根据这些导则所做的建筑设计方案招标成果。SOM通过实地调查、细心观察以及令人信服的城市设计分析，成功调整现有地块和街道网络，巧

planning management, and planning education.

An outline of each volume:

"The International Urban Design Consultation for Core Areas of Shenzhen Central District"

Proposed by urban planning experts, the international design consultation for the Core Areas has been the most important event in the overall course of the Central District, and it manifests the high expectations from the municipal government and planning circles after their ten years of research. Firms from the United States, France, Singapore and Hong Kong displayed their capabilities with brilliant designs. As a result, the international jury panel selected what was considered the optimal design-a design by Lee-Timchula architects of the United States. This master plan and most of its design concepts would indeed be carried out--including the 250-meter-wide central green area, Crystal Island, the civic center with its solar panel roof, community shopping park, and pedestrian shopping streets with skywalks.

"Systematic Planning for Public Space along the Central Axis of Shenzhen Central District"

In 1996, Kisho Kurokawa, the renowned Japanese architect, was invited to refine the concept and design of 250-meter-wide central green area that was proposed in the winning Lee-Timchula design. Based on his symbiosis theory, Kisho Kurokawa introduced the concept of an eco-media central axis. It is a unique urban "symphony" combining changes, dynamics, functions, festivals, forms, metaphors, and perspectives. The central axis is designed into a three-dimensional public space system comprised of parks, squares and developed areas. This public space is viewed as the green lifeline and backbone of the Central District.

"International Planning Consultation for Urban Design and Underground Space in Shenzhen Central District"

Based on the 1996 Lee-Timchula's winning urban plan for the Central District, the 1997 Kisho Kurokawa scheme for the public space system along the central axis, and SOM's 1998 two-block urban design, this international consultation emphasized three areas: traffic planning, underground space development, and overall urban space. It integrates and optimizes the existing Central District urban plan. At the same time, the systematic urban design concepts and incomparable creativity in the Optimal Design challenge the Central District construction.

"Urban Design and Architectural Design for Blocks No. 22 and No. 23-1 in Shenzhen Central District"

It includes the SOM's proposal of urban design and architectural guidelines for two large city blocks, and the results of architectural competitions according to those guidelines. Based on field investigation, careful observation, and convincing urban design analysis, SOM split the existing blocks into many smaller blocks. The American firm also created two small neighborhood parks in the middle of each of the original blocks, in order to open up the landscape and add value to each

妙地在两个街坊中间各辟一个小公园，全面改善了各个地块的景观条件和土地价值。SOM关于街道形式和建筑形体的控制通过其制定的城市设计导则，在随后的单体建筑设计招标中得到认真贯彻。这是一个极为难得的街坊城市设计及实施的范例。

《深圳市民中心及市民广场设计》是美国李名仪／廷丘勒建筑师事务所根据其在1996年中心区核心地段城市设计优选方案中所提出的市政厅概念，经过多轮设计和论证于2002年最终完成的一项庞大的工程设计。480m长的太阳能曲面大屋顶犹如大鹏展翅，覆盖着由三组建筑组成的巨大综合体，建筑面积达21万m²，包括政府办公、人大办公、礼仪庆典、市民活动、会堂、博物馆、档案馆及工业展览馆等内容。这个项目既是深圳市未来的行政中心，也是一个真正意义的市民中心。这一建筑及其前面的市民广场是整个中心区中轴线上的高潮和焦点。

《深圳市中心区文化建筑设计方案集》荟萃了中心区1996～2000年由政府投资建设的5个文化建筑的设计招标成果。包括音乐厅和图书馆两个建筑的文化中心项目由日本著名建筑师矶崎新在阵容豪华强盛的国际设计招标中力拔头筹。而深圳市少年宫和电视中心则是经过多轮的方案征集和招标评议，最后由本地建筑师中标。深圳市高新技术成果交易会展馆是通过国际设计招标确定方案，用不到一年时间筹建开馆、并且一年之内就进行扩建的高标准临时建筑。这些招标设计方案无论中标还是落选，都各具精彩之处，值得研究借鉴。

《深圳市中心区商业办公建筑设计招标方案集》汇集了除SOM所作城市设计的两个街坊之外的中心区1996～2002年商业办公项目。社区购物公园在1996年城市设计优选方案中被提出，是一个寓休闲、购物和园林于一体，作为办公区和住宅区之间空间缓冲过渡的特殊商业项目。完整的资料展示了项目从概念提出、任务书、方案国际招标、项目招标乃至建设的一系列过程和演变。其余五个商业办公建筑都是中心区的超高层建筑，尤其值得注意的是日本建筑师矶崎新参与的大中华交易广场（原名）设计招标的方案，对建筑空间做了空前的探索和创新。

《深圳市中心区住宅设计招标方案集》收集了1996～2002年中心区范围内的住宅方案，有13个项目及一个旧村改造研究，分布在中心区四周，居住人口总计约7万人。这些居住区无论对中心区的人气活力，还是对中心区的形态面貌都起着非常重要的作用。由于市场的原因，中心区住宅投资建设相对踊跃和早熟，中心区成为房地产市场销售的重要概念，这对中心区的规划管理带来了压力和挑战：这些位于中心区的住宅，是否充分发挥了中心区的土地价值，体现了城市中心地区住宅所应有的特点，并与中心区城市设计有良好的关系

block. SOM's urban design guidelines for controlling street character and building massing have even been implemented in later design competitions. This is a rare case in China where urban planning concepts have been fully carried through to completion.

"The Civic Center and Civic Plaza Design in Shenzhen Central District"

The second focus of the1996 Central District Urban Design International Consultation was to derive a concept for a new city hall, and Lee-Timchula Architects' concept of a city hall was an integral part of its winning urban design for the Central District. Their enormous city hall is the result of many design modifications and evaluations. It is a gigantic compound covered by a 480-meter-long roof tiled with solar electric panels, and resembles a giant bird spreading its wings. With a total area of 210,000 sq. m., the city hall actually consists of three buildings that house government offices, celebration halls, a civic entertainment center, museums, archives, industrial exhibition halls, etc. As the future administrative center of the city and as a real civic center, the building, along with its front plaza, is the climax and focus of the whole central axis.

"A Collection of Cultural Building Designs in Shenzhen Central District"

This volume collects competition schemes for five cultural buildings developed by the government. The design of the Concert Hall/ Library was awarded to Arata Isozaki, while the Children's Palace and the TV Center were won by local architects after rounds of competitions and bidding evaluations. The design for the High-Tech fair Exhibition Hall also resulted from an international competition. It is a high-quality but temporary structure that was completed within less than a year and seamlessly expanded just a year later. Whether competition entries won or not, all of them deserve further study.

"A Collection of Commercial Building Designs and Spaces in Shenzhen Central District"

This collection assembles the designs of all the commercial buildings and commercial spaces planned for the Central District other than the ones in the two blocks designed by SOM. The idea of a community shopping park was proposed in the Optimal Design in 1996. As a special commercial project buffering the space between offices and residential areas, the park provides for entertainment, shopping and recreation. Comprehensive data show how all the projects have evolved from concept to program, international competition, construction bidding, and finally to construction. The five office buildings are super-high buildings. Special attention is given to one of the proposals for the China Grand Trade Plaza (original name), by Arata Isozaki, who had an innovative idea of public space.

"A Collection of Residential Designs in Shenzhen Central District"

This collection assembles residential designs scattered around the Central District--including 13 new projects and a housing development renovation. In total, they accommodate approximately 70,000 residents. The residential areas play an important role in forming the dynamics and prosperity of the Central District, while the Central District ur-

呢？此分册对这些问题，提供了研究素材。

《深圳市中心区专项规划设计研究》是中心区1996～2002年城市设计不可缺少的组成部分，系统反映了对一些国际咨询成果消化吸收、改进完善、管理实施的过程。其中交通规划研究一直保持着对规划演变的动态配合和支持；行道树规划和城市雕塑规划体现了对环境要素整体性的重视以及在城市设计专项领域的探索；地下商业街、地下水系、广场及南中轴，以及一些街区研究则是对城市设计概念的深化和延伸；成功应用电脑仿真技术进行城市设计和方案比较分析也是在中国城市建设史上的一项开创性工作；而这些规划成果的实施，最终将依靠法定图则的编制和执行。

《深圳会议展览中心》是一个几经周折于2002年最终落户中心区的大型项目。关于这个项目如何与城市功能布局、开发策略、交通设施相衔接的比较研究是大型建设项目选址，同时也是城市设计研究范畴的一个典型实例。这些研究资料和过程的忠实展示，也是试图向公众解释这样一个几近戏剧性变化的客观事实：这个项目为什么从位于华侨城填海区由海默特·扬中标的精彩方案（该次国际招标详见《深圳会议展览中心建筑设计国际竞标方案集》，中国建筑工业出版社，1999年）变为中心区中轴线南端的由德国GMP设计公司中标的精彩方案？也说明了一个片区的城市规划随着城市经济发展不断调整并实施的过程。

ban plan has been instrumental in generating residential real estate sales. So far the market for residential real estate has been stronger than the market for office space. This creates a challenge for the planning and management of the Central District: How to have housing developments that are unique, economically feasible and enjoyable to live in yet also are street friendly and compatible with the general urban plan rather than inward facing?

"Specific Area Studies of Shenzhen Central District"

These are indispensable parts of the Central District urban planning, and systematically reveal how international consultation results have been digested, improved upon, and implemented. Of these studies, traffic planning has always dynamically coordinated with and supports the whole planning evolution. Planning for street trees and urban sculptures enhances total environmental quality. Design research on underground streets, water systems, plazas and central axis is an important extension of general urban planning. In addition, successful adoption of computer simulation technology to conduct comparative analysis of urban design schemes has been innovative. All of these efforts will be implemented according to the Statutory Plan. The collection of these studies will help the reader explore specific fields of study in-depth.

"Shenzhen Convention and Exhibition Center"

This volume tells the story of a single large project now in the Central District. In terms of site selection and urban design study for big projects, this is a model for comparative study on how a project is linked with urban functional layout, development strategy and traffic facilities. The story reveals the process behind the changing of sites from a parcel on reclaimed land by Shenzhen Bay in Shenzhen's Overseas Chinese Town to a site on the south of the Central District axis. As a result, Helmut Jahn's winning design (International Competitive Design Collection for Shenzhen Convention and Exhibition Center, published by Chinese Building Industry Publications, 1999) had to be scrapped and GMP of Germany won the subsequent competition for the new site.

图书在版编目(CIP)数据

深圳会议展览中心／深圳市规划与国土资源局主编.
－北京：中国建筑工业出版社，2002
(深圳市中心区城市设计与建筑设计系列丛书)
ISBN 7-112-04955-5

Ⅰ.深... Ⅱ.深... Ⅲ.展览馆－建筑设计－设计
方案－深圳市 Ⅳ.TU242.5

中国版本图书馆 CIP 数据核字(2002)第 004975 号

责任编辑：李东禧 唐 旭
整体设计：冯彝诤

《深圳市中心区城市设计与建筑设计 1996－2002》系列丛书
Urban Planning and Architectural Design for Shenzhen Central District 1996-2002

深圳会议展览中心
Shenzhen Convention and Exhibition Center

丛书主编单位：深圳市规划与国土资源局
Editing Group:Shenzhen Planning and Land Resource Bureau
中国建筑工业出版社出版、发行(北京西郊百万庄)
新华书店经销
北京广厦京港图文有限公司设计制作
深圳利丰雅高印刷有限公司印刷
*
开本：889 × 1194 毫米 1/16 印张：12 1/4 字数：432 千字
2002 年 12 月第一版 2002 年 12 月第一次印刷
定价：118.00 元
ISBN 7-112-04955-5
TU · 4417(10458)

本社网址：http://www.china-abp.com.cn
网上书店：http://www.china-building.com.cn